高等学校智能建造应用型本科系列教材

高等学校土建类专业课程教材与教学资源专家委员会规划教材

工程智能测绘

江苏省建设教育协会　组织编写

刘荣桂　主　　编

胡晓雯　王兴明　副主编

朱　炯　主　　审

中国建筑工业出版社

图书在版编目（CIP）数据

工程智能测绘 / 江苏省建设教育协会组织编写；刘荣桂主编；胡晓雯，王兴明副主编. -- 北京：中国建筑工业出版社，2025. 6. --（高等学校智能建造应用型本科系列教材）（高等学校土建类专业课程教材与教学资源专家委员会规划教材）. -- ISBN 978-7-112-31305-1

Ⅰ. TB22

中国国家版本馆CIP数据核字第2025962GB9号

本书共 7 章，包括：绪论；工程测量技术基础；无人机测绘技术与应用；三维扫描与传感网络技术；地理信息系统（GIS）与应用；智能测绘与 BIM 建模；智能测绘的综合应用。

本书每个章节通过案例引导，导入本章学习内容，最后通过数字资源（教学课件、视频等）拓宽学生的学习视野，提升学生自我学习、探究的主动性、积极性。

本书主要为智能建造专业应用型本科学生工程测绘课程学习使用，也可为工程测绘、施工、监理等单位技术管理人员参考使用。

为了更好地支持教学，我社向采用本书作为教材的教师提供课件，有需要者可与出版社联系，索取方式如下：建工书院 https://edu.cabplink.com，邮箱 jckj@cabp.com.cn，电话（010）58337285。

策划编辑：高延伟
责任编辑：仕　帅　吉万旺
责任校对：张惠雯

高等学校智能建造应用型本科系列教材
高等学校土建类专业课程教材与教学资源专家委员会规划教材
工程智能测绘
江苏省建设教育协会　组织编写
　　　　　　刘荣桂　主　　编
　　胡晓雯　王兴明　副主编
　　　　　　朱　炯　主　　审
*
中国建筑工业出版社出版、发行（北京海淀三里河路 9 号）
各地新华书店、建筑书店经销
北京雅盈中佳图文设计公司制版
北京同文印刷有限责任公司印刷
*
开本：787 毫米 ×1092 毫米　1/16　印张：$13\frac{1}{2}$　字数：305 千字
2025 年 8 月第一版　2025 年 8 月第一次印刷
定价：48.00 元（赠教师课件及配套数字资源）
ISBN 978-7-112-31305-1
　　（45287）

本系列教材编写委员会

出版说明

高质量发展是全面建设社会主义现代化国家的首要任务。发展新质生产力是推动高质量发展的内在要求和重要着力点。因地制宜发展新质生产力，统筹推进传统产业升级、新兴产业壮大和未来产业培育，关键在于科技创新，在于人才支撑；培养高素质人才，关键在于教育。

建筑业作为我国传统产业，是国民经济的重要支柱。近年来，随着人工智能、大数据、云计算、5G等技术快速发展，数字化转型成为行业的重要趋势。国家及地方政府出台一系列政策，加快推动了智能建造与建筑工业化协同发展，国家发展改革委等部门发布的《绿色低碳转型产业指导目录（2024年版）》明确将"建筑工程智能建造"纳入其中，建筑智能化成为未来建筑业发展的主要方向。基于推进教育、科技、人才"三位一体"协同融合发展，培养高素质应用型人才，满足建筑行业转型升级需要，江苏省建设教育协会联合徐州工程学院、南京工业大学、苏州科技大学、扬州大学、南京工程学院、盐城工学院、东南大学成贤学院、南通理工学院八所高校及中国建筑工业出版社，组织编写了这套"高等学校智能建造应用型本科系列教材"。

根据建设项目全过程及应用型院校课程设置实际，策划了智能设计、生产、施工、运维与管理、施工设备及测绘等系列教材，包括《建筑工程数字化设计》《建筑工业化智能生产》《建筑工程智能化施工》《建筑工程智能化运维与管理》《智能化施工机械与装备》《工程智能测绘》，每本教材分别围绕智能建造一个方面展开，内容相互衔接、互为补充，共同组成一个完整的智能建造知识体系。

为确保本套教材的科学性、权威性和实用性，本系列教材采取协会协调组织、多校合作、专家指导、企业和出版单位参与的模式编写，邀请业内知名专家担任主编和审稿人，对教材大纲和内容进行严格审核把关。同时，中亿丰数字科技集团有限公司等多家企业为教材编写提供了丰富的实践素材和案例。

本系列教材编写遵循以下原则：

一是系统性。系列教材围绕项目建设过程中的数字化设计、工业化生产、智能化施工到智能化运维管理等方面，构建了完整的智能建造知识体系。

二是实用性。系列教材注重理论与实践相结合，通过具体的案例分析，使读者能够更好地理解并运用所学知识解决实际问题。

三是前沿性。系列教材紧密关注智能建造技术的最新发展动态，将BIM、GIS等前沿技术融入教材，使读者能够了解并掌握最新的智能建造技术和方法。

四是易读性。系列教材语言简练，图文并茂，并附有数字化资源，易于读者理解和掌握。

本系列教材主要适用对象为土木工程、工程管理、智能建造等相关专业的本科生、研究生以及建筑工程行业的广大从业人员。希望通过本系列教材，能够帮助相关专业学生和从业人员了解智能建造的基本原理、技术方法和发展趋势，培养他们的创新思维和实践能力。读者在使用本套教材时，可根据自身的专业背景和实际需求，选择适合自己的教材进行学习。同时，鼓励读者将所学知识应用于实践，通过实际操作加深对理论知识的理解和掌握。此外，为方便读者随时随地进行学习和交流，我们还将提供线上学习资源和交流平台。

　　最后，诚挚感谢参与本系列教材编写的各位专家、学者和企业界人士，正是诸位的辛勤付出和无私奉献，才使得本系列教材得以顺利付梓。

　　尽管竭诚努力，但由于编者的水平和能力有限，教材难免有不足之处，恳请各相关院校的师生及其他读者在使用过程中给予批评指正，并将宝贵的意见和建议及时反馈给我们，以便在将来修订完善。

江苏省建设教育协会

前　言

当前，智能化建造、数字化管理已经成为整个土木工程行业发展的基本趋势。智能建造应用型系列教材就是在这种背景下应运而生的。本教材作为此系列教材的一本，主要包括传统工程测量与现代智能测绘两大部分内容，可供应用型本科院校学生教学及工程技术人员培训选用（建议教学学时在 32~40 学时之间）。

在工程建设中，工程测量是顺利开展各类工程活动的基本前提，也是保证工程质量的关键环节之一；智能化测绘是工程测量的延伸与发展，其主要特征就是体现在跨界融合、学科交叉、泛在感知、智能自主、精准服务等方面。在现代通信、物联传感、大数据、云计算、人工智能等现代科技发展推动下，测量测绘技术与其他学科深度融合，正在从信息化向智能化转型升级，工程应用前景十分广阔。

本书编者有长期从事工程测量教学工作的专任教师，有来自工程一线从事工程测量工作的技术人员，也有专门从事测绘工作的业内专家，他们通过多年积累的教学与工程实践经验，并根据高等学校土木工程、工程管理、智能建造等专业人才的培养标准，结合当前行业发展的实际需求探索智能化测绘的方式与模式，培养应用型本科人才的综合应用与实践能力，在广泛征求同行专家意见的基础上，编写了本书。

本书编写是在江苏省建设教育协会与中国建筑工业出版社悉心指导下完成的。参与编写的单位有：南通理工学院[1]、徐州工程学院[2]、东南大学成贤学院[3]、南京工业大学[4]、苏州子午测绘科技有限公司[5]、中亿丰建设集团股份有限公司[6]、徕卡测量系统贸易（北京）有限公司[7]、广州南方测绘科技股份有限公司[8]、江苏信拓建设（集团）股份有限公司[9]等。全书共由 7 章组成，刘荣桂[1]任主编，胡晓雯[1]、王兴明[9]任副主编。全书编写分工如下：第 1 章绪论，由任翠玲[3]、周强[1]、刘荣桂[1]编写；第 2 章工程测量技术基础，由施歌[4]、王英[4]、周强[1]、王兴明[9]编写；第 3 章无人机测绘技术与应用，由胡晓雯[1]、周强[1]、任大勇[8]编写；第 4 章三维扫描与传感网络技术，由孙进[1]、杨硕[2]、王英[4]编写；第 5 章地理信息系统（GIS）与应用，由曹海涛[2]、杨硕[2]编写；第 6 章智能测绘与 BIM 建模，由董开发[3]、胡晓雯[1]、孙进[1]、杨硕[2]编写；第 7 章智能测绘的综合应用，由朱丽强[5]、孙进[1]、郭宝宇[8]、戚万权[6,7]、薛荣生[8]、王兴明[9]、刘荣桂[1]编写。全书由刘荣桂[1]统稿。为便于读者学习，本教材按"本章要点""教学目标""案例引入"等结构编写，配有 PPT、数字资源案例库等学习资料。（注意：单位与人名上角为对应关系。）

感谢江苏省建设教育协会与中国建筑工业出版社，本教材是在他们悉心指导、支持下完成的；感谢中亿丰建设集团股份有限公司、徕卡测量系统贸易（北京）有限公司、广州南方测绘科技股份有限公司、中国建筑第八工程局有限公司、江苏信拓建设（集团）

股份有限公司等单位为本书提供的大量数字资源与视频资料；感谢相关研究生为本书提供的大量文献资料与插图绘制等工作。徐州工程学院朱炯教授对本书进行了主审，在此一并感谢。

　　本书受"江苏省海工结构服役性能提升工程研究中心"项目资助；本书受"南通市建筑结构重点实验室（CP12015005）"项目资助，在此一并感谢。

　　由于编者时间与能力所限，书中难免存在不足之处，敬请广大读者批评指正。

刘荣桂

2025 年 1 月于南通

目　录

第 6 章　智能测绘与 BIM 建模

第 7 章　智能测绘的综合应用

第1章

绪　论

本章要点 📖

1. 工程测量的基本原理与技术。
2. 智能测绘技术的背景与内涵。
3. 智能测绘的发展前景。
4. 智能测绘技术人才必备素质与能力。

教学目标 📋

知识目标：通过本章知识内容学习，使学生掌握工程测量的理论基础，理解工程项目测量技术的内涵，在此基础上明白智能测绘的内涵、其与传统测量技术的关系与区别，知晓智能测绘技术由来与发展过程。

能力目标：使学生具备将智能测绘与传统测量技术建立联系的能力。

素质目标：使学生具备遵循规范规定、严格控制误差、达到指定精度的测绘工作基本素养。

案例引入 📄

无人机倾斜摄影在建筑立面测绘中的应用

为了给兖矿能源集团股份有限公司职工家属区"三供一业"（即供水、供电、供暖、物业）分离移交物业维修工程提供测量数据，工程测绘人员采用了南方测绘 RTK 设备，利用 GPS 技术进行像控点的现场精确定位；通过手机端奥维浏览器制定无人机飞行路线，采用飞马 D2000 多旋翼测绘无人机，倾斜五镜头相机拍摄进行现场测量；配合三维出图软件绘制出图。在人员少、工期短的情况下完成了测量任务。

由以上案例可看出，现代的智能测绘之所以能够实现，离不开现代测绘技术和设备的发展。按照发展过程来看，测绘技术依次经历了模拟测绘时期、数字测绘时期、信息化测绘时期、智能测绘时期。目前，测绘正处于走向智能时代的关键时期。

思考题：

1. 科技发展是如何影响测绘技术的？测绘技术的各个发展阶段分别应用了什么样的科技成果？

2. 测绘的精度要求非常重要，精度不满足要求的测绘成果就是不合格的。智能测绘要如何在便捷、智能的前提下，保证测绘的精度呢？

1.1 工程测量基础

1.1.1 工程测量学简介

1. 工程测量学的定义

工程测量学（Engineering Surveying 或 Engineering Geodesy）是测绘学的二级学科，土木工程、道路与桥梁工程、交通工程、水利水电工程、港口与航道工程等专业一般均开设工程测量课程。

工程测量学主要研究在工程建设各阶段（即勘测设计、施工建设、运营管理等阶段）、环境保护及资源开发过程中所进行的地形等相关信息的采集及处理，施工放样、设备安装和变形监测的理论、方法与技术，研究对测量资料及与工程有关的各种信息进行管理和使用。

地形信息采集主要表现为各种大比例尺地形图的测绘，施工放样是将工程的室内设计实现到实地，变形监测（亦称安全监测）则贯穿于工程建设的三个阶段。

2. 工程测量学的服务对象

工程测量的服务对象可以是建筑工程测量、桥隧工程测量、地下工程测量、线路工程测量、水利工程测量、海洋工程测量、军事工程测量、三维工业测量、矿山测量、城市测量等。

1.1.2 工程测量发展历程

工程测量学来源于人类的生产生活，逐渐发展壮大。它是测绘学中出现最早、地位最重要的分支学科。

1. 发展早期

众所周知的人类文明史大约有 5000 年。人类早就运用工程测量指导建筑活动。埃及最大的金字塔法老胡夫的陵墓，始建于约公元前 2700 年，建在一块巨大的凸形岩石上，外形像中文的"金"字，塔高 146.59m，底面呈正方形，四边为东、南、西、北四个方向，方位误差不超过 3′。整个塔用 260 多块巨石砌成，每块重约 2.5~10t。金字塔的选址、定位、基坑开挖、回填监测、轴线定位、定向，巨石的开采、运输、砌筑、粘合和施工放样都离不开工程测量，都是由王室的工匠用铅垂线、木尺和测规等仪器进行测量和指导施工。

我国早在上古时代为了治水就开始了水利测量工作。禹带着测量人员，肩扛测量仪器，准、绳、规、矩样样具备。"准"是古代用来测量是否水平的水准器。"绳"是一种测量距离、引画直线和定水平用的工具。禹治水时就是用"准"和"绳"来测量地势高低、比较地势之间的高低差距。"规"是校正圆形的工具。"矩"是古代画方形的工具。

我国秦代李冰父子领导修建都江堰水利枢纽工程时，曾用一个石头人来标定水位。当水位超过石头人的肩部时，下游将受到洪水威胁；当水位低于石头人脚背时，下游将出现干旱。这种标定水位的办法与现代水位测量原理是一致的。

除了工程测量的工具之外，生活中常用的还有辨认方向的工具——指南针以及记录路程的工具——记里鼓等。指南针在古代也叫司南（图1-1），主要组成部分是一根装在轴上的磁针，磁针在天然地磁场的作用下可以自由转动并保持在磁子午线的切线方向上，磁针的南极指向地理南极（磁场北极），利用这一性能可以辨别方向。后来为了使用方便，读数容易，加上磁偏角的发现，对指南针的使用技巧提出了更高的要求，将磁针与分度盘相配合，创制了新一代指南针——罗盘仪。记里鼓（图1-2）是古代行军时常用的记录里程的工具，当车轮走满一里路程时，齿轮拨动木人击鼓发声表示行军满一里。

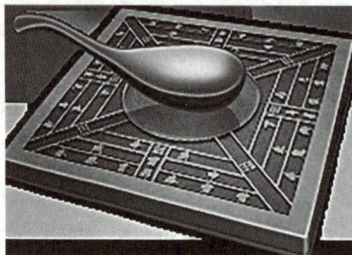 

图1-1　司南　　　　　　　　　图1-2　记里鼓

2. 现代发展时期

工程测量学的发展在很长一段时间内是非常缓慢的。直到20世纪四五十年代，以原子能、电子计算机、空间技术和生物工程的发明和应用为标志的第三次技术革命，使工程测量学获得了迅速的发展。1964年，国际测量师联合会（International Federation of Surveyors，FIG）为了促进和繁荣工程测量，成立了工程测量委员会（第六委员会），从此工程测量学在国际上作为一门独立的学科开展活动。现代工程测量已经远远突破了为工程建设服务的狭窄概念，而向所谓的"广义工程测量学"发展。苏黎世高等工业大学马西斯教授指出："一切不属于地球测量，不属于国家地图集范畴的地形测量和不属于官方的测量，都属于工程测量。"

测量设备方面，出现了测量角度的经纬仪、水准仪、光电测距仪等设备。

最早的经纬仪是机械经纬仪（也叫游标经纬仪），后来出现光学经纬仪、电子经纬仪。电子经纬仪与光学经纬仪的根本区别在于：用微机处理机制的电子测角系统代替了光学读数系统，能自动显示测量数据，如图1-3所示。

水准测量设备用来提供水平视线、测定高差，可分为微倾式水准仪、自动安平水准仪、数字水准仪。微倾式水准仪在使用时需要分别进行粗平和精平调节，而自动安平水准仪（图1-4）只需要粗平，再借助仪器内的自动安平补偿器使视准轴在数秒内自动成水平状态。

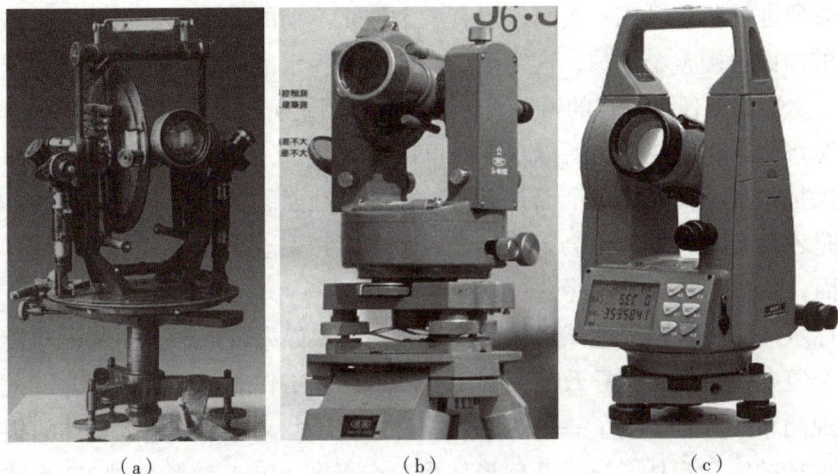

（a） （b） （c）

图1-3 经纬仪

（a）机械经纬仪；（b）光学经纬仪；（c）电子经纬仪

光电测距仪的原理是：采用可见光或红外光作为载波，通过测定光纤在测线两端点之间往返的传播时间，算出距离，如图1-5所示。它具有测量速度快、方便，受地形影响小，精度高等优点。

图1-4 自动安平水准仪

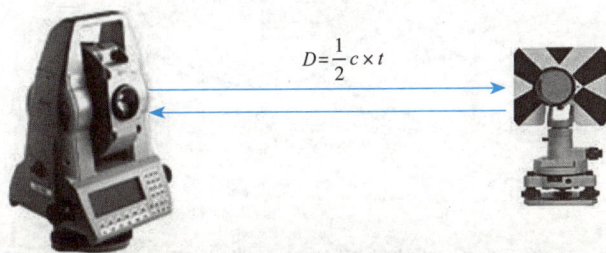

$$D=\frac{1}{2}c \times t$$

图1-5 光电测距仪的原理

从工程测量学发展历史可以看出，它经历了一条从简单到复杂、从手工操作到测量自动化、从常规测量到精密测量的发展道路，它的发展始终与当时的生产力水平同步。另外，传统测量设备往往功能比较单一，而现代的测量设备往往是多功能而且智能化的。现代智能测量设备的详细使用方法见后续相关章节。

1.1.3 工程测量的理论基础和传统测量的主要工作

1. 地球的形状

工程测绘和放样工作是在地球的自然表面上进行的，一切测量工作都是在对地球的形状及大小的共识基础上展开的。地球表面上有高山、有深沟，有陆地、有海洋，所以地球的自然表面是极不平坦和不规则的。

为了方便进行测量研究，人们设想有一个静止不动的海水面，延伸穿越陆地，形成一个闭合的曲面包围整个地球，这个闭合的曲面称为水准面。水准面是受地球重力影响而形成的，水准面上任意一点的铅垂线（即重力作用线）都在该点处垂直于水准面。

由于海水面在涨落变化，所以水准面可以有无数个，其中通过平均海水面的一个水准面称为大地水准面。大地水准面是测量工作的基准面。必须注意的一点是，地球内部质量分布是不均匀的，重力也会影响，导致水准面和大地水准面不光滑，是有微小起伏的复杂曲面，如图1-6（a）所示。

由大地水准面所包围的地球形体，称为大地体。如果将地球表面的图形投影到大地水准面这个复杂曲面上，会导致地形制图和测量计算工作非常困难。为此，人们经过几个世纪的观测和推算，选用了一个能用数学公式表示、又非常接近大地体的规则几何形状来代表地球的实际形体。这个几何形体由一个椭圆NWSE绕其短轴NS旋转而成，称为地球椭球体或旋转椭球体，如图1-6（b）所示。

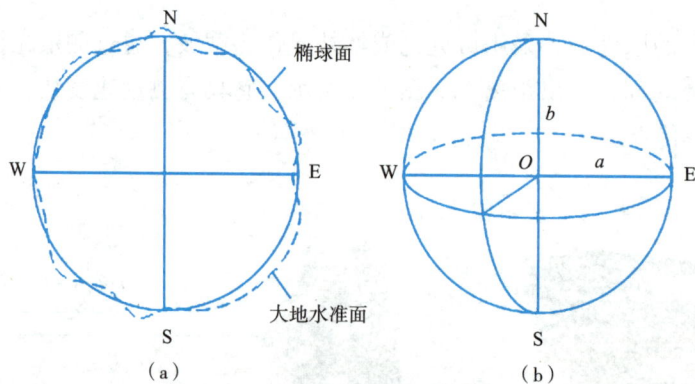

图1-6　大地水准面与地球椭球体

表示地球椭球体形状的参数主要有三个，椭圆长半径a、短半径b及扁率f，其关系式为：

$$f = \frac{a-b}{a} \tag{1-1}$$

目前，各标准对地球椭球体三个参数的取值不完全相同。1979年，国际大地测量协会（IAG）公布的参数为：$a = 6\,378\,137$，$b = 6\,356\,752$，扁率$e = 1 : 298.257$。

由于地球椭球体的扁率f很小，当测区面积不大时，可以把地球当作圆球来看待，圆球半径为6371km。

2. 地面点位置的表示方法

测量工作的根本任务是确定地面点的位置。地面点的位置一般用坐标来表示。常用的坐标系有以下7种。

1）天文地理坐标系

天文地理坐标系属于球面坐标系，用天文经度 I 和天文纬度 J 来表示地面点投影在大地水准面上的位置。A 点的经度 I 是 A 点的子午面与首子午面所组成的二面角；A 点的纬度 J 是过 A 点的铅垂线与赤道平面之间的夹角。

2）大地地理坐标系

大地地理坐标系也属于球面坐标系，用大地经度 L 和大地纬度 B 来表示地面点投影在地球椭球面上的位置。确定球面坐标（L，B）所依据的基准线为椭球面的法线，基准面为包含法线及南北极的子午面。大地高 H 是沿地面点的椭球面法线计算，点位在椭球面之上为正、之下为负。大地坐标（L，B，H）可用于确定地面点在大地坐标系中的空间位置。

3）地心坐标系

地心坐标系属于空间三维直角坐标系，取地球质心（地球的质量中心）为坐标系的原点，x 轴和 y 轴均在赤道平面内，z 轴与地球自转轴重合，x 轴、y 轴、z 轴构成右手直角坐标系，如图 1-7 所示。

WGS84 坐标系（World Geodetic System-1984 Coordinate System）也称为 1984 年世界大地坐标系统，是一种国际上目前采用的地心坐标系。坐标原点为地球质心，其 z 轴指向 BIH（国际时间服务机构）1984.0 定义的协议地球极（CTP）方向，x 轴指向 BIH 1984.0 定义的零子午面和 CTP 赤道的交点。全球定位系统（GPS）采用的就是 WGS84 坐标系。

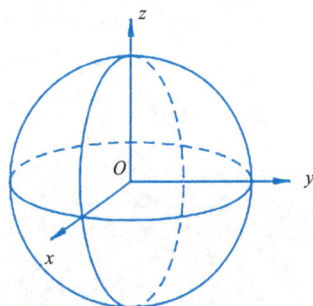

图1-7 地心坐标系

2000 国家大地坐标系（China Geodetic Coordinate System 2000，英文缩写为 CGCS2000）是全球地心坐标系在我国的具体体现，取代之前使用的 1980 西安坐标系。其质心和坐标轴的规定与 WGS84 坐标系相似，但两者定义的地球椭球体的参数略有不同。CGCS2000 坐标系与 WGS84 坐标系可以进行换算，其椭球体参数对比如表 1-1 所示。

CGCS2000 与 WGS84 地球椭球体参数对比 表 1-1

参数	CGCS2000	WGS84
长半轴 a（m）	6 378 137	6 378 137
地心引力常数 GM（m^3/s^2）	$3.986\,004\,418 \times 10^{14}$	$3.986\,004\,418 \times 10^{14}$
扁率 f	1/298.257 222 10	1/298.257 223 56

4）高斯平面直角坐标系

工程测量一般在地表进行，地球椭球面是一个曲面，而测量上的计算在平面上进行比较方便。为了方便测量解算，我们可以基于椭球面建立平面的直角坐标系，我国采用高斯投影来实现。

首先将地球沿经线按照经差 6° 或 3° 分为若干带，称为投影带。6° 带从格林尼治天文台起始子午线（即零子午线）开始，自西向东每隔 6° 划为一带，共分 60 带，每个带均有统一编排的带号，用 N 表示，如图 1-8 所示。位于各投影带中央的子午线称为中央子午线，用 L_0 表示。6° 带的带号 N 和中央子午线经度 L_0 可用下式计算：

$$N = \left[\frac{L}{6}\right] + 1 （0）$$ （1-2）

式中　L——计算点的大地经度。

$$L_0 = 6° \times N - 3°$$ （1-3）

3° 带从东经 1°30′ 开始，自西向东每隔 3° 划为一带，带号用 n 表示。每个带的中央子午线经度用 L_0' 表示，可用下式计算：

$$n = \left[\frac{L - 1.5°}{3°}\right] + 1 （0）$$ （1-4）

$$L_0' = 3° \times n$$ （1-5）

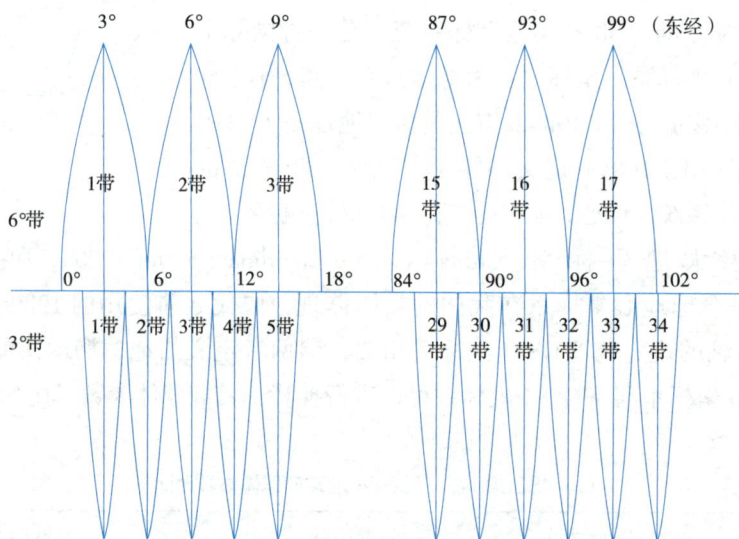

图 1-8　投影分带与 6°（3°）带

设想将一个横圆柱体套在椭球外面，使横圆柱的轴心通过椭球的中心，并与椭球上某投影带的中央子午线相切，然后将中央子午线附近的椭球面上的点、线投影到横柱面上（图 1-9），再顺着过南北极的母线将圆柱面剪开，并展开为平面，这个平面就称为高斯平面。

在高斯投影平面上，中央子午线和赤道投影相互垂直，规定中央子午线的投影为 x 轴，以向北为正；赤道投影为 y 轴，以向东为正；两轴交点 O 为坐标原点。地面点 A 在高斯平面上的位置，可以用高斯平面直角坐标（x_a、y_b）来表示，如图 1-10（a）所示。

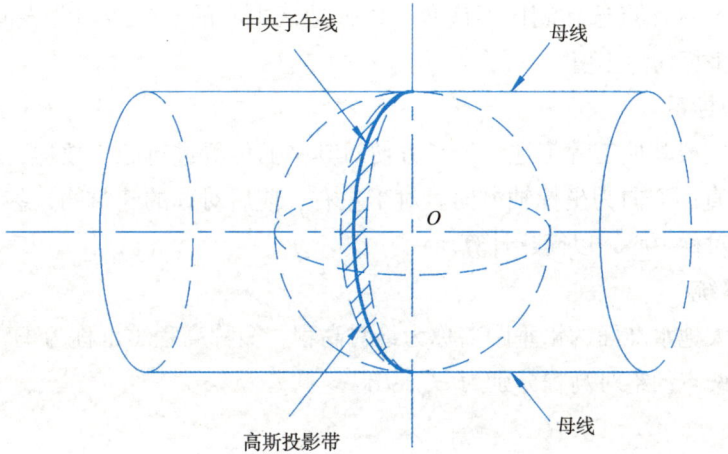

图1-9 高斯平面直角坐标的投影

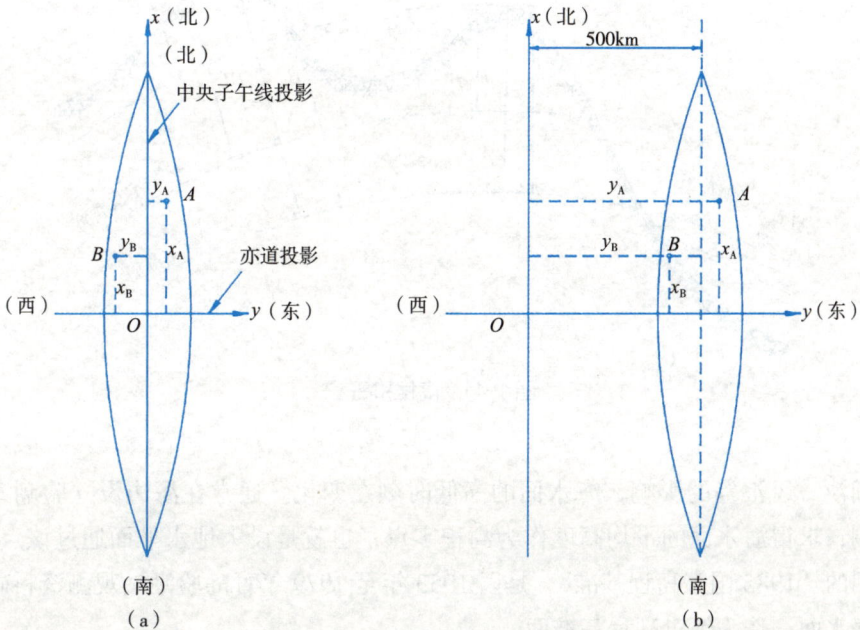

图1-10 高斯平面直角坐标系

由于我国领土位于赤道以北，因此，所有投影带内的 x 坐标均为正值，而 y 坐标在同一投影带内有正有负。为了避免出现负坐标，将每个投影带的坐标纵轴西移 500km，同时在 y 坐标前冠以两位数的带号，以便于使用。设 6° 带内有 A、B 两点，如图 1–10（b）所示，$Y_A=19\ 537\ 681.423$m，$Y_B=19\ 438\ 270.698$m，则其真正横坐标 $y_A=537\ 681.423–500\ 000=37\ 681.423$m，$A$ 点位于 6° 带第 19 带中央子午线以东；$y_B=438\ 270.698–500\ 000=–61\ 729.302$m，$B$ 点位于第 19 带中央子午线以西 61 729.302m。

5）独立平面直角坐标系

当测量的范围较小时，可以把该测区的地表一小块球面当作平面看待，建立平面直角坐标系。将坐标原点选在测区西南角，以该地区中心的子午线向北方向为 x 轴方向，这样该测区的坐标均为正值。

6）建筑坐标系

对房屋建筑或其他工程工地，为了方便对其平面位置进行施工放样，可采用与建筑轴线平行或垂直的方向为坐标轴方向。对于左右、前后对称的建筑物，甚至可以把坐标原点设置于其对称中心，以简化计算。

7）高程系统

地面点到大地水准面的铅垂距离称为绝对高程，简称高程（也称为正高、海拔）。图1-11 中 A、B 两点的绝对高程分别为 H_A、H_B。

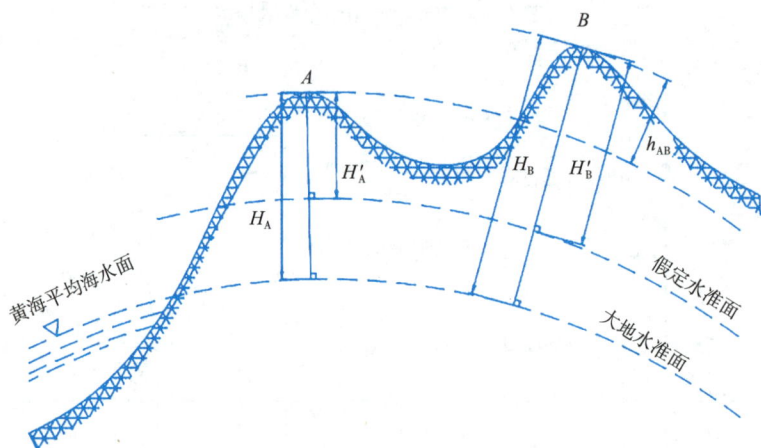

图 1-11　高程和高差

受潮汐、风浪等的影响，海水面的高低时刻在变化。通常在海边设立验潮站，进行长期观测，求得海水面的平均高度作为高程零点，也就是设大地水准面通过该点。目前，我国采用的"1985 国家高程基准"，是以 1953 年至 1979 年青岛验潮站观测资料确定的黄海平均海水面，作为绝对高程基准面。

在局部地区，需要假定一个高程起算面（水准面），地面点到该水准面的垂直距离称为假定高程或相对高程。如图 1-11 所示的 A 点和 B 点，其相对高程分别为 H_A'、H_B'。建筑工地经常以建筑物地面层的室内地坪为高程零点，其他部位的高程均相对于地坪而言，称为标高，标高也属于相对高程。

地面上两点间绝对高程或相对高程之差称为高差，用 h 表示。图 1-11 所示 A、B 两点的高差为：

$$h_{AB}=H_B-H_A=H_B'-H_A' \tag{1-6}$$

式中，h_{AB} 有正有负，下标 AB 表示以 A 为起点、B 为终点的两点高差。通过上式可看出，两点间高差与高程起算面无关。

3. 传统测量的基本原则和基本工作

1）测绘与测设

测量工作的主要任务是测绘地形图和施工测设（也叫放样）。

地球表面复杂多样，在测量工作中可将地表分为地物和地貌两大类。地面上的固定性物体，比如河流、湖泊、道路、房屋等，称为地物；地面的高低起伏的形态，比如山岭、谷地、陡崖等，称为地貌。地物和地貌统称为地形。地形图测绘就是对一个地区地形的水平面投影位置和高程进行测定，并按一定比例缩小，用符号和标记绘制成图。

施工测设（放样）是把设计图上的建筑物或构筑物在实地上标定出来，作为施工的依据。地面上定出的建筑物位置是一个有机联系的整体，必须满足相应的精度要求。

2）测量的基本原则

在测绘地形图或者放样建筑物位置时，要在某一个点上测绘出该测区全部地形或者放样出建筑物的全部位置是不可能的。如图 1–12 中所示 A 点，在该点只能测绘出 A 点附近的地形或放样附近的建筑物位置，对于较远的地形被遮挡就观测不到。

因此，在进行某一个测区的测量工作时，首先要用较严密的方法和较为精密的仪器，测定分布在全区的少量控制点（例如图 1–12 中的 A、B……G 点）的点位，作为地形图测绘或施工放样的框架和依据，以保证测区的整体精度，称为控制测量。

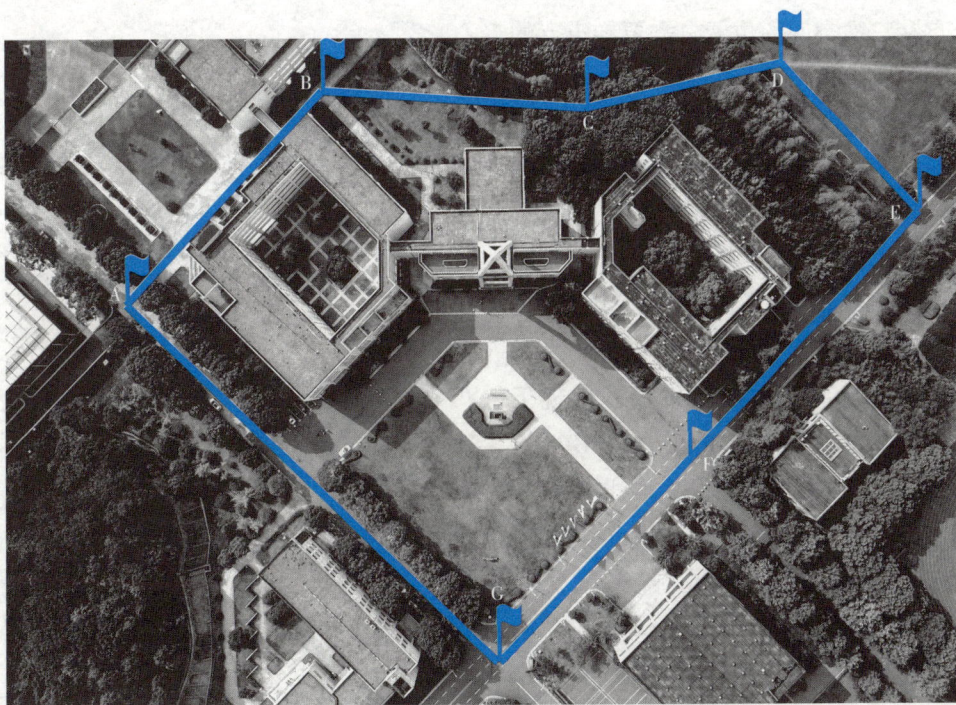

图 1–12　地形图控制网示意

然后在每个控制点上，以满足要求的精度施测该控制点周围的局部地形细部或放样点位，称为碎部测量。碎部测量的大致工作思路是：在控制点上设测站、架设仪器，以另一个控制点为定向点，依次瞄准建筑物或地形的特征点，测定特征点的位置，如图 1-13 所示。

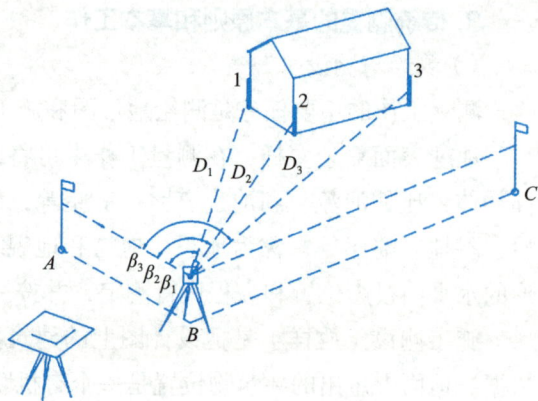

任何测量工作都不可避免会产生误差，所以在每个站点上的测量都应采取一定的程序和方法，遵循测量的基本原则，减小误差累积，保证成果的精度。在实际测量工作中，应当遵守以下基本原则：

（1）在测量布局上，应遵循"由整体到局部"的原则；在测量精度上，应遵循"由高级到低级"的原则；在测量程序上，应遵循"先控制后碎部"的原则。

图 1-13　地形图碎部点测绘示意

（2）在测量过程中，应遵循"逐步检查"的原则，前一步工作未作检核不进行下一步工作。

3）测量的基本工作

控制测量、碎部测量以及施工放样等，其实质都是为了确定点的位置。确定一个点在三维空间的位置，需要知道点的平面直角坐标和高程。

（1）平面直角坐标的测定

如图 1-14 所示，设 A、B 为已知坐标点，C 为待测坐标点。工程测量的方法是：测量 BC 和 BA 的水平夹角 β，以及 C 点与 B 点的水平距离 D_{BC}，即可推算出 C 点的坐标。

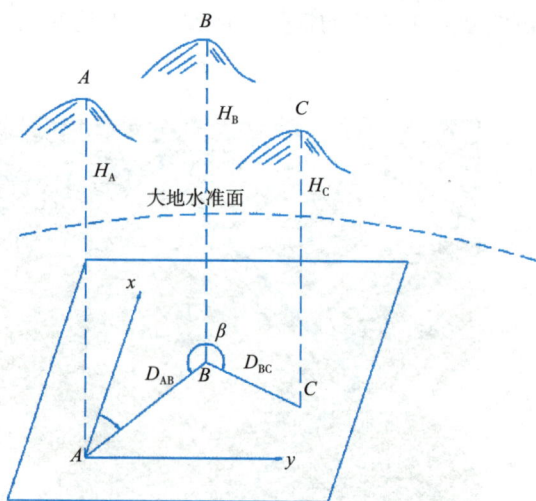

随着现代测量技术的发展，出现了更先进的测量设备，比如全站仪、GPS 接收机等，都可以直接测定点的平面直角坐标。

图 1-14　点的平面位置测定

（2）高程的测定

设图 1-14 中 B 为已知高程点，C 为待测高程点。只要测出 B 与 C 之间的高差 h_{BC}，即可按下式推出 C 点高程：

$$H_C = H_B + h_{BC} \qquad (1-7)$$

可见，所有要测定的点位都离不开距离、角度及高差这三个基本观测量。因此，距离测量、角度测量和高差测量是测量的三项基本工作。

4. 地球曲率对测量工作的影响

在普通测量范围内，将地面点投影到圆球面上，然后再投影到平面图纸上描绘，依然是很复杂的工作。在实际测量工作中，在一定的精度要求和测区面积不大的情况下，往往以水平面代替水准面，即把较小一部分地球表面上的点投影到水平面上来决定其位置，这样可以大大简化计算和绘图工作。

从理论上讲，将极小部分的水准面（曲面）当作水平面（平面）也是要产生变形的，必然对距离、高差等测量观测值带来影响。当这种影响较小时，认为用水平面代替水准面是可以的，而且是合理的。本节就用水平面代替水准面给距离、角度、高差测量带来的影响展开讨论，以便给出水平面代替水准面的限度。

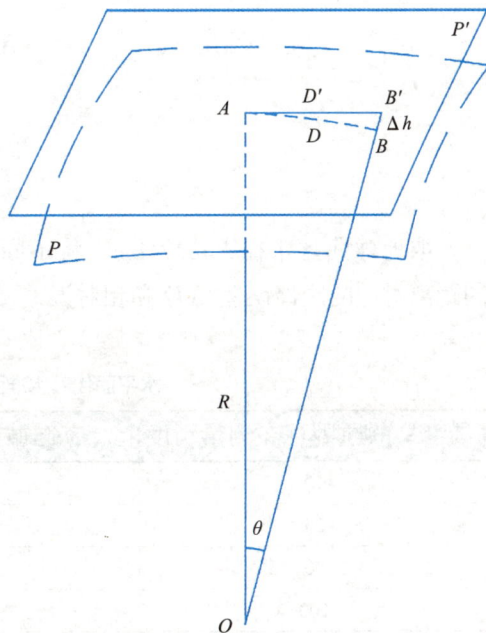

图 1-15 地球曲率的影响

1) 地球曲率对距离的影响

如图 1-15 所示，设球面 P（水准面）与水平面 P' 在 A 点相切，A、B 两点在球面上的弧长为 D，在水平面上的距离为 D'，则有：

$$D = R \cdot \theta$$

$$D' = R \cdot \tan\theta$$

以水平面上距离 P' 代替球面弧长 R 的误差 ΔD 为：

$$\Delta D = D' - D = R(\tan\theta - \theta) \tag{1-8}$$

式中 R——球面 P 的半径；

θ——弧长 D 所对应的圆心角。

将 $\tan\theta$ 按级数展开：

$$\tan\theta = \theta + \frac{1}{3}\theta^3 + \frac{2}{15}\theta^5 + \cdots\cdots$$

将上式（省略高次项）及 $\theta = \dfrac{D}{R}$ 代入式（1-8）：

$$\Delta D = R \cdot \frac{1}{3}\theta^3 = R \cdot \frac{1}{3} \cdot \frac{D^3}{R^3}$$

整理，得：

$$\Delta D = \frac{D^3}{3R^2} \tag{1-9}$$

$$\frac{\Delta D}{D} = \frac{1}{3}\left(\frac{D}{R}\right)^2 \tag{1-10}$$

取地球曲率半径 R=6371km，将不同的 D 值代入式（1-9）或式（1-10），可得出不同距离对应的距离误差 ΔD 和相对误差 $\Delta D/D$，见表1-2。

水平面代替水准面的距离误差和相对误差　　　　　表1-2

距离 D（km）	距离误差 ΔD（mm）	相对误差 $\Delta D/D$（mm）
10	8	1/1 220 000
25	128	1/200 000
50	1026	1/49 000
100	8212	1/12 000

由上表可见，当距离为10km时，用水平面代替水准面所产生的距离相对误差是1/1 220 000，这样小的距离误差在地面上进行最精密的距离测量也是允许的。因此，可以认为在半径为10km（面积为320km^2）的范围内，用水平面代替水准面所产生的距离误差可以忽略不计，可不考虑地球曲率对距离的影响。

2）地球曲率对水平角的影响

由球面三角学可知，同一个空间多边形在球面上投影后的各内角之和，比其在平面上投影的各内角之和大，多出的值为球面角超 ε，它的大小与图形面积成正比：

$$\varepsilon = \rho'' \times \frac{P}{R^2} \tag{1-11}$$

式中　P——球面多边形面积；

　　　R——地球半径；

　　　ρ''——1弧度所对应的角度秒值（ρ''=206 265″）；当 P=100km^2 时，ε=0.15″。

通过计算可得，对于面积在100km^2 以内的多边形，地球曲率对水平角的影响值 ε 是很小的。因此，地球曲率对水平角的影响，只有在精密测量中才会考虑，而在一般测量工作中可以忽略不计。

3）地球曲率对高差的影响

在图1-15中，A、B 两点在同一球面（水准面）上，其高程理应相等，高差应为零。将 B 点投影到水平面上得到 B' 点，BB' 即为用水平面代替水准面所产生的高差误差。设 $BB'=\Delta h$，则根据勾股定理有：

$$(R+\Delta h)^2 = R^2 + D'^2$$

整理，得：

$$\Delta h = \frac{D'^2}{2R + \Delta h}$$

考虑到球面距离与水平面距离相差不大，用 D 代替 D'，同时 Δh 与 $2R$ 相比可略去不计，则：

$$\Delta h = \frac{D^2}{2R} \tag{1-12}$$

将不同的 D 值代入式（1-12），取 $R=6371km$，得到相应的高差误差值，如表 1-3 所示。

水平面代替水准面的高差误差   表 1-3

距离 D（km）	0.1	0.2	0.3	0.4	0.5	1	2	5	10
Δh（mm）	0.8	3	7	13	20	78	314	1962	7848

由表 1-3 可知，用水平面代替水准面，在 1km 的距离上高差误差为 78mm，即使距离只有 0.1km 时高差误差也有 0.8mm。所以，在进行水准测量时，即使很短的距离都应考虑地球曲率对高差的影响。

5. 直线的方向

确定直线的方向，称为直线定向，就是确定地面直线与标准北方向间的水平夹角，一般用方位角表示。如图 1-16 所示，方位角是从某个标准北方向起始，顺时针转到一条直线的水平角，其取值范围为 0°~360°。

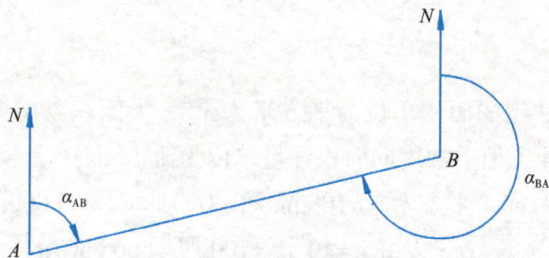

图 1-16　直线的方位角

标准北方向分为真北方向、磁北方向和坐标北方向。

真北方向：也叫真子午线方向，真子午线是通过地面上某点 P 和地球南、北极的子午面与地表的交线，真子午线在 P 点的切线的北方向即为真北方向。真北方向可采用陀螺经纬仪进行测量。真方位角用 A 表示。

磁北方向：也叫磁子午线方向，磁子午线是通过地面上某点 P 和地球磁场南、北极的子午面与地表的交线，将小磁针放在 P 点，磁针自由静止时北端所指方向即为磁北方向。磁北方向可用罗盘仪测量。磁方位角用 A_m 表示。

坐标北方向：就是坐标纵轴方向，在高斯平面直角坐标系中，过地面上某点 P 平行于坐标纵轴的北方向称为坐标北方向。坐标方位角用 α 表示，并用线段的起点和终点作为方位角的下标，起点写在前、终点写在后。

如图 1–16 所示，对于直线 AB 而言，过起点 A 的坐标纵轴平行线指北端顺时针转到直线的夹角为 α_{AB}，称为直线 AB 的正方位角（也可简称为方位角）。而过点 B 坐标纵轴平行线指北端旋转到直线的夹角 α_{BA}，可称为直线 AB 的负方位角，也可理解为直线 BA 的正方位角。同一条直线的正负方位角正好相差 $180°$：

$$\alpha_{AB}=\alpha_{BA} \pm 180° \tag{1–13}$$

1.1.4 测量的度量单位

1. 长度单位

我国测量工作中法定的长度计量单位为米制（m）单位，具体如下：

$$1m（米）=10dm（分米）=100cm（厘米）=1000mm（毫米）$$

$$1hm（百米）=100m$$

$$1km（千米）=1000m$$

在外文测量书籍中、参考文献或测量仪器说明书中，还会用到英制的长度计量单位，它与米制计量单位的换算关系如下：

$$1in（英寸）=2.54cm$$

$$1ft（英尺）=12in=0.3048m$$

$$1yd（码）=3ft=0.9144m$$

$$1mi（英里）=1760yd=1.6093km$$

2. 面积单位

我国测量工作中法定的面积单位为平方米（m^2），大面积则用公顷（hm^2）或平方千米（km^2），而我国农业土地中常用的面积计量单位为亩（mu）。其换算关系如下：

$$1m^2（平方米）=100dm^2=10\,000cm^2=1\,000\,000mm^2$$

$$1mu（亩）=10 分 =100 厘 =666.6667m^2$$

$$1are（公亩）=100m^2=0.15mu$$

$$1hm^2（公顷）=10\,000m^2=15mu$$

$$1km^2（平方千米）=100hm^2=1500mu$$

3. 体积单位

我国测量工作中法定的体积计量单位为立方米（m^3），简称立方或方。

4. 角度单位

我国测量工作中常用的角度单位为 60 进制的度（degree）、分（minute）、秒（second）制，弧度（radian）制，以及每象限 100 进制的新度（grade）制。

$$1 \text{ 圆周} =360° （度），1°=60′（分），1′=60″（秒）$$
$$1 \text{ 圆周} =400^g （新度），1^g=100^c（新分），1^c=100^{cc}（新秒）$$
$$1 \text{ 圆周} =\text{rad}（弧度）$$

将弧长 L 等于半径 R 的圆弧对应的圆心角称为 1 弧度（rad），以 ρ 表示 1 弧度的度分秒制的角值：

$$\rho° = \frac{180°}{\pi} = 57.295\ 779\ 5° \approx 57.3°$$

$$\rho' = \frac{180°}{\pi} \times 60 = 3437.746\ 77' \approx 3438'$$

$$\rho'' = \frac{180°}{\pi} \times 3600 = 206\ 264.806'' \approx 206\ 265''$$

1.2 智能测绘的概念和技术

测绘技术依次经历了模拟测绘时期、数字测绘时期、信息化测绘时期、智能测绘时期。从科学历史发展的规律看，科技进步提高了社会生产力，同时又催生了其他问题；新问题的解决要依赖科技的新发展，再产生新问题……如此循环往复，促进测绘的时代变更。当前测绘正处于走向智能时代的关键时期。

1.2.1 智能测绘的基本概念

1. 人工智能

人工智能的兴起源于计算机科学的发展，人工智能（Artificial Intelligence，AI）中的人工，可以理解为人造、人为。人工智能是指采用人工的方法，将人类智能的内在机制，即人类的某些意识、思维、行为过程等，借助计算机载体予以模拟、实现和扩展的科学，又称为计算机智能、机器智能等。

在测绘地理信息行业，图像识别、虚拟现实、计算机视觉、机器人等人工智能技术与现代测绘地理信息技术的融合应用将极大地促进行业的发展和转型升级。在地理信息采集方面，出现了大量的无人机、无人车、无人船、AR/VR 等高精度、智能化、实时性的地理信息采集设备，人工智能技术已经实现测绘数据采集与处理的一体化流程作业；在遥感影像解译方面，研究人员采用人工智能视觉技术与空间信息结合，将深度学习技术应用于遥感影像信息的解译，较大地提升了遥感数据的自动化解译、分析处理的能力和实践效果；在地图制图与更新方面，利用计算机深度学习和机器视觉等人工智能技术，既能自动综合取舍地图制图要素，还能自动提取和判读矢量数据与栅格数据，对地图进行实时更新。人工智能背景下的地图已成为位置服务聚合平台、无人驾驶汽车等应用的关键基础设施。

2. 智能测绘概念内涵

智能测绘综合运用移动互联网技术、众源地理信息技术和现代测绘技术等手段实现基础数据采集，并利用云计算、数据挖掘、深度学习等智能技术实现测绘地理信息大数据的管理，从而逐步实现从信息服务到知识服务的转变。

智能测绘以知识和算法为核心要素，构建以知识为引导、算法为基础的混合型智能计算范式，实现测绘感知、认知、表达及行为计算。针对数字测绘、信息测绘的既有算法和模型难以解决的高维、非线性空间求解问题，在知识工程、深度学习、逻辑推理、群体智能、知识图谱等技术的支持下，对人类在测绘活动中所形成的自然智能进行挖掘提取、描述与表达，并与数字化的算法、模型相融合，构建混合型智能计算范式，实现测绘的感知、认知、表达及行为计算，产出数据、信息及知识产品。

3. 智能测绘基本特征

伴随人工智能掀起的产业革命浪潮，在多学科的渗透和融合下，测绘地理信息行业步入智能化发展阶段，呈现以下基本特征。

1）数据感知自动化

智能测绘时期，智能传感器和测量设备的智能型、实时性、可靠性越来越高，智能机器人、无人机、无人船、无人车、穿戴式装备、AR/VR等地理信息数据采集设备大量涌现，以往需要实地测绘的地理信息数据采集工作逐渐由智能设备来完成。

以无人机举例，可利用无线电遥控设备或自备的控制程序（例如通过手机端奥维浏览器制定无人机飞行路线）指挥无人机飞行，以无人机作为平台搭载高清相机与定位系统作为测绘工具进行拍摄、采集目标物顶部及侧面影像信息，结合像控技术，得到实物的准确信息。再以 VR（Virtual Reality，虚拟现实）技术来说，以计算机技术为主，利用并综合三维图形技术、多媒体技术、仿真技术、显示技术、伺服技术等多种高科技的最新发展成果，借助计算机等设备产生一个逼真的三维视觉、触觉、嗅觉等多种感官体验的虚拟世界，并可跟随观察者位置和角度的变换，自动进行场景转换，从而使处于虚拟世界中的人产生一种身临其境的感觉。数据的采集和呈现都呈现出智能、自动化特征。

2）数据处理智能化

基于深度学习框架用大量的样本对计算机进行训练，使计算机在深度学习后能够对遥感影像或点云数据上的特征地物进行目标识别、分类与提取。全方位提升数据的智能化处理与分析能力，已经应用于遥感影像的地物识别、不同期影像的地物变化检测，路网、水体、建筑物边界线等的快速提取。

3）地图制图自动化

在地图制图领域，如何实现地图制图自动综合取舍和快速更新一直是人们关注的交点。运用计算机视觉技术、深度学习技术、智能采集设备，可以自动识别道路特征，提取建筑轮廓并绘制形状，识别道路图形标牌、电子眼、警示牌；在大数据技术的支持下，可以自动挖掘出过期或新增的 PoI（Point of Interest，信息点）以及道路变化，让物理世界的变化更快速地映射到互联网世界，从而实现制图综合和联网更新。

4）位置服务泛在化

借助于更加高效的深度学习算法和超算能力，对大量实时产生的数据进行筛查和配准，不仅能够实现直接的地理定位，而且可以实现无地面控制的摄影测量，改变传统意义上的先控制、后测图的作业模式。国内外已经取得的创新研究成果表明，随着人工智能技术的快速发展和深度学习的不断应用，利用影像实现直接地理定位将成为可能，从而改变传统的测绘流程、颠覆人们对传统测绘的认知。

1.2.2 智能测绘的主要技术和应用方向

智能测绘的技术体系主要包括众源地理信息泛在获取技术、地理空间数据智能处理技术、地理空间信息立体表达技术、地理信息资源互联共享技术、地理信息知识增值服务技术等。

1. 众源地理信息泛在获取

地理信息的更新可以是数据提供者，也可以是终端用户。通过计算机通信网络，实现整个传感器网络、专业人员和大众用户之间的实时互动，利用多种传感器来感知目标位置、环境及变化。因此，众源地理信息获取将进一步模糊专业测绘和非专业测绘的界限、数据生产者和用户之间的界限。

2. 地理空间数据智能处理

随着大数据时代的来临，地理空间数据正以前所未有的速度不断增长和积累，海量、多时态、多形态的地理空间数据对自动化处理、智能化处理提出了更高的要求。数据智能处理技术体系主要包括两方面：一是多源异构时空地理数据快速处理技术，利用大数据、云计算等先进信息技术构建数据资源池和计算资源池，将数据存储与计算任务分布式部署在由大量计算机构成的资源池上。二是基于机器学习和数据模型的知识发现与创新技术，利用人工神经网络、支持向量机、遗传算法、集成学习、深度置信网等机器学习或深度学习方法对空间地物特征进行归纳分析，对样本数据进行学习并形成创新知识。

3. 地理空间信息立体表达

GIS（Geographic Information System，地理信息系统）发挥重要的时空信息承载和纽带作用，提供了有力的可视化分析方法和支撑手段，将真实城市环境与虚拟城市环境融合，形成智慧城市。空间地理信息真实表达主要包含两方面：一是随着移动测量技术和倾斜摄影技术的日渐成熟，实景三维技术迅速发展、广泛应用，更好地模拟了客观世界中的三维空间实体及其相关信息，极大增强了用户体验。二是地理信息的可视化表达将具有更高的准确性和实时性，为用户实时或准实时地提供更为准确的信息。

4. 地理信息资源互联共享

在智能测绘时代，地理信息资源互联共享主要有以下四种方式：一是基于 Web Service 的地理信息共享与空间数据互操作模式。二是基于 Grid-Service 的地理信息资源共享与协同工作模式。三是基于云计算的地理信息资源共享模式。四是基于网格集成与弹性云的混合式地理信息共享模式。

5. 地理信息知识增值服务

智能化测绘时代的服务以测绘地理信息大数据为基础，以需求为导向，对地理信息进行增值服务和知识创新，向用户提供专业化、个性化的测绘地理信息产品。其主要表现在两方面：一是地理信息增值服务，通过对多源地理信息的综合分析产生新的信息或通过对地物特征进行归纳、对样本数据进行学习产生新的知识，为用户提供更优的决策支撑或解决方案。二是个性化可定制知识服务，注重隐性知识和显性知识的结合，进一步提高服务的预测能力、决策能力和应变能力。

目前，智能测绘技术的应用方向有：① GPS 定位技术。利用全球卫星定位系统（GPS）获取位置信息，通过多基站差分技术提高定位精度，实现高精度测量。②无人机遥感技术。利用无人机搭载的遥感设备采集地面数据，包括高分辨率影像、地形数据等，通过后期处理生成高精度的测绘数据。③摄影测量技术。利用摄影测量仪、数字相机等设备进行测量，通过图像处理和空间解析技术，生成三维模型和测绘数据。④全景相机技术。利用全景相机捕捉图像，并通过图像拼接技术生成高精度全景图像，实现快速、全面地测量。⑤激光测量技术。利用激光束扫描被测物体的表面，通过激光范围图像重建技术计算出三维坐标。⑥测量机器人技术。测量机器人又称智能型全自动电子全站仪，是一种集自动目标识别、自动照准、自动测角测距、自动目标跟踪、自动记录于一体的测量平台。⑦实景三维技术。一种三维虚拟展示技术，三维实景在浏览中可以由观赏者对图像进行放大、缩小、移动、多角度观看等操作，经过深入的编程，可实现场景中的热点链接、多场景之间虚拟漫游、雷达方位导航等功能。

1.2.3　智能测绘在智能建造技术体系中的地位与作用

智能建造是将现代新技术融入传统建筑行业，是从规划到设计、再到施工、最后运维的全生命周期，将新一代信息技术与工程建造相融合的新模式。智能建造的新模式不仅包括技术方面的创新，也包括管理方面的智能化。

目前我国建筑业规模庞大，但整体发展水平并不高，仍属于劳动密集型产业。当前，建筑行业信息化进程整体滞后，虽然央企和国企已经完成了一定的信息化进程，但相对于我国社会整体体量依旧过小，建筑业面临转型升级挑战，很多高校已经开设智能建造专业，通过相关人才的培养来促进行业的智能化发展。

前文已经探讨过测绘在建筑行业的地位，工程测量服务于工程建设勘测设计、施工建设、运营管理等各阶段，是工程建设必要的一项基础内容。当传统建筑行业迈向智能化、从而形成智能建造技术体系时，智能测绘技术也相应地取代传统测绘技术，成为智能建造技术体系中一个必备的、基础的组成部分。

1.3 智能测绘的发展历程与前景

1.3.1 智能测绘的发展历程

众所周知，测绘的基本任务是测定和表达各类自然要素、人文现象和人工设施的多维空间分布、多重属性及其随时间的动态变化。为此，需要借助于各种先进技术手段和仪器装备，开展数据采集、处理、分析、表达、管理及成果服务等活动。这使得测绘成为一个技术密集型行业，技术进步在提升其生产效率与服务水平方面发挥着至关重要的作用。我国测绘经历了从模拟测绘技术到数字化测绘技术的重要变革，逐步实现了全行业的数字化转型，推动了数字化产品生产与服务体系的全面建立，促进了地理信息产业的蓬勃发展。但近年来这种数字化测绘技术的"红利"已基本用完，测绘生产与服务面临着数据获取实时化、信息处理自动化、服务应用知识化等诸多新难题。从数字化测绘走向智能化测绘，成为必然选择。

20世纪90年代之前，人们主要是使用光学机械型测量仪器测制各种比例尺地形图和专题图，作业周期长、更新速度慢，1∶5万地形图覆盖全部陆地国土不足80%，且大部分在10~30年以上，十分陈旧，严重滞后于经济建设和社会发展的需要。为改变这种不利局面，国家测绘主管部门成功地组织完成了数字化测绘技术体系的科技攻关，实现了地理空间数据的数字化采集、处理与服务，向各行各业提供模拟和数字两类产品，奠定了测绘行业在全社会数字化转型大潮中的重要地位，较好地满足了国民经济建设和社会发展的需要，现阶段，智能测绘已经运用于国民经济建设的各个领域，见图1-17。

近年来测绘行业的内外部环境发生了较大变化，面临着技术转型升级的巨大挑战。首先，国家大力推进高质量发展、促进国土空间格局优化，要求全面摸清自然资源家底，科学认知人地关系，实施数据赋能的国土空间规划与管控。但现有数字化测绘技术在智能化、动态性、精准度等方面尚存在着不足或局限性，难以完全满足"查得准""认得

图 1-17　智能测绘的运用场景

（a）电力巡线；（b）消防救援；（c）农业植保；（d）地图测绘；（e）交通监管；（f）影视航拍；（g）城市规划与管理

透""管得好"的应用需求。其次，以 4D 产品为核心的多尺度、多类型地理空间数据已渗透到数字经济、数字治理和数字生活的方方面面，发挥着越来越重要的"时空基底"和关键生产要素作用，但国土空间规划、生态环境保护、防灾减灾、自动驾驶、疫情防控等新兴应用领域对时空信息的精细程度、更新周期、服务方式等提出了诸多新需求，迫切需要研发和提供更多的多维、动态、高精时空数据产品，构建新型时空信息基础设施，从数据信息服务走向时空知识服务等。在这样的背景下，智能测绘应运而生，智能化测绘是以知识和算法为核心要素，构建以知识为引导、算法为基础的混合型智能计算范式，实现测绘感知、认知、表达及行为计算。针对传统测绘算法、模型难以解决的高维、非线性空间求解问题，在知识工程、深度学习、逻辑推理、群体智能、知识图谱等技术的支持下，对人类测绘活动中形成的自然智能进行挖掘提取、描述与表达，并与数字化的算法、模型相融合，构建混合型智能计算范式，实现测绘的感知、认知、表达及行为计算，产出数据、信息及知识产品。基本思路见图 1-18。

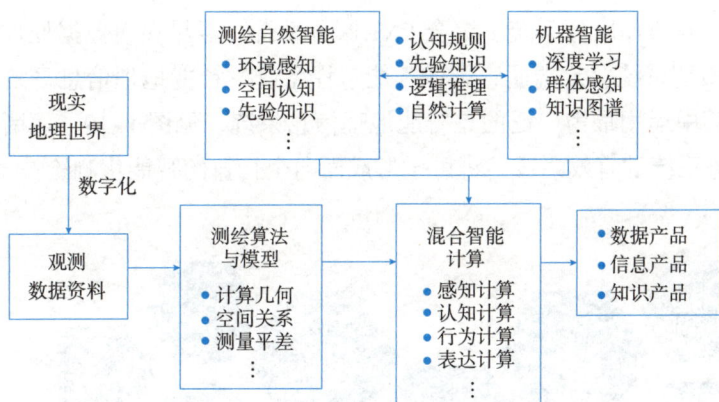

图 1-18　智能化测绘的基本思路

1.3.2　智能测绘的发展前景

智能化测绘体系的建立，将推动测绘数据获取、处理与服务的技术升级，从基于传统测量仪器的几何信息获取拓展到泛在智能传感器支撑的动态感知，从模型、算法为主的数据处理转变为以知识为引导、算法为基础的混合型智能计算范式，从平台式数据信息服务上升为在线智能知识服务。为了切实推动智能化测绘的创新发展，应努力地构建智能化测绘的知识体系，加大智能化测绘技术方法的研究力度，研制智能化测绘的应用系统与仪器装备。

1. 构建智能化测绘的知识体系

人工智能对测绘学科的影响，引起了测绘界广泛关注，先后提出了一系列的新概念，为智能测绘的研讨奠定了基础。但是，如果要构建智能测绘体系，则还必须聚集智能化测绘的基本问题，开展前沿性的研究探索，构建具有内在逻辑和结构的智能化测绘知识体系，促进知识和应用的融通。为此，需要加大对智能化测绘的智能机理、计算模式、赋能机制等研究，并在生产实践的基础上，抽象出科学的概念、术语、定理等，凝练出拟研究解决的基础理论与关键技术问题，研究成具有系统性和逻辑性的知识体系与成套理论方法，为智能时代的人类测绘活动提供新思路、新方法和新工具。

2. 研制智能化测绘的应用系统

从应用的角度看，设计和研制能够支持数据采集、处理、分析、管理的新一代智能化业务系统，提升产品生产与服务的水平与效率，是智能化测绘的一个重要发展方向。这需要针对每一个特定的单一或综合应用场景，厘清其产品生产与服务过程中所蕴含的信息处理机制，梳理所使用的先验知识，构建混合型的智能计算模式，研制专门或专用的具有一定智能水平的业务系统或平台，并制定出相应的技术规范、工艺流程、质量控制办法等。这一过程将打破大地测量、摄影测量与遥感、地图制图、地理信息工程等传统专业界限，从业务信息流的角度进行整体谋划与优化设计。目前的研究热点包括：时空数据按需搜索与协作服务系统、综合 PNT 服务系统、卫星在轨数据处理系统、天空地综合智能摄影测量系统、云端遥感影像智能解译系统、智能地理信息系统、空间型知识服务系统等，其中运用最为广泛的是智能地理信息系统，见图 1-19，而诸如此类的众多单项智能化业务系统的有效集成，将可望形成面向全行业的智能化测绘技术体系。

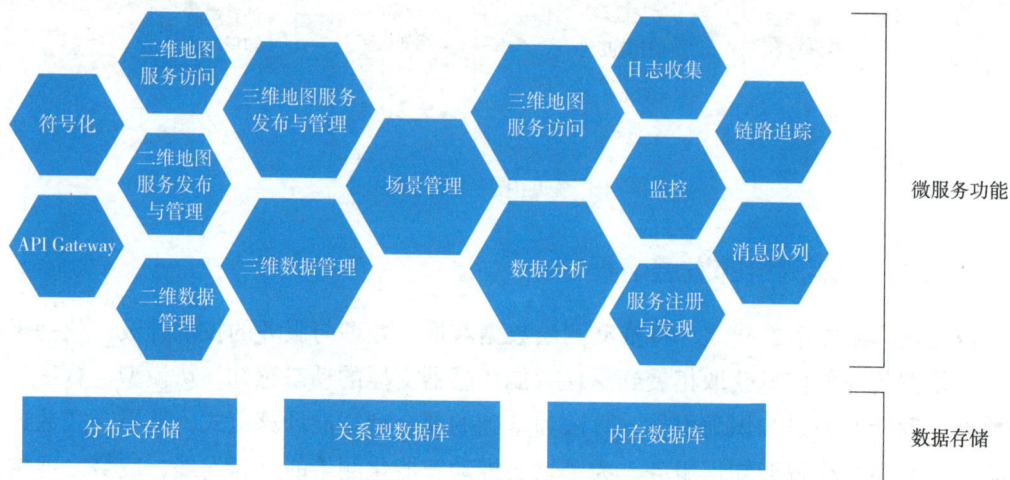

图 1-19 智能地理信息系统

3. 研制智能化测绘的仪器装备

测绘仪器装备是指那些用于数据获取、信息处理、成果表达等方面的专用工具，对于提高人们测绘活动中的感知、认知、表达、行为能力至关重要。全站仪、摄影测量工作站、数码航空相机、高速绘图仪等是传统测绘仪器装备的代表。目前，以云计算、物联网、智能芯片、人工智能为代表的新兴技术，为智能化测绘仪器装备的研制提供了新思路。今后应该进一步发展智能化的测绘仪器装备，如智能全站仪、智能化 GIS 软件系统、智能化的单波束测深系统、测绘无人机、测量机器人、全组合智能导航系统、识图机器人等，见图 1-20~图 1-23，以及利用智能设备和其所带的智能传感器开发的数据采集系统等。

4. 推动跨学科协同创新与合作

智能化测绘的研究与应用涉及测绘、地理、人工智能、大数据等诸多学科，是一项复杂的系统工程，亟须进行跨学科的交叉与融合，在学科结合中寻找增长点，取得新突破，培养创新型人才。因此，应充分发挥政府、学术界、高校和科研机构、事业单位、企业的积极性，建立优势互补的良性协作机制。政府部门应在全国智能化测绘的顶层设计、项目推动、试点示范、标准规范制定等方面发挥领导作用；各类学术团体则应发挥

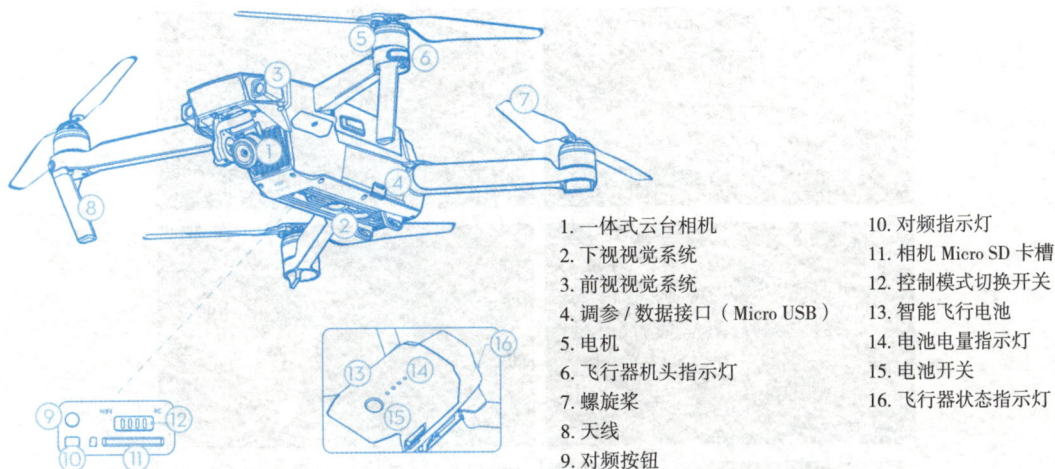

1. 一体式云台相机
2. 下视视觉系统
3. 前视视觉系统
4. 调参 / 数据接口（Micro USB）
5. 电机
6. 飞行器机头指示灯
7. 螺旋桨
8. 天线
9. 对频按钮
10. 对频指示灯
11. 相机 Micro SD 卡槽
12. 控制模式切换开关
13. 智能飞行电池
14. 电池电量指示灯
15. 电池开关
16. 飞行器状态指示灯

图 1-20　无人机

图 1-21　制图软件示意图

图 1-22　三维激光扫描仪

联系全国广大科技工作者的优势，组织学术研讨、交流。各方推动实现智能化测绘事业不断向前推进。

1.3.3　智能测绘技术人才必备素质与能力

随着时代不断的发展，测绘行业已经成为国家基础设施建设中不可或缺的重要领域。随着新一代测绘技术的广泛应用和引领，测绘行业对人才的要求也会愈发严苛。在这样的环境下，测绘行业人才必须具备一定的核心素质才能满足行业的发展和需求。

1. 思想道德素质

随着时代的发展以及科技的进步、经济全球化，人们的人生观、价值观以及思想观都产生了一定程度的变化，在工程的建筑过程中，个别的建筑单位会出现测量技术人员造假的现象，也有的单位过于注重经济效益，对质量不重视，因此，工程测量的人员应

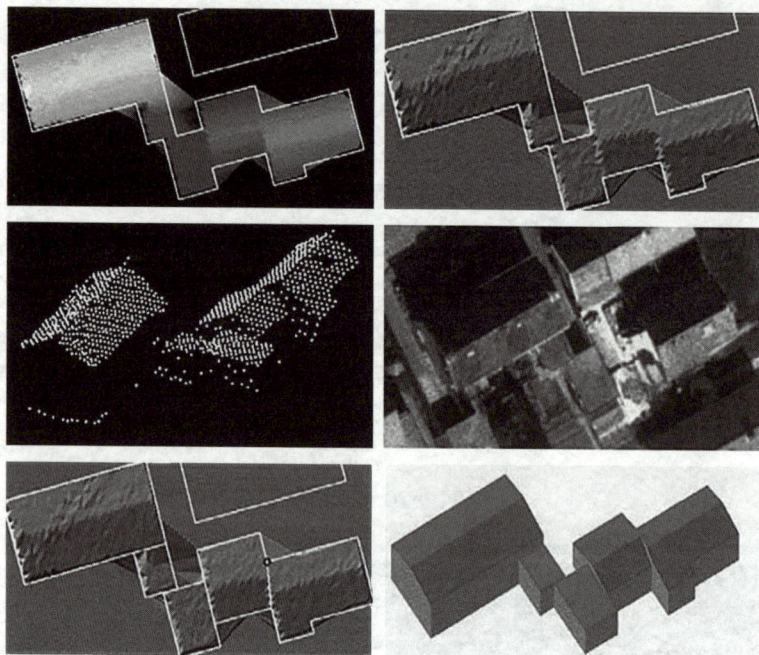

图 1-23　矢量数据采集与 3D 建模

该加强自身的思想素质建设。这就要求测量工作的人员树立相对较为科学的、合理的以及健康的世界观以及价值观，只有这样才能保障工程测量工作的技术人员对工作认真负责，并避免出现不良的诱惑与思想。同时，还应处理好个人、集体以及国家之间的关系，在为企业的发展创造经济效益的同时，也为企业创造良好的社会效益以及相应的社会形象。品格素质主要是指两方面：一是社会道德素质，也就是工程测量技术人员在进行工作的过程中应对社会的安全以及文明发展进行负责，简单地说就是在工程的建设施工过程中，应将经济利益、社会效益、质量放在同等地位，避免出现为了经济效益，对工程项目不负责，对工程质量以及安全不予以重视的行为；二是在工程的施工过程中，自觉按照相应的规范进行施工，将管理规范贯彻落实，从根本上加强施工的质量与要求。

2. 能力素质

1）决策能力

工程测量人员在工作的过程中应具有一定的决策能力，也就是在实施战略、战术的过程中有着决策的作用。随着国家的招标与投标政策的实施，尤其是在我国进入世界贸易组织之后，工程项目在实施的过程中难以进行管理，竞争逐渐激烈，工作的环境也相对较为复杂，这也就不利于工程测量人员的工作，这就要求工程测量的技术人员有一定的决策能力，制定相应的措施，来对这一系列的问题进行决策与解决。

2）控制能力

这主要说的就是对工程项目的控制，内容有工程的质量、工程造价的问题、工期的问题以及安全的问题等，将其控制在预期的范围之内，避免出现不必要的变更，保障工程的正常进行。

3）协调能力

由于工程在进行施工的过程中涉及的项目相对较多，各个工种以及管理的部门也相对较多，这也就造成人员复杂，难以进行管理的现象。所以，在对工程进行管理的过程中就会出现不协调的现象，这也就不利于工程的施工，这就要求工程测量人员具有一定的协调能力，可以正确地对施工现场以及工程的各个部门进行有效的协调，避免出现施工现场混乱的状况，以此来保障工程的顺利进行，并确保工程的质量。

3. 知识素质

1）专业知识

随着科技的迅速发展，工程测量的技术也在不断地革新，在工程测量的方面也不断地融入了先进的信息技术与电子技术，测绘的工作也从传统的纸上工作，到现在的运用计算机技术，逐渐出现了电子地图、三维图形、数据库等，工程的测量工作也逐渐地走向了数字化与智能化。这就要求对技术人员的工作质量与工作效率进行重视，因此，合格的智能测绘人员应该熟悉 3S 技术的应用，能够使用新型的测量仪器，例如，无人机、三维扫描仪等，使其对测量以及模型构建等工作做好严格的控制，同时做好数据的收集以及处理工作。由于智能化逐渐地融入现代测绘的发展中，这就要加强工程测量人员的专业技能水平与专业素养，才能适应未来行业的发展。

2）相关知识

由于测绘工作涉及的范围相对较为广泛，例如常见的土建工程、道路交通工程、水利水电工程、地矿海洋工程等，这些工程在进行施工的过程中都离不开测量工作。这就要求测量的工作人员必须对工程的各个项目与工序进行了解，只有这样才能有效地参与到工程之中，保障施工的进度与质量。

3）计算机技术

计算机是目前社会发展的必要设备，其应用的领域也相对较为广泛，工程测量的工作中也离不开计算机，这就要求相关的技术人员熟练地掌握计算机网络技术，并可以运用计算机对数据进行有效地处理、程序设计以及系统管理等，不断地提升自身的计算机能力以及电子技术水平。

本章小结

本章介绍了工程测量学的概念，详细解释了水准面、椭球体、方位角等概念，介绍了地心坐标系、高斯平面直角坐标系等测绘行业常用的坐标系统，阐述了地球曲率对距离、角度、高差测量的影响。随后简单介绍了智能测绘的概念和技术，讨论了智能测绘的地位、发展和对智能测绘人才的要求。

二维码 1-2
拓展阅读

思考与习题

1-1 工程测量对工程建设的作用是什么？工程测量的服务对象是什么？

1-2 什么叫水准面？什么叫大地水准面？它们有什么特性？

1-3 地心坐标系是怎样规定的？

1-4 高斯平面直角坐标系是怎样建立的？它与数学上的笛卡尔坐标系有什么区别？

1-5 用水平面代替水准面，对距离、角度、高差测量测量带来什么样的影响？

1-6 坐标方位角是什么意思？它的取值范围是什么？

1-7 什么是智能测绘？

1-8 智能测绘与传统测绘的关系是什么？与智能建造的关系是什么？

1-9 某地经度为东经$137°25'$，试求其所在高斯投影$6°$带和$3°$带的带号，及相应带号内中央子午线的经度。

1-10 从某控制点坐标成果表中抄录到点P在高斯平面直角坐标系中的纵坐标$X=1238.889m$，横坐标$Y=19\,468\,344.278m$。试求该点在该投影带高斯平面直角坐标系中的真正坐标x、y，并判断该点位于第几象限。

1-11 某教学楼首层室内地面±0.000的绝对高程为$15.485m$，教学楼女儿墙顶部标高为$+18.000m$。则女儿墙顶部绝对高程为多少？女儿墙顶部与首层室内地面的高差为多少？

参考文献

[1] 胡伍生.土木工程测量学[M].3版.南京：东南大学出版社，2021.

[2] 张正禄.工程测量学[M].3版.武汉：武汉大学出版社，2020.

[3] 李玉宝.控制测量学[M].南京：东南大学出版社，2013.

[4] 陈翰新，向泽君.智能测绘技术[M].北京：中国建筑工业出版社，2023.

[5] 冯文娟，康宏民.无人机倾斜摄影在建筑立面测绘中的应用及工程实例[J].煤矿现代化，2021，30（4）：199-201.

[6] 陈军，刘万增，武昊，等.智能化测绘的基本问题与发展方向[J].测绘学报，2021，50（8）：995-1005.

[7] 廖维张，侯敬峰，李天华.面向智能建造技术的专业人才培养探索[J].建筑技术，2022，53（11）：1580-1584.

[8] 谭文辉，颜秀夫.论工程测量人员的基本素质[J].水利科技与经济，2006（3）：186-187.

[9] 张朝江.浅谈中小型矿山测量技术人员应具备的素质[J].矿山测量，2012（3）：79-80+98.

[10] 中华人民共和国住房和城乡建设部.工程测量标准：GB 50026—2020[S].北京：中国计划出版社，2020.

[11] 中华人民共和国住房和城乡建设部.城市测量规范：CJJ/T 8—2011[S].北京：中国建筑工业出版社，2012.

第 2 章
工程测量技术基础

本章要点 📖

1. 工程测量技术的概念与原理。
2. 测量的应用实际案例。
3. 数字地形图应用实际案例。

教学目标 📑

知识目标：通过本章知识内容学习，让学生了解测量基本方法。掌握水准测量、角度测量、距离测量和三角高程测量等基本原理与观测方法。掌握测量仪器的基本操作，熟悉水准仪、全站仪等常规测量仪器的观测原理、仪器结构和基本操作。了解各类地形图的施测方案，掌握地形图的基本应用。

能力目标：学生应该具备对工程测量基本技术的应用能力，对数字地形图的绘制、分析能力，能够将所学知识解决实际问题。

素养目标：通过工程实践案例，培养学生"文明生产、安全第一"的工程意识，"细心、严谨、吃苦、耐劳、敬业"的工匠精神；通过小组团队协作，培养学生的团队合作精神和集体荣誉感。

案例引入 📄

百年工业焕新颜——大运河常州段工业遗产保护工程测量

2021年5月，江苏省大运河文化带建设工作领导小组出台的《江苏省大运河文化遗产保护传承规划》突破行政区划限制，以大运河水系为脉络，形成充分体现江苏特色的文化遗产传承空间布局。江苏省作为我国近现代工业的重要发祥地之一，具有长期的历史积淀，坐拥沿江、沿大运河得天独厚的人文地理环境，拥有丰富的工业遗产，且已有9个项目被认定为国家工业遗产。工业遗产作为工业文化的重要载体，见证了社会发展过程中工业化进程各个阶段的历史风貌与时代特征，承载着城市演变的记忆，镌刻着社会发展的足迹。随着大运河"申遗"成功，江苏省实施的多项工业遗产保护工程，助力大运河文化带各类文物的"延年益寿"。这些宝贵的工业遗产得以传承，必须对其建筑实体进行数字化保护，工程测量就起到了至关重要的作用。遗产建筑的工程测量，是对建筑的相关几何、物理和人文信息及其随时间变化的信息进行采集、测量、处理、显示、管理、更新和利用的技术与活动，是建立建筑遗产记录档案工作的重要组成部分，其成果主要用于建筑遗产的研究评估、管理维护、保护规划与设计、保护工程实施、周边环境的建设控制以及文化遗产传承教育、展示、宣传等诸多方面。在这个案例中，我们看到工程测量在外业对于工业遗产建筑的施测古城，将理论研究与工程应用实践相结合，绘制测量图纸。

思考题：

1. 在没有先进测量技术的时代，现场测绘是如何完成的？
2. 随着现代技术的发展，有了哪些新的工程测量技术？

2.1 测量基本方法和仪器

2.1.1 高程测量

想要确定地面点的空间位置，测定其高程是必不可少的步骤。高程测量是指从已知高程的控制点出发，测定待定点高程的过程。按照使用的仪器和测量方法分类，高程测量可分为水准测量、三角高程测量、GPS 测高和气压计测高等方式。其中，水准测量是采用水准仪和水准尺依照水平视线来测定地面点之间的高差，精度较高，多用于高程控制测量；而三角高程测量是采用经纬仪与测距仪测定两点间的竖直角和距离，再根据三角学原理来计算地面点之间的高差，精度较低，多用于地形测量。本节主要介绍水准测量与三角高程测量的相关知识。

1. 水准测量原理

水准测量是精确测定地面点高程的最常用的方法，一般适用于较为平坦的地区。水准测量的原理是通过水准仪提供的水平视线，在竖立于地面两点上的水准尺上分别读取水平视线的读数，以此测定两点间的高差，再根据已知点的高程计算未知点的高程。

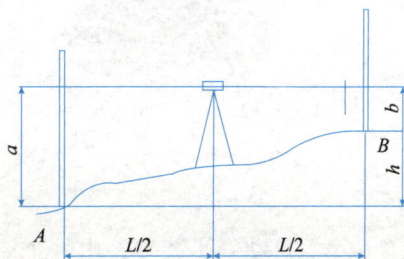

图 2-1 水准测量原理

如图 2-1 所示，已知 A 点的高程 H_A，欲求 B 点的高程 H_B，只需在 A、B 两点间放置经纬仪，并在 A、B 两点上竖立水准尺（带有刻度、零点在下），调整水准仪确保视线水平，分别在 A 尺上获取读数 a，在 B 尺上获取读数 b，即可计算 A 点到 B 点的高差：

$$h_{AB}= 后视读数 - 前视读数 = a-b \tag{2-1}$$

若 A 点低，B 点高，则 h_{AB} 为正值；若 A 点高，B 点低，则 h_{AB} 为负值。在此基础上，根据已知高程 H_A 即可计算 B 点的高程：

$$H_B=H_A+h_{AB}=H_A+a-b \tag{2-2}$$

2. 水准测量仪器

水准仪和水准尺是进行水准测量的主要仪器。水准仪包括光学水准仪和电子水准仪，其中光学水准仪按安平（整平）方式的不同可分为微倾水准仪和自动安平水准仪。目前，常用的水准仪主要是自动安平水准仪（图2-2）和电子水准仪。

1）自动安平水准仪

自动安平水准仪的特殊之处在于它无须精确整平，只用粗略整平即可读取读数，这极大程度减少了用户在进行水准测量时的准备工作。其主要由基座、支架、望远镜与自动安平装置组成。

（1）基座：主要负责将仪器与三脚架相连接，以此来放置仪器，此外还配备有三个脚螺旋，常用于对仪器进行初步整平。

（2）支架：支架上安装有圆水准器，通过圆水准器中的气泡是否居中来判断视线是否保持水平。支架上还安装有制动螺旋和微动螺旋，通过拧动螺旋来带动望远镜瞄准不同的方向。

（3）望远镜：一般由目镜、物镜、相应的调焦螺旋以及瞄准器构成，它的作用是照准水准尺并能在水准尺上读取读数。

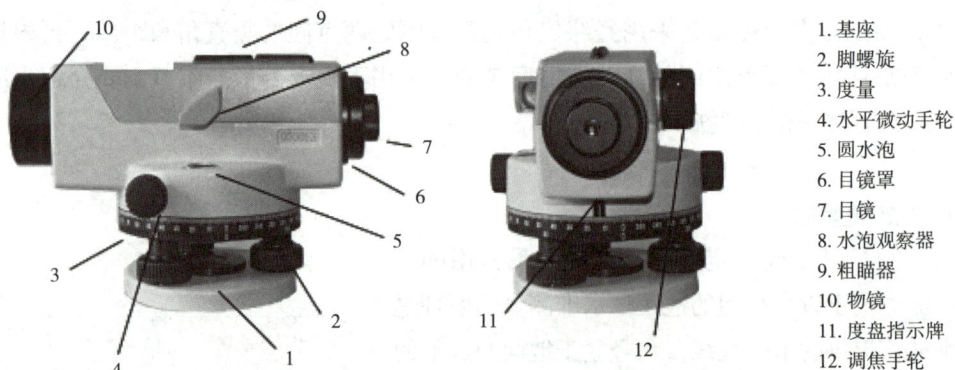

1. 基座
2. 脚螺旋
3. 度量
4. 水平微动手轮
5. 圆水泡
6. 目镜罩
7. 目镜
8. 水泡观察器
9. 粗瞄器
10. 物镜
11. 度盘指示牌
12. 调焦手轮

图2-2　自动安平水准仪组成部件

（4）自动安平装置：由一个屋脊棱镜和两个直角棱镜构成，前者与望远镜相连，随其一起转动，后者与自由重锤相连，并自然下垂。如图2-3所示，虽然望远镜的视准轴倾斜，但光线在经过补偿器后方向发生一定改变，使得分划板处仍然能获得水平视线处正确的读数。

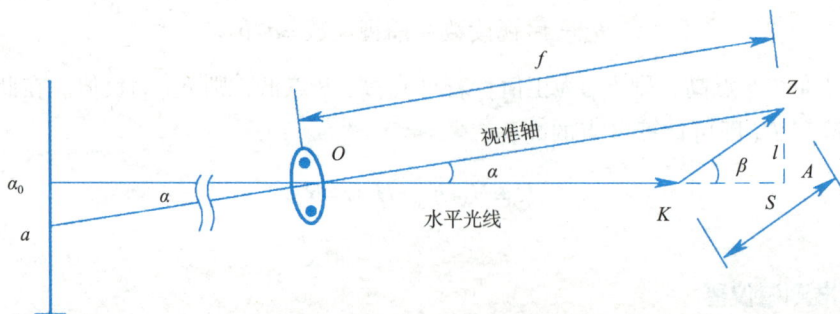

图2-3　自动安平原理

2）水准尺与尺垫

水准尺通常使用不易变形的木材或玻璃钢制作，长度一般为 2~5m 不等，按照不同构造可分为直尺、折叠尺和塔尺，尺面分划有单面和双面两种。自动安平水准仪配套使用的水准尺一般为双面水准尺，如图 2-4 所示，其中黑面为黑白相间，底部自零开始，红面为红白相间，底部自某一常数开始。在进行水准测量时，水准尺通常成对使用，一尺立于后视点，一尺立于前视点，两根水准尺的红面起始常数分别应为 4687mm 和 4787mm，用于双面读数核验。

尺垫主要用于防止水准尺在观测过程中下沉或变位，常用金属制作，外形呈三角形，下有三个尖角，有助于稳定点位，上有凸起圆顶，用于准确确定点位。水准测量时，在转点处安放尺垫，将其下方的三个尖角踩入土中，再将水准尺直立放置在尺垫的圆顶上。

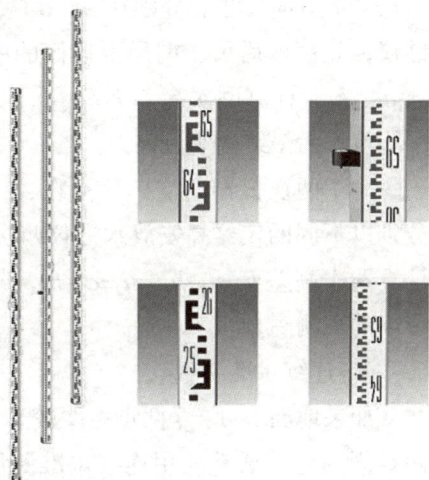

图 2-4　水准尺示意图

3）电子水准仪

电子水准仪也称数字水准仪，具有速度快、精度高、效率高、读数方便、易于观测等特点。由于电子水准仪在望远镜中装配了由光敏二极管构成的线阵探测器，因此其可以采用数字图像自动识别处理系统来进行读数，并配有条码水准标尺。此外，电子水准仪内部安装有微处理器，能够自动记录、存储和传输数据，实现了水准测量内业和外业的一体化，如图 2-5 所示。

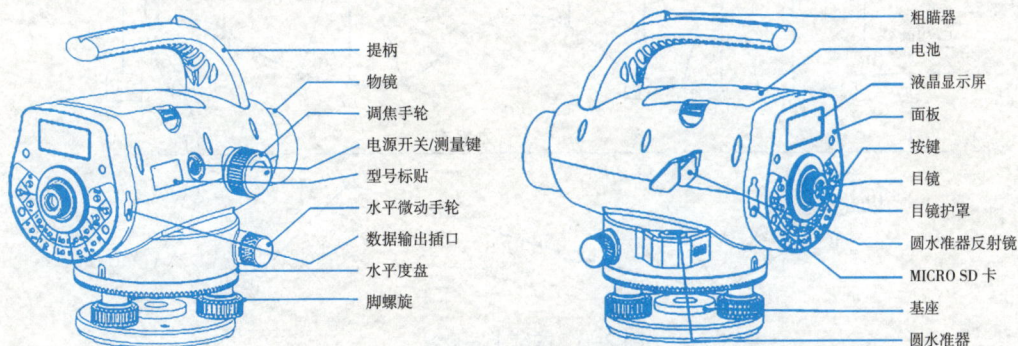

图 2-5　电子水准仪组成部件

3. 水准测量方法

1）单站水准测量

在水准测量时，如果地面上 A、B 两点间只需一次测量即可测到高差，则通常采用单站水准测量，具体包括双面尺法与两次仪器高法。

（1）双面尺法。分别在 A、B 两点上安放水准尺，在前、后视距离大致相等处安放水准仪，先读取后尺、前尺上黑面的中丝读数 a_1、b_1，再读取后尺、前尺上红面的中丝读数 a_2、b_2，计算两次高差 $h_1=a_1-b_1$，$h_2=a_2-b_2$，若两次观测高差之间符合限差要求，则取平均值作为最终的观测高差。

（2）两次仪器高法。分别在 A、B 两点上安放水准尺，在前、后视距离大致相等处分别以不同的仪器高安放水准仪两次，分别读取后尺、前尺的中丝读数 a_1、b_1 与 a_2、b_2，计算两次高差 $h_1=a_1-b_1$，$h_2=a_2-b_2$，若两次观测高差之间符合限差要求，则取平均值作为最终的观测高差。

2）连续水准测量

如果地面上 A、B 两点相距较远、高差较大、地形起伏较大，导致一次测量难以测出两点间高差，通常使用连续水准测量的方式进行测量。如图 2-6 所示，在 A、B 两点之间选取若干个临时点，依次安置水准仪并连续测定相邻各点间的高差，计算各点高差的代数和并将其作为 A、B 两点间的高差：

$$h_{AB}=(a_1-b_1)+(a_2-b_2)+(a_3-b_3)+\cdots\cdots+(a_n-b_n) \qquad (2-3)$$

为了提高观测高差的精度，通常需要进行往返测量，当往返的观测高差之间符合限差要求时，取平均值作为最终的高差结果。

在连续水准测量时，其中选取的若干个临时点称为转点，其作用是传递高程，为确保各个转点的测量数据保持准确，切勿移动相邻两点间的尺垫。

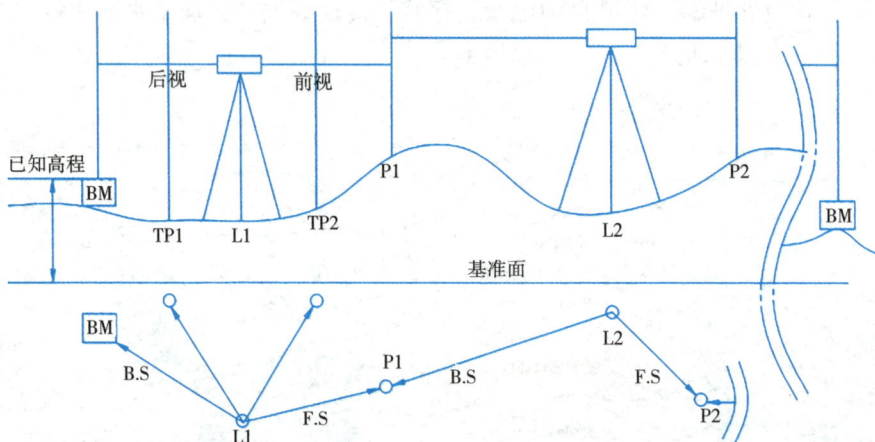

图 2-6　连续水准测量

4. 水准测量的误差分析

1）仪器误差

（1）i 角误差：在进行水准测量时，如果视准轴未能平行于水准管轴，则会出现因视线不水平而产生的读数误差，这就是 i 角误差。为了消除 i 角误差，在测量前通常要对水

准仪进行 i 角误差的检验和校正，在测量时应保持前、后视距大致相等。

（2）水准尺误差：水准尺误差包括尺长误差、刻划误差与零点误差，这些误差可以通过使用制作更加精密的水准尺来避免，当然，也可以将测站数设置为偶数，借此消除因水准尺而产生的仪器误差。

2）观测误差

（1）调焦误差：在对物镜进行调焦时，调焦透镜可能会出现非直线移动，从而改变了视线的位置，导致测量结果出现误差，一般通过前、后视距离相等的方式来减弱影响。

（2）读数误差：通常与视线中十字丝横丝的粗细、望远镜的放大倍率以及视线长度的远近有关，为避免读数误差，在观测时应严格遵守相应的规范与要求。

（3）水准尺倾斜：当水准尺有所倾斜时，读数会产生相应的偏差，观测的视线越高，仪器的倾角就越大，这也会将水准尺倾斜的影响不断放大。因此，必须要保证水准器里的气泡始终居中，以防水准尺出现倾斜。

3）环境误差

（1）水准仪下沉：当土地较为松软且脚架未能踩实时，水准仪可能在观测过程中会出现下沉现象，这将导致读数一定程度上偏小。因此，在进行观测时，通常采用"后－前－前－后"或"黑－黑－红－红"的观测顺序，并取两次高差的平均值作为最后的观测结果，以此来减弱水准仪下沉带来的影响。

（2）水准尺下沉：当将上一站的前尺转换为下一站的后尺的过程中，可能会出现水准尺的下沉现象，这将导致后视读数偏大，进一步使得高差的结果增大。为减缓水准尺下沉的影响，尺垫的尖脚一定要踩实，同时，采取往返观测的方式，并取往返两次测量的平均值作为最终结果，以此减小误差。

（3）地球曲率与大气折光：在高程测量中，地球曲率对测量结果的影响不容小觑，同样，大气折光也会使得读数相对变小。为了消除它们的影响，在实际测量中一般可以通过采用前、后视距离相等以及往返观测取平均值的方式来减小误差。

5. 水准仪的检验和校正

根据水准测量的原理，在测量时要求水准仪能够提供一条水平视线，这使得水准仪的几何结构必须满足一定的精度要求，因此在测量前需要对水准仪进行相应的检验与校正，具体包括对圆水准器轴的检验与校正、对十字丝横丝的检验与校正以及对自动安平补偿器的检查。

1）对圆水准器轴的检验与校正

（1）检验：在安置水准仪以后，通过转动脚螺旋使得圆水准器的气泡居中，随后将仪器绕竖轴旋转180°，若气泡仍保持居中，则说明圆水准器轴平行于水准仪的竖轴，符合要求，若气泡出现偏移，则说明圆水准器轴不平行于水准仪的竖轴，需要对其进行校正。

（2）校正：当仪器旋转180°后气泡出现偏移现象，根据气泡偏移的程度，对脚螺旋进行调整，使得气泡回移一半，并调整圆水准器校正螺钉使得气泡居中。在此基础上，重新转动脚螺旋整平圆水准器，再次将仪器旋转180°，检查气泡是否出现偏移。若仍偏移，则反复进行检验校正，直到无偏移现象出现，此时旋紧水准器固定螺栓即可。

2）对十字丝横丝的检验与校正

（1）检验：在安置水准仪以后，确保圆水准器的气泡居中，使用望远镜的十字丝横丝瞄准远处任一点，随后将制动螺旋旋紧，慢慢转动微动螺旋，随着望远镜的转动，观察十字丝横丝所瞄准的目标点是否发生偏移，若不再瞄准该点，则说明十字丝横丝不垂直于水准仪的纵轴，需要对其进行校正。

（2）校正：将十字丝分划板打开，对十字丝的位置进行调整，使得横丝保持水平，竖丝维持垂直，如此操作即可完成校正。

6. 三角高程测量原理

若要测量地面上 A、B 两点间的高差时，可在 A 点放置全站仪，在 B 点安放棱镜，依次测量两点间的倾斜距离 S、竖直角 α、A 点仪器高 l_A、B 点仪器高 l_B，则 A、B 两点间的水平距离 $D=S\cos\alpha$，A 点到 B 点的高差为 h_{AB}：

$$h_{AB}=D\tan\alpha+l_A-l_B \qquad (2-4)$$

在此基础上，若已知 A 点高程，则可通过高差来计算 B 点的高程。

2.1.2　距离测量

距离测量，是指测量地面上两点在大地水准面上沿铅垂线投影下的弧长。如果测量区域面积较小且较为平坦，可以近似认为是地面上两点在水平面上沿铅垂线投影的直线距离，如果坡度较高则要将测量值视为倾斜距离并换算成水平距离。本节主要介绍三种距离测量的常见方法，包括钢尺量距、视距测量与电磁波测距。

1. 钢尺量距

1）钢尺

钢尺，又称钢卷尺，如图2-7所示，为钢制卷尺，是直接测距最常用的工具，原理简单易懂，操作方便快捷。按照钢尺零点位置的不同，钢尺可分为端点尺和标线尺。其中，以钢尺拉环的最外端为钢尺零点的为端点尺，而钢尺前端刻有零分划线的则为标线尺。

图2-7　钢尺

此外，配合钢尺量距的工具还有测钎、垂球、标杆。其中，测钎主要用于标定尺段点的位置和计算丈量的尺段数；垂球主要用于对点、标点和投点；标杆主要用于标点和定线。

2）直线定线

在使用钢尺进行量距时，若待测距离过长（超过一个尺段），为保证所测距离为直线距离，需要在待测点之间确立若干个点，使得相邻两点间距离小于一个尺段，这就是直线定线。目前，常用的直线定线方法主要有目视定线与仪器定线，前者精度低，后者精度高。

目视定线较为简单。在待测点 A、B 上设立花杆，一位测量员站在任一待测点处，指挥另一测量员在 A、B 两点之间的合适位置放置花杆，当花杆均位于同一条直线上时标记点位，即为定线点，如此反复。由于目视定线主要依靠测量员的视线来进行判断，因此精度略低。

仪器定线一般使用电子经纬仪进行，为提高精度，通常采用盘左、盘右两个盘位定线。

3）钢尺量距方法

对于平坦地区而言，钢尺量距往往按尺段进行测量，其测量值可按下式计算：

$$D=n \cdot l + \Delta l \qquad (2-5)$$

式中　n——整尺段数；

　　　l——尺段长；

　　　Δl——余长。

为提高测量精度，通常往返各测量一次。对于测量结果，一般使用相对误差来判断测量的精度：

$$k = |\Delta_{\mathrm{D}}| / D_0 \qquad (2-6)$$

式中　Δ_{D}——往返测量结果之差；

　　　D_0——往返测量结果的平均值；

　　　k——相对误差。

采用分子为 1、分母取整的方式表示，其分母越大，则表示精度越高。若结果符合精度要求，则取往返测量的平均值作为最终结果。

在测量时，若地面倾斜坡度较大，难以将钢尺一端抬平时，可以采用平量法，将整尺分为几个小段，用垂球对点确保水平，逐段进行测量。亦可采用斜量法，即测量倾斜距离与倾角，通过计算得到水平距离。

4）钢尺量距误差分析

（1）定线误差：通常定线误差要求不大于 0.1m，一般测量条件下，采用目视定线即可满足要求，但当测量距离过长或对精度有着较高要求时，应采用仪器定线。

（2）尺长误差：尺长误差属于仪器误差，对钢尺量距的结果精度影响较大，一般测量要求必须使用经过检定的钢尺，当尺长改正值大于尺长的 1/10 000 时，应对结果进行尺长改正的处理。

（3）观测误差：在测量过程中，由于各种原因，可能会出现读数误差、对点误差、尺段相接不准等情况，因此在实际操作过程中，往往需要进行多次测量或往返测量，并对结果取平均值，以此来减弱观测误差。

（4）环境误差：主要包括由温度、地面倾斜而产生的误差。当温度变化大于10℃或精度要求较高时，应对结果附加温度改正；当地面坡度大于1%或精度要求较高时，应对结果附加倾斜改正。

2. 视距测量

1）视距测量基本介绍

视距测量是一种根据几何光学原理采用简便操作即可迅速测得两点间距离的方法。此外，视距测量还能同时测得两点间的高差，虽然相较于钢尺量距，视距测量的精度更低，但其操作简便，不受地形限制，能够满足地形测量中对碎部点的精度要求，因此视距测量常被应用于地形测图中。

视距测量常用的仪器为经纬仪和视距尺。

2）视距测量原理

在望远镜的十字丝分划板上，有上、下两根平行于中丝的短丝，称为视距丝，配合带有刻度的视距尺使用，便可进行视距测量（图2-8）。

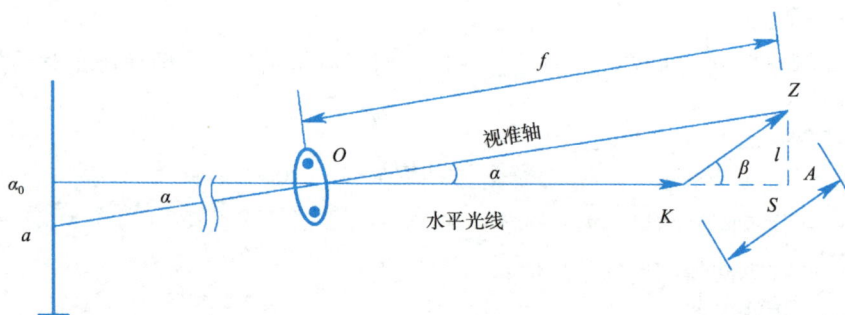

图2-8　视距测量原理

当视线水平时，将经纬仪瞄准目标点处的视距尺，分别获取下丝读数 a，上丝读数 b，若望远镜视角为 φ、水平距离为 D，则：

$$D=1/2（b-a）/\tan\varphi/2=1/2\tan\varphi/2（b-a）\qquad（2-7）$$

3）视距测量误差分析

对于视距测量而言，其测量精度通常较低，一般来说其误差主要来源于由标尺倾斜而产生的仪器误差、由大气折光而产生的环境误差以及在读取观测结果时产生的读数误差。

为避免标尺倾斜误差，通常会在测量前检查视距尺是否保持竖直，或使用带有水准器的视距尺。为缓解大气折光误差，通常在观测时应使视线尽量抬高，最好保持距离地面1m以上。为减小读数误差，一般来说，当读数到"cm"时，测距应精确到"m"，当读数到"mm"时，测距应精确到"dm"，并多次测量取平均值。

3. 电磁波测距

电磁波测距是以电磁波作为测距信号，进行距离测量。相较于钢尺量距和视距测量，电磁波测距具有精度高、速度快、测程长、作业方便等特点，是现代测绘中主要的测距手段。

将电磁波测距仪放置在测站点上，向目标点以速度 c 发射电磁波，随后记录电磁波的往返时间 t，以此来计算两点间的距离：

$$S=1/2c \cdot t \tag{2-8}$$

由于电磁波测距所获得的结果是斜距，所以需要通过测量竖直角来计算水平距高。此外，电磁波在空气中的传播速度会受到温度和气压等环境因素的影响，所以在电磁波测距的同时，还需进行温度和气压的测量，并以此来对测得的距离进行改正。

根据记录往返传播时间方法的不同，电磁波测距可分为脉冲测距法与相位测距法。

1）脉冲测距法。通过脉冲式测距仪，向目标发射高频脉冲光，并接收经由目标反射的脉冲信号，记录脉冲总数，若脉冲光周期为 t_0，往返脉冲总数为 n，则往返时间为 $n \cdot t_0$，则待测距离为：

$$S=1/2\,c \cdot t=1/2\,c \cdot n \cdot t_0 \tag{2-9}$$

2）相位测距法。相位测距法的精度高于脉冲测距法。通过相位式测距仪，使光强随电震荡的频率而周期性地明暗变化，通过测定调制光在测线上往返传播的相位差来获取时间，若调制光频率为 f，在待测距离上往返传播经过 N 个整周期，产生相位差为 $\Delta\varphi$，则待测距离为：

$$S=1/2\,c \cdot t=1/2\,c/f\,(N+\Delta\varphi/2\pi) \tag{2-10}$$

2.1.3 角度测量

角度测量是测量工作中必不可少的一项，包括水平角测量与竖直角测量。本节主要介绍角度测量原理、角度测量仪器、角度测量方法、角度测量误差分析以及角度测量仪器的检验与校正。

1. 角度基本概念

1）水平角

水平角是指在空间中相交的两条直线在水平面上垂直投影后所形成的夹角，其取值范围为 $0° \sim 360°$。其中 O、A、B 为地面点，经垂直投影后，其在水平面上的投影分别为 O'、A'、B'，角度测量中的水平角即为直线 $O'A'$ 与直线 $O'B'$ 之间的夹角 β。

2）竖直角

竖直角是指在同一垂直面中目标视线与特定方向之间的夹角。其中，与水平方向的夹角为垂直角（亦称高度角），其取值范围为 $0° \sim \pm90°$；与天顶方向的夹角为天顶距，其取值范围为 $0° \sim 180°$。此外，对垂直角而言，倾斜视线位于水平方向之上的称为仰角，其符号为正；倾斜视线位于水平方向之下的称为俯角，其符号为负。OC 方向的仰角为 α_{OC}，天顶距为 Z_{OC}，而 OD 方向的俯角为 α_{OD}，天顶距为 Z_{OD}。

2. 角度测量原理

1）水平角测量原理

依据水平角的定义，如果测量仪器能够满足相应的几何条件，便能够测量出水平角。以经纬仪为例，经纬仪上安放有一个专门用于测量水平角的水平度盘。将经纬仪安放于 O 点处，确保水平度盘保持水平，分别通过竖轴上的望远镜对准 A、B 两点时，即可分别获得 OA、OB 方向在水平度盘上投影的读数 a、b。若水平度盘 $0° \sim 360°$ 按顺时针方向注记，便可计算得到 OA 到 OB 的水平角：$\beta=b-a$；而 OB 到 OA 的水平角为：$\beta=a-b$。

2）竖直角测量原理

为了测量竖直角，经纬仪上安装有一个竖直度盘，当望远镜对准观测目标点时，即可根据竖盘读数及视线水平时的读数求取所测的竖直角。当望远镜旋转时，瞄准铅垂面内高低不同的方向 C、D，便可得到 OC、OD 方向的天顶距 Z_{OC}、Z_{OD}，根据天顶距与垂直角关系计算垂直角。

3. 水平角测量

测水平角时必须严格用十字丝竖丝瞄准目标。在观测过程中，为了消除仪器误差，一般要使用盘左和盘右两个位置进行观测。盘左、盘右各测角一次，合称一测回。水平角的观测一般根据观测方向的多少和测量精度要求的不同而定，常用的有测回法、方向法。

1）测回法

测回法主要适用于观测两个方向之间的单角。欲在测站 O 点观测方向 OA 与 OB 之间的水平角 β。首先，在盘左位置用十字丝竖丝瞄准 A 目标，配置度盘，读数 $a_{左}$；顺时针转动照准部，瞄准 B 目标，读数 $b_{左}$，上半测回观测结束。然后倒转望远镜，顺时针旋转照准部，在盘右位置瞄准 B 目标，读数 $b_{右}$，逆时针旋转照准部，瞄准 A 目标，读数 $a_{右}$，下半测回观测结束，一测回观测结束。测回法水平角观测记录、检核与计算，具体步骤如下：

（1）分别计算上、下半测回角值 $\beta_{左}=b_{左}-a_{左}$，$\beta_{右}=b_{右}-a_{右}$；

（2）检查半测回角值互差是否超限，若不超限，计算半测回观测角值的平均值 $\beta=(\beta_{左}+\beta_{右})/2$；

（3）如果观测多个测回，检查各测回观测角值互差是否超限，若不超限，计算各测回观测角值的平均值，作为最后观测值。

2）方向法

方向法主要适用于观测两个既两个以上的方向。欲在测站 O 点观测 OA、OB、OC、OD 方向之间的水平角。首先，选择与测站点距离适中的方向为零方向（以 A 方向为例），盘左位置瞄准目标 A，配置度盘，读数 $a左1$，顺时针转动照准部，依次分别瞄准目标 B、C、D，读数 $b左$、$c左$、$d左$，归零瞄准目标 A，读数 $a左2$，检查归零差是否超限，若超限，则重测，若不超限，上半测回观测完毕。倒转望远镜，顺时针转动照准部，瞄准目标 A，读数 a 右 1，逆时针转动照准部，依次分别瞄准目标 D、C、B，读数 d 右、c 右、b 右，归零瞄准目标 A，读数 a 右 2，检查归零差是否超限，若不超限，下半测回观测完毕，至此，一测回观测结束。方向法水平角观测记录、检核与计算，具体步骤如下：

（1）计算 2C 值，检查一测回 2C 值互差是否超限，超限重测；

（2）计算盘左、盘右平均方向值 [左 +（右 ±180°）]/2，并计算零方向平均方向值；

（3）计算各方向归零方向值，检查同一方向各测回方向值的互差是否超限，超限重测；

（4）计算同一方向各测回平均方向值。

4. 竖直角测量

竖直角观测采用测回法。首先，盘左位置用十字丝中横丝瞄准目标，读数 L，上半测回观测结束；倒转望远镜，顺时针旋转照准部，盘右位置瞄准目标，读数 R，下半测回观测结束，一测回观测结束。

1）计算半测回竖直角：$\alpha_{左}=90°-L$，$\alpha_{右}=R-270°$；

2）计算一测回竖直角：$\alpha=(\alpha_{左}+\alpha_{右})/2$；

3）如果观测多个测回，检查各测回同一方向竖直角互差是否超限，若不超限，则将各测回同一方向竖直角取平均数，作为最后观测值。

5. 角度测量误差分析

1）仪器误差

（1）照准部偏心差：当照准部的旋转中心与度盘的中心不重合时，会产生水平角的测量误差，这就是照准部偏心差。对此，可以通过采用测回法来观测水平角，以此消除照准部偏心差的影响。

（2）视准轴误差：当视准轴与横轴不相垂直时，会导致水平角的测量出现误差。对此，可以通过将盘左与盘右的观测值取平均，来抵消视准轴误差带来的影响。

（3）横轴误差：当竖轴保持竖直而横轴未能水平时，视准面会变为倾斜面，因此产生读数上的错误就是横轴误差。与视准轴误差类似，只要对盘左、盘右方向的观测值取平均，即可减小横轴误差。

（4）竖轴误差：若长水准器轴与竖轴不垂直，或长水准器未能严格整平，会导致竖轴始终不竖直，从而使得视准面为倾斜面，因此造成的读数误差被称为竖轴误差。竖轴误差对水平角的影响无法通过盘左、盘右观测的方法来消除，而对竖直角观测的影响可以通过补偿器来减弱。

2）观测误差

（1）对中误差：由于仪器的竖轴没有通过测站点而带来的水平角测量误差被称为对中误差。在实际工作中，为消除对中误差，需要对水平角的观测点严格对中，尽量减小这方面的误差。

（2）目标偏心误差：由于观测目标的中心点与观测点不在同一条铅垂线上而带来的观测误差被称为目标偏心误差。与对中误差类似，想要消除目标偏心误差，只需要在观测时做到严格对中即可。

（3）照准误差：照准误差主要与望远镜的放大倍率有关，通常只需通过对观测结果进行相应的改正即可消除照准误差。

3）环境误差

造成环境误差的因素有很多，温度、大气、曲率、气候等都会对观测造成影响。温度会使仪器的性能受损；大气会对成像造成一定影响；曲率则会造成读数上出现误差。当然，环境误差难以全部消除，只能在测量时尽量选择合适的时间、地点，多次对目标进行观测，尽量减小环境对测量造成的不良影响。

6. 经纬仪的检验与校正

在进行角度测量之前，应对经纬仪进行相应的检验与校正，确保其几何结构符合测量的精度要求，具体包括对水准器的检验与校正、对十字丝分划板的检验与校正、对视准轴的检验与校正、对竖盘指标差的检验与校正、对对中器的检验与校正以及对横轴的检验与校正。

1）对长水准器的检验与校正

（1）检验：对仪器进行粗略整平，使长水准器平行于任意两个脚螺旋的连线，随后调整脚螺旋，使长水准器的气泡保持居中。将仪器照准部旋转180°，若气泡产生偏移，则需要进行校正。若气泡仍居中，则再旋转90°，调节另一个脚螺旋使气泡保持居中，再旋转180°，观察气泡是否偏移，若出现偏移，则需要进行校正。

（2）校正：根据气泡偏移的程度，对脚螺旋进行调整，使得气泡回移一半，然后调节长水准器的校正螺栓，使得气泡居中。在此基础上，再将仪器旋转180°，检查气泡是否仍有偏移，反复调整直至气泡始终保持居中。

2）对圆水准器的检验与校正

（1）检验：在完成长水准器的检验校正之后，整平仪器，观察圆水准器中的气泡，若气泡居中则无须校正，若气泡产生偏移则需要进行校正。

（2）校正：调整圆水准器的校正螺栓，使气泡重新居中。

3）对十字丝分划板的检验与校正

（1）检验：对仪器进行整平，使用十字丝分划板的中心瞄准任一点，旋紧制动螺旋，慢慢旋转望远镜的竖直微动螺旋，若该点沿着十字丝分划板的竖丝移动，则十字丝分划板不存在倾斜现象，若该点逐渐偏离竖丝，则需要对倾斜现象进行校正。

（2）校正：打开十字丝分划板，根据倾斜方向，绕视准轴旋转十字丝分划板底座，直至该点在移动过程中不再脱离竖丝，即说明校正完毕。

4）对视准轴的检验与校正

（1）检验：设置某一目标点，使其与仪器同高且距离较远，对仪器进行精确整平，随后在盘左位置用望远镜的十字丝中心瞄准该点，获取读数 L，倒转望远镜，在盘右位置进行同样操作，获取读数 R，若该读数之间的差值大于一定限额时，则说明需要校正。

（2）校正：在盘右位置调整水平微动螺旋，调整至读数为某一修正值，此时十字丝中心应偏离该目标点，随后打开十字丝分划板，通过调整校正螺栓使得十字丝中心重新对准该点，反复进行检验与校正，直至读数间差值小于限额。

5）对竖盘指标差的检验与校正

（1）检验：对仪器进行整平，在盘左位置瞄准某一目标，获取读数 L，倒转望远镜，在盘右位置再次瞄准该目标，获取读数 R，根据该读数计算指标差，若指标差大于某一限额，则需要对其进行校正，重新设置竖盘指标差零点。

（2）校正：在盘左位置精确瞄准远处某一与仪器同高的目标，随后将指标线置为零，倒转望远镜，在盘右位置同样瞄准该目标，再次将指标线置为零，反复校正，重复检验，直至指标差符合要求。

2.2 控制测量

2.2.1 控制测量概述

任何一种测量工作都会产生误差，所以必须按照一定的程序和方法，即遵循一定的测量实施原则，以防止误差积累。例如从一个碎部点逐步进行测量，虽然最后也能得到欲测点的坐标值，但显然这种做法是存在问题的。因为前一点的测量误差会传递到下一个点，并且会不断积累，最后可能使得误差超出允许范围。因此，为了防止误差的积累，提高测量精度，需要在测区内建立控制网，进行控制测量。

控制测量是在测区内设置一系列具有控制作用的点（控制点），这些点按照一定的几何图形进行布设，构成一定的几何网型（控制网）。通过使用适当的测量方法，测量控制点之间的几何要素（距离、角度、高差），并利用特定的计算方法确定这些控制点的空间位置（坐标、高程）。控制测量的作用是为较低等级的测量工作提供测量基准，控制测量误差积累，其原则是"从整体到局部，从高级到低级，分层控制，逐级加密"。高等级控制网精度高，密度小，控制范围大；低等级控制点精度小，密度大，控制面积小。

通过控制测量可以确定地球的形状和大小。在图根控制测量中，通过精确测量和布设图根控制网，可以确定地形的特征和形状，进而绘制出准确的地形测图。在施工控制测量中，通过布设施工控制网，可以为工程施工提供准确的测量和定位参考。控制测量可以实现对全局的控制和对误差的限制，为各项具体测量工作和科学研究提供了基础数据和准确性保证。

控制测量分为平面控制测量和高程控制测量，提供平面控制点的测量工作称为平面控制测量，提供高程控制点的测量工作称为高程控制测量。在传统测量工作中，平面控制网与高程控制网通常分别布设。目前，有时候也将两种控制网合起来布设，形成三维控制网。

2.2.2 平面控制测量

平面控制测量是使用各种仪器和测量技术来测量和确定已知地理要素或控制点的位置，以此为基准来测量其他未知点的坐标、距离、角度等表示平面位置的信息。它通常用于工程建设、土地测量、地图制图等领域。平面控制测量的目标是确定物体的平面位置、方向、形状和大小。通过测量和计算获取平面位置信息。

平面控制测量常用的方法有三角网测量、导线测量以及交会测量，目前建立平面控制网的主要方法是全球卫星导航系统（GNSS）测量。通过这些方法可以建立平面坐标系，提供精确的平面地理数据。平面控制测量的结果可以用于绘制地图、规划工程项目、定位导航、土地界定等应用。它在工程和测绘领域起着至关重要的作用，确保了工程和规划的精确性和可行性。

1. 三角网测量

三角网是以三角形为基本图形构成的测量控制网，按观测值的不同，三角网测量分为三角测量、三边测量和边角测量。三角测量观测各三角形和少数边长（即基线），三边测量观测所有三角形边长和少量用于确定方位角的角度，而边角测量是在三角测量中多测一些边或在三边测量中多测量一些角度或观测三角网的所有边长和角度。在三角网中没有观测的边长和角度可以通过三角形解算出来。实际作业过程中，为了确保数据的可靠并对测量数据进行检验，往往会增加一些多余观测值。

三角网测量是将控制点以三角形连接成锁状或网状，对三角形内角或边长进行观测，在起算数据足够的情况下，计算出控制点坐标。需要确定至少三个已知点作为控制点，以其中一个点作为视点，使用测量仪器测量与其他已知点之间的角度。三角形的各个顶点称为三角点，各三角形连成网状的称为三角网，连成锁状的为三角锁。三角网的网形结构好，受地形限制小，布设灵活，加密点较多，检核条件多，控制面积大，但是要求已知点要尽量分布均匀，而且相邻点必须相互通视。因此，随着 GNSS 技术在控制测量中的普遍应用，目前平面控制网已经很少应用三角网测量的方法，只是在小范围内进行加密控制网。

2. 导线测量

导线测量是将相邻控制点连接成折线走向的图形（导线），测量所有的边长和转折角，在起算数据足够的情况下，计算出控制点坐标。为了扩大控制面积，增强控制网强度，可以构建有若干节点的导线网。导线布设形式灵活，只要求相邻点通视，尤其适用于建筑物密集以及视线障碍较多的隐蔽区域。导线测量主要分为闭合导线测量、附合导线测量和支导线测量。为了方便计算，一般附合导线测量左角（沿着导线前进方向左侧折角），闭合导线测量内角都采用测回法。

3. 交会测量

交会测量是通过两个已知点交会出一个待定点（交会点），已知点和交会点构成三角形，通过测量三角形的内角或边长，计算出交会点的坐标。如有三个以上已知点，可以在未知点设站观测已知点的角度和边长，利用一定的方法计算交会点坐标。交会测量具有简单易行、成本低廉、测量速度快的特点，适用于局部区域的控制测量，比如建筑工地、室内测量、探矿勘探等场景。但是相对于其他精密的测量方法，交会测量的精度较低，容易受到观测误差和测量条件的影响。交会测量主要用于加密平面控制点，它可以在待定点上设站，分别向多个已知控制点观测方向或距离，也可以在多个已知控制点上设站向待定点观测方向和或距离，然后计算待定点的坐标。通过测量水平角确定交会点平面位置的方法称为测角交会；通过测量边长确定交会点平面位置的方法为测边交会；通过边长和水平角同时观测确定交会点平面位置的方法称为边角交会。

4. GNSS 测量

全球卫星导航系统（GNSS，Global Navigation Satellite System）是一种利用卫星信号进行测量和定位的技术，其泛指所有的卫星导航系统，这包括美国的 GPS、俄罗斯的 GLONASS、欧洲的 Galileo、中国的北斗卫星导航系统等。GNSS 是一个多系统、多层面、多模式的复杂组合系统。

GNSS 控制测量指利用 GNSS 技术进行地理控制点的测量和定位。GNSS 测量首先需要进行 GNSS 接收器的设置，如选择合适的定位模式，配置观测参数，设置基准站或参考站。然后选择需要进行控制测量的点并实地进行布设，启动 GNSS 接收器进行数据采集。最后将采集到的卫星观测数据传输到 GNSS 数据处理软件中进行数据处理与解算，从而获得控制点的坐标。

GNSS 控制测量包括绝对定位测量和相对定位测量。相对定位测量是在不同测站采用两台及以上接收机同步跟踪相同的卫星信号，以载波相位测量方法确定多台接收机的相对位置。控制网中如果有已知控制点，根据测定的三维坐标差，通过平差计算求得待定控制点的坐标。相对定位测量精度高，主要用于国家大地控制网建立，也可用于地壳运动研究、变形监测以及精密工程测量。绝对定位测量使用一台接收机进行定位的模式，用伪距测量或者载波相位测量的方法确定接收机天线的绝对坐标。测量型接收机定位精度可达到厘米级。绝对定位测量观测速度快、构网简单、检核条件少，主要用于控制网加密以及图根控制测量。相比于其他平面控制测量方法，该方法能够快速、高效、准确地进行测量，并且具有全天候、高效益、自动化等显著特点。

2.2.3 高程控制测量

在开始高程控制测量之前，需要确定参考的基准面，例如使用大地水准面作为基准面，我国目前使用的高程基准面为 1985 国家高程基准。高程控制测量是建立垂直方向控制网的控制测量工作，其任务是在测区范围内以统一的高程基准，精确测定所设定一系列地面控制点的高程。其主要采用水准测量和三角高程测量的方法，测定各等级水准点和平面控制点的高程。其按用途可分为国家高程控制测量、城市高程控制测量和工程高程控制测量。国家水准测量按精度可分为一、二、三、四等。城市水准测量按精度分为二、三、四等以及用于地形测量的图根水准测量。工程水准测量按精度分为二、三、四、五等以及用于地形测量的图根水准测量。

在全国范围内采用水准测量方法建立的高程控制网，称为国家水准网。国家水准网遵循从整体到局部、从高级到低级、逐级控制、逐级加密的原则分为四个等级布设，各等级水准网一般要求自身成环或与高一级水准路线构成环形。国家一等、二等水准网采用精密水准测量建立，主要用于研究地球形状和海洋平均海平面的重要资料。国家三等、四等水准网主要用于给地形测图和工程建设测量提供高程控制点。

1. 水准测量

水准测量是通过连接相邻高程控制点的线状图形，测量两个控制点之间的高差，从而计算出待定控制点的高程。这种方法可以确保测量点在垂直方向上的准确位置。在水准测量中，测量人员使用水准仪器（如水准仪或电子水准仪）测量高程控制点的读数，根据读数的差异计算两个控制点之间的高差。起始点的高程常通过大地水准面进行起算，根据起算数据和测得的高差，计算出待定控制点的高程。

为了扩大控制面积和增强控制网的强度，可以使用包含多个节点的水准网。在水准网中，各个高程控制点相互连接，形成复杂的网状结构，通过多次水准测量和数据处理，确保测量结果的准确性和可靠性。

2. 三角高程测量

三角高程测量是基于观测两点间的垂直角和水平距离，通过计算两点之间的高差，来确定待测点的高程。在精度允许的情况下，相比于水准测量，该方法能够减少地形条件的限制，在地面高低起伏较大的区域使用。三角高程一般是在平面控制网的基础上布设，分为独立交会高程点、附合或闭合三角高程路线和三角高程网，用于测定平面控制点的高程。为了消除或减弱地球曲率和大气折光的影响，三角高程测量一般应进行对向观测。

2.3 坐标方位角的推算与坐标计算

2.3.1 坐标方位角的连测与推算

在实际测量作业中，并不是直接测定各条边的坐标方位角，而是将未知边与已知坐标方位角的边连测后，推算出各直线的坐标方位角。

如图 2-9 所示，已知直线 AB 的方位角 α_{AB}，观测了水平角 β_B 和 β_C，则由图可看出

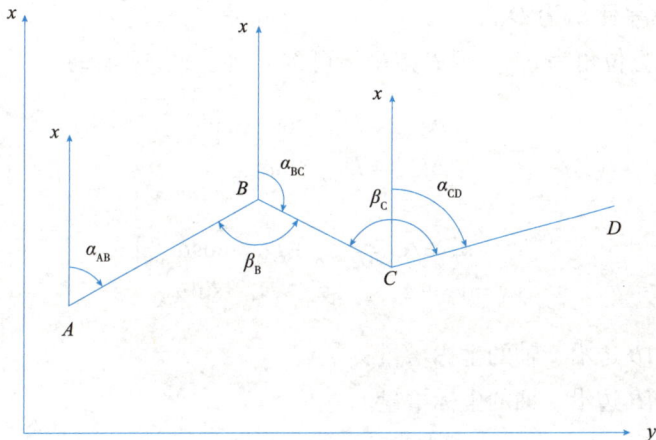

图 2-9 坐标方位角的连测和推算

BC 边和 CD 边的方位角分别为：

$$\alpha_{BC}=\alpha_{BA}-\beta_B=\alpha_{AB}+180°-\beta_B$$

$$\alpha_{CD}=\alpha_{CB}+\beta_C-360°=\alpha_{BC}+180°+\beta_C-360°=\alpha_{BC}+\beta_C-180°$$

在上式的计算过程中，当方位角计算结果超过 360° 时，应该减去 360°。

因 β_B 在推算路线的前进方向的右侧，称该转折角为右角；而 β_C 在路线的左侧，称为左角。如果将沿前进方向的前面的边的坐标方位角记作 $\alpha_{前}$，该边紧邻的后面的边的坐标方位角记作 $\alpha_{后}$，可归纳出推算坐标方位角的一般公式为：

$$\alpha_{前}=\alpha_{后}+180°+\beta_{左} \qquad （2-11）$$

$$\alpha_{前}=\alpha_{后}+180°-\beta_{右} \qquad （2-12）$$

计算中，如果计算结果大于 360°，则应减去 360°；如果计算结果小于 360°，则应加上 360°。

2.3.2 坐标正算

平面上点的位置，可以用直角坐标表示，也可以用极坐标（即角度和距离）表示。传统测量工具可以测量角度和距离，但不能直接测定点的直角坐标，而图纸上习惯用直角坐标表达。所以经常需要对两种表示方法进行换算。

根据已知点坐标、已知点至未知点的水平距离、已知点和未知点连线的坐标方位角，计算未知点坐标，称为坐标正算。

如图 2-10 所示，已知点 A 的坐标为（x_A,

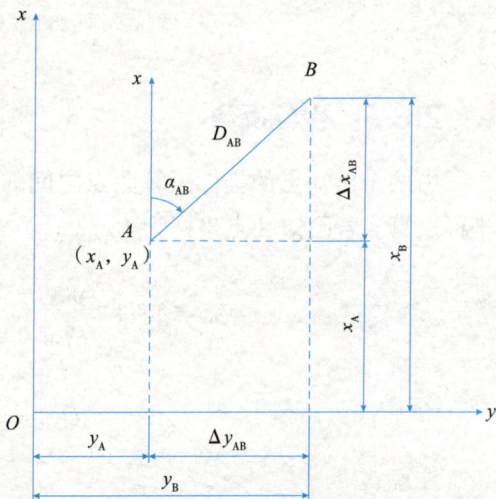

图 2-10 坐标正算和反算

y_A），AB 之间的水平距离为 D_{AB}，

AB 边的坐标方位角为 α_{AB}，则 B 点坐标可按下列公式进行计算：

$$\left.\begin{array}{l}\Delta x_{AB} = D_{AB} \cdot \cos\alpha_{AB} \\ \Delta y_{AB} = D_{AB} \cdot \sin\alpha_{AB}\end{array}\right\} \tag{2-13}$$

$$\left.\begin{array}{l}x_B = x_A + \Delta x_{AB} = x_A + D_{AB} \cdot \cos\alpha_{AB} \\ y_B = y_A + \Delta y_{AB} = y_A + D_{AB} \cdot \sin\alpha_{AB}\end{array}\right\} \tag{2-14}$$

式中　Δx_{AB}——AB 边沿 x 轴的坐标增量；

　　　Δy_{AB}——AB 边沿 y 轴的坐标增量。

注意：

1）上述公式中 $\cos\alpha_{AB}$ 和 $\sin\alpha_{AB}$ 应带符号计算，负号表示坐标要减小，正号表示坐标要增大。

2）此处所言坐标系为高斯平面直角坐标系，与数学上的笛卡尔直角坐标系的坐标轴规定不同，如图 2-11 所示，务必要注意两者的区别。

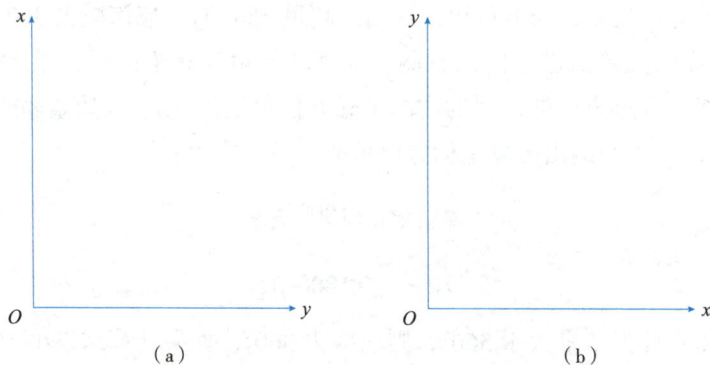

图 2-11　高斯直角坐标系与笛卡尔坐标系的区别
（a）高斯平面直角坐标系；（b）笛卡尔平面直角坐标系

2.3.3　坐标反算

由两个已知点的坐标反算两点之间的边长（平面距离）和坐标方位角的计算，称为坐标反算。若已知 A 点坐标为（x_A，y_A），B 点坐标为（x_B，y_B），则：

$$\alpha_{AB} = \arctan\frac{\Delta y_{AB}}{\Delta x_{AB}} + \cdots\cdots = \arctan\frac{y_B - y_A}{x_B - x_A} + \cdots\cdots \tag{2-15}$$

$$D_{AB} = \sqrt{\Delta x_{AB}^2 + \Delta y_{AB}^2} \tag{2-16}$$

注意：

式（2-15）中反正切函数的求解结果在 $-90° \sim +90°$ 之间，而方位角的取值范围是

0°~360°，故而需要根据直线所处的象限对计算结果进行调整。习惯上，将由坐标纵轴北端或南端起，沿顺时针或逆时针方向量至直线的锐角，称为象限角，用 R 表示，象限角和方位角的关系如图 2-12 所示。

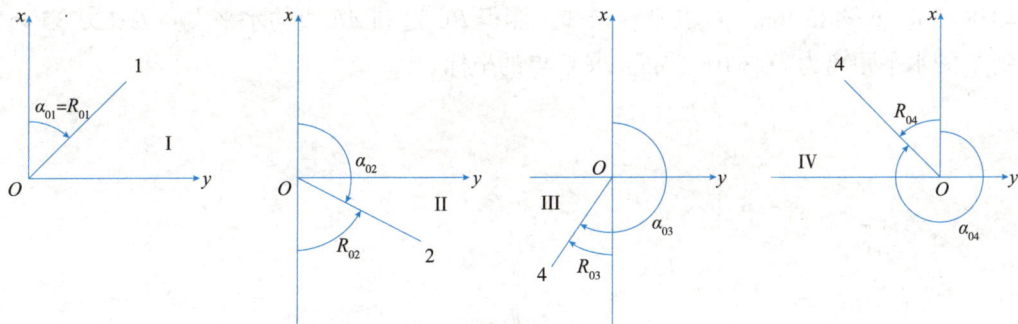

图 2-12　象限角和方位角的关系

当 $\Delta x_{AB}>0$ 且 $\Delta y_{AB}>0$ 时，直线位于第一象限，反正切函数计算结果为正值，计算结果就是方位角。

当 $\Delta x_{AB}<0$ 但 $\Delta y_{AB}>0$ 时，直线位于第二象限，反正切函数计算结果为负值，计算结果 +180° 等于方位角。

当 $\Delta x_{AB}<0$ 且 $\Delta y_{AB}<0$ 时，直线位于第三象限，反正切函数计算结果为正值，计算结果 +180° 等于方位角。

当 $\Delta x_{AB}>0$ 但 $\Delta y_{AB}<0$ 时，直线位于第四象限，反正切函数计算结果为负值，计算结果 +360° 等于方位角。

【例 2-1】已知点 A 的坐标 $x_A=435.65$m，$y_A=558.82$m，AB 之间的水平距离 $D_{AB}=100.62$m，AB 边的坐标方位角 $\alpha_{AB}=108°50'36''$，试计算终点 B 的坐标。

【解】
$$x_B=x_A+D_{AB}\cdot\cos\alpha_{AB}=435.65+100.62\times\cos108°50'36''=403.15\text{m}$$
$$y_B=y_A+D_{AB}\cdot\sin\alpha_{AB}=558.82+100.62\times\sin108°50'36''=654.05\text{m}$$

由方位角可判断，AB 边位于第二象限，B 点 x 坐标应小于 A 点 x 坐标，B 点 y 坐标应大于 A 点 y 坐标，计算结果与判断一致。

【例 2-2】已知 A、B 两点的坐标分别为：$x_A=352.69$m，$y_A=818.73$m；$x_B=404.34$m，$y_B=508.66$m。试计算两点之间的边长和坐标方位角。

【解】计算 A、B 两点的坐标增量：
$$\Delta x_{AB}=x_B-x_A=404.34-352.69=+51.62\text{m}$$
$$\Delta y_{AB}=y_B-y_A=508.66-818.73=-310.07\text{m}$$
$$D_{AB}=\sqrt{\Delta x_{AB}^2+\Delta y_{AB}^2}=\sqrt{51.65^2+(-310.07)^2}=314.34\text{m}$$

根据坐标增量判断，AB 连线位于第四象限，计算方位角时应增加 360°：

$$\alpha_{AB} = \arctan\frac{\Delta y_{AB}}{\Delta x_{AB}} + 360° = \arctan\frac{-310.07}{51.65} + 360° = -80°32'34'' + 360°$$
$$= 279°27'26''$$

【例 2-3】如图 2-13 所示，已知 A、B 两点的坐标分别为：x_A=488.03m，y_A=332.48m；x_B=338.03m，y_B=482.46m。C 点坐标未知。测得 BC 边和 AB 边的水平夹角 β=120°35'45''，B 到 C 的水平距离为 D_{BC}=100.05m。求 C 点的坐标。

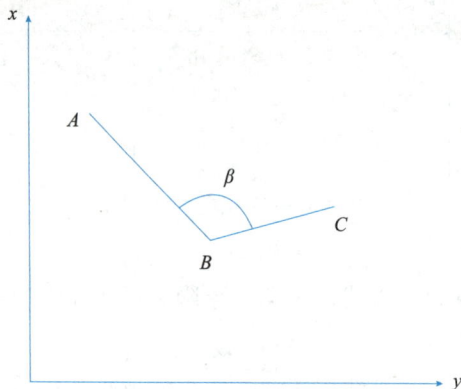

图 2-13　例题 2-3 插图

【解】分析：根据图 2-13 所示，所测水平夹角 β 为沿路线前进方向的左角，先根据 AB 两点的坐标计算出 AB 边的坐标方位角，可推出 BC 边方位角，然后根据方位角和距离计算 BC 边的坐标增量，最后根据 B 点坐标推导出 C 点坐标。

1）由坐标反算 AB 边的方位角 α_{AB}

$$\Delta x_{AB}=x_B-x_A=338.03-488.03=-150.00m$$
$$\Delta y_{AB}=y_B-y_A=482.46-332.46=+150.00m$$

根据坐标增量可判断出，AB 边位于第二象限，计算方位角应增加 180°：

$$\alpha_{AB}= \arctan\frac{\Delta y_{AB}}{\Delta x_{AB}} + 180° = \arctan\frac{150.0}{-150.0} + 180° = -45° + 180° = 135°$$

2）推算 BC 边方位角 α_{BC}

$$\alpha_{BC} = \alpha_{AB} + 180° + \beta = 135° + 180° + 120°35'45'' = 75°35'45''$$

3）推算 BC 边坐标增量

$$\Delta x_{BC} = D_{BC}\cdot\cos\alpha_{BC} = 100.05\times\cos75°35'45'' = 24.88m$$
$$\Delta y_{BC} = D_{BC}\cdot\sin\alpha_{BC} = 100.05\times\sin75°35'45'' = 96.90m$$

4）推算 C 点坐标

$$x_C = x_B + \Delta x_{BC} = 338.03 + 24.88 = 362.91m$$
$$y_C = y_B + \Delta y_{BC} = 482.46 + 96.90 = 579.36m$$

2.4 测量误差基础知识

2.4.1 误差的来源

在实际工作中，我们经常会发现：对两个点的平面距离进行反复观测，得到的各次结果却互有差异；或者对一个三角形的三个内角进行观测，三个内角的观测结果之和却并不等于180°。这是因为观测结果包含有各种误差，这在测量工作中是普遍存在的现象。

测量中的被观测量理论上都存在一个真实值或理论值，对该量进行观测得到观测值，观测值 l_i 与真实值 X（或理论值）之差称为真误差 Δ_i，即：

$$\Delta_i = l_i - X \ (i=1,2,\cdots,n) \tag{2-17}$$

误差的来源主要有以下三个方面：

1. 测量仪器设备

测量都是利用特定的仪器、工具进行的，由于仪器材料、设计、制作不尽完善以及仪器本身构造上的缺陷，每种仪器只能达到一定限度的精密度，从而使观测结果的精确度受到限制。此外，在长期使用后仪器会受到振动、磨损等，也会使观测结果产生误差。

2. 观测者

测量是由观测者完成的，人的感觉器官的鉴别能力有一定的局限性，观测者在仪器的安置、照准、读数等工作中都会产生误差。此外，观测者的工作态度、操作水平也会对观测结果的精确度产生影响。

3. 外界环境条件

野外观测过程中的外界条件，比如温度、湿度、风力、光线等天气的变化，植被的不同，地面土质的坚硬差异，地形起伏，周围建筑物的影响，以及光线强弱等，都会影响观测结果的精确度。地面松软会使仪器下沉，强烈的阳光照射会使水准管变形从而影响仪器调平，这些都会造成测量误差。

2.4.2 测量误差的分类

测量结果中不可避免会出现的不只误差，还可能出现粗差，甚至错误。错误例如读错、记错数据等是不允许的，应通过规范操作加以避免。粗差是超过容许范围的、特别大的误差，必须剔除、重测。

测量误差通常是指容许范围以内的差值，按其性质可分为系统误差和偶然误差。

1. 系统误差

系统误差是指在相同的观测条件下对某量进行一系列观测，其数值大小和符号保持不变或按照一定的规律变化的误差。系统误差主要是由仪器制造或校正不完善、测量时的外界环境与仪器检定时不一致等原因引起的。

此误差具有累积性，对成果质量影响显著，测量工作中可以通过适当的方法消除、减弱、限制系统误差的影响。相关方法在后续相关章节会有详细论述。

2. 偶然误差

偶然误差是指在相同的观测条件下对某量进行一系列观测，其数值大小和符号不固定或表面上没有规律性的误差。偶然误差的产生取决于观测进行中的一系列不可能严格控制的因素（比如温度、空气、观测者感官能力等）的随机扰动。

虽然单个偶然误差的大小和符号是随机的、没有规律性，但对大量的偶然误差进行统计分析，就会发现偶然误差的分布符合统计学规律，样本个数越多统计规律就越明显。

例如，在相同的观测条件下，对 209 个三角形的内角进行了观测。观测值含有偶然误差，导致每个三角形的内角和不是正好等于 180°。计算出每个三角形内角和的真误差，取误差区间为 3″，以误差的大小和正负号，分别统计出它们在各误差区间内的个数 k 和频率 k/n，结果列于表 2-1。

三角形内角和偶然误差区间分布表　　　　　　　　　　　表 2-1

误差区间（3″）	正误差		负误差		合计	
	个数 k	频率 k/n	个数 k	频率 k/n	个数 k	频率 k/n
0~3	29	0.139	28	0.134	57	0.273
3~6	20	0.096	20	0.096	40	0.191
6~9	15	0.072	17	0.081	32	0.153
9~12	14	0.067	15	0.072	29	0.139
12~15	12	0.057	9	0.043	21	0.100
15~18	7	0.033	8	0.038	15	0.072
18~21	5	0.024	5	0.024	10	0.048
21~24	2	0.010	2	0.010	4	0.019
24~27	0	0	1	0.005	1	0.005
27 以上	0	0	0	0	0	0
总和	104	0.498	105	0.502	209	1

由表 2-1 以及大量的观测统计资料可以看出，当观测次数较多时，偶然误差呈现如下特性：

1）有界性：在一定的观测条件下，偶然误差的绝对值不会超过一定的限度。

2）单峰性：绝对值小的误差比绝对值大的误差出现的机会大。

3）对称性：绝对值相等的正误差与负误差出现的机会相等。

4）抵偿性：当观测次数无限增多时，偶然误差的算术平均值趋近于零。

偶然误差对于观测结果的影响可以通过"多余观测"进行检核和调整。比如，测量一段距离，往测一次属于必要观测，再返测一次就属于多余观测。有了多余观测，就可以发现观测值中的错误，以便将其剔除和重测。根据多次多余观测结果差值的大小，可以评定测量的精度。如果差值大到一定程度，称为误差超限，应予重测。差值如果不超限，则按照偶然误差的规律加以处理，以求得最可靠的数值。

2.4.3 评定精度的指标

精度是指一组观测值的密集与离散程度。为了准确评定观测结果的精度，需要一些确定的指标。测量工作中评定精度的指标有中误差、容许误差、相对误差等。

1. 中误差

概率论中，衡量观测值精度的指标是观测误差的标准差，其计算公式为：

$$\sigma = \lim_{n \to \infty} \sqrt{\frac{[\Delta\Delta]}{n}} \tag{2-18}$$

式中 $[\Delta\Delta]$——各中误差的平方和。

在实际测量工作中，测量次数是有限的，只能以有限的观测次数 n 计算出标准差的估值，将这个估值定义为中误差 m，作为衡量测量结果精度的一个指标。计算公式为：

$$m = \pm\sqrt{\frac{[\Delta\Delta]}{n}} \tag{2-19}$$

【例 2-4】A、B 两组各自在相同的观测条件下测量了六个三角形的内角，得到三角形的闭合差（即三角形的三个内角观测值之和与 180° 的差值）分别为，A 组：+3″、-1″、-2″、+1″、0″、-2″；B 组：+6″、-4″、+5″、-1″、-5″、-3″。试分析两组的观测精度。

【解】计算两组的中误差：

$$m_A = \pm\sqrt{\frac{[\Delta\Delta]}{n}} = \pm\sqrt{\frac{3^2+1^2+2^2+1^2+0^2+2^2}{6}} = \pm1.8″$$

$$m_B = \pm\sqrt{\frac{[\Delta\Delta]}{n}} = \pm\sqrt{\frac{6^2+4^2+5^2+1^2+5^2+3^2}{6}} = \pm4.3″$$

可见 A 组中误差较小，所以 A 组的观测精度较高。

2. 容许误差

由偶然误差的第一特性可知，在一定的观测条件下，偶然误差的绝对值不会超过一定的限值。这个限值就是极限误差。根据误差理论和大量的实践证明，大于 3 倍标准差的真误差实际上是不大可能出现的。因此通常以三倍标准差作为偶然误差的极限值，称为极限误差。而在实际测量工作中，通常规定以 2 倍或 3 倍中误差作为偶然误差的容许误差，即：

$$\Delta_{容} = （2\sim3）m \tag{2-20}$$

如果观测值中出现了大于容许误差的偶然误差，则认为该观测值不可靠，应舍去不用或重测。

3. 相对误差

真误差、中误差、容许误差都是有符号并与观测值单位相同的误差，它们都属于绝对误差。在某些测量工作中，绝对误差不能完全反映出观测精度的高低，此时可以采用相对误差来反映实际精度。

观测值中误差 m 的绝对值与相应观测值 S 的比值称为相对中误差，常用 K 表示，写成分子为 1 的分式：

$$K = \frac{|m|}{S} = \frac{1}{\dfrac{S}{|m|}} \tag{2-21}$$

例如，分别丈量了 AB 段 100m 和 CD 段 200m 两段距离，两段距离丈量的中误差均为 ±0.01m，它们的中误差相等，但相对中误差不相等，显然 CD 段相对中误差较小、精度更高。

对于真误差和容许误差，也可以用相对误差来表示。例如，距离测量中的往测和返测的较差（差值的绝对值）与距离值之比，称为相对较差。

2.4.4 误差传播定律

设 z 是一组独立的直接观测值 x_1，x_2，……，x_n 的函数，即 $z=f（x_1，x_2，……，x_n）$，各直接观测值对应的中误差分别为 m_1，m_2，……，m_n，则函数 z 的中误差为：

$$m_z = \pm\sqrt{\left[\frac{\partial f}{\partial x_1}\right]^2 m_1^2 + \left[\frac{\partial f}{\partial x_2}\right]^2 m_2^2 + \cdots + \left[\frac{\partial f}{\partial x_n}\right]^2 m_n^2} \tag{2-22}$$

【例 2-5】对某长方形建筑物的边长进行测量，测得短边 a=16.17m，测量中误差为 2cm，长边 b=32.52m，测量中误差为 3cm。试求长方形的面积及其中误差。

【解】长方形的面积为：

$$s=ab=16.17 \times 32.52=525.85\text{m}^2$$

面积对边长 a、b 分别求偏微分：

$$\frac{\partial s}{\partial a} = b, \quad \frac{\partial s}{\partial b} = a$$

面积的中误差为：

$$m_s = \pm \sqrt{\left[\frac{\partial f}{\partial a}\right]^2 m_a^2 + \left[\frac{\partial f}{\partial b}\right]^2 m_b^2}$$

$$= \pm \sqrt{b^2 m_a^2 + a^2 m_b^2}$$

$$= \pm \sqrt{32.52^2 \times 0.02^2 + 16.17^2 \times 0.03^2} = \pm 0.81 \text{m}$$

2.4.5 等精度观测值的精度评定

等精度观测是指在相同的观测条件下对某量进行 n 次观测。通过数据处理求出被观测量的最或是值，并且评定该值的精度，称为等精度观测值的精度评定。

1. 算术平均值

设在相同的观测条件下对某量进行了 n 次等精度观测，观测值分别为 L_1，L_2，……，L_n，当观测次数 n 无限增多时，算术平均值就是被观测量的真值。但在实际测量中，观测次数总是有限的，而算术平均值可以认为是观测量的最可靠值，通常也称为最或是值。算术平均值计算公式如下：

$$x = \frac{[L]}{n} \qquad (2-23)$$

式中　$[L]$——各观测值之和。

2. 等精度观测值的中误差

在前文曾讨论过中误差的计算公式 $m = \pm \sqrt{\dfrac{[\varDelta\varDelta]}{n}}$，该公式中的 $\varDelta$ 为真误差，即观测值与真值的差值。而在很多情况下，观测值的真值经常是未知的，真误差 $\varDelta$ 也就无法计算。此时，可用改正数 v 来代替真误差：

$$v_i = x - L_i \ (i = 1, \ 2, \ \cdots\cdots, \ n) \qquad (2-24)$$

式中　x——算术平均值；

　　　L_i——观测值。

注意：可证明一组观测值的改正数之和恒等于零，此关系可用于计算工作的校核。

当真值未知时，用改正数 v_i 代替真误差 $\varDelta_i$，观测值的中误差可按下式计算：

$$m = \pm \sqrt{\frac{[vv]}{n-1}} \qquad (2-25)$$

式中　$[vv]$——各观测值改正数的平方和。

3. 算术平均值的中误差

当求出观测值的中误差以后，可根据误差传播定律求出算术平均值的中误差 M_x，推导过程如下：

$$x = \frac{[L]}{n} = \frac{L_1}{n} + \frac{L_2}{n} + \cdots\cdots + \frac{L_n}{n}$$

根据误差传播定律：

$$M_x = \pm \sqrt{\left(\frac{1}{n}\right)^2 m^2 + \left(\frac{1}{n}\right)^2 m^2 + \cdots\cdots + \left(\frac{1}{n}\right)^2 m^2}$$

（2–26）

$$M_x = \pm \frac{m}{\sqrt{n}}$$

【例 2–6】对某段距离进行了 6 次等精度观测，观测结果列于表 2–2。试求该段距离的算术平均值、观测值中误差、算术平均值中误差以及算术平均值的相对中误差。

【解】

距离观测结果计算及精度评定　　　　　　　　　　　　　　　　　　　表 2–2

序号	观测值 L_i（m）	改正数 v_i（mm）	vv	精度评定
1	146.658	−3	9	算术平均值：$x = \dfrac{[L]}{n} = \dfrac{879.930}{6} = 146.655\mathrm{m}$
2	146.666	−11	121	观测值中误差：
3	146.653	+2	4	$m = \pm\sqrt{\dfrac{[v]}{n-1}} = \pm\sqrt{\dfrac{364}{6-1}} = \pm 8.5\mathrm{mm}$
4	146.662	−7	49	算术平均值中误差：
5	146.645	+10	100	$M_x = \pm\dfrac{m}{\sqrt{n}} = \pm\dfrac{8.5}{\sqrt{6}} = \pm 3.5\mathrm{mm}$
6	146.646	+9	81	算术平均值相对中误差：
Σ	879.930	0	364	$K = \dfrac{|M_x|}{x} = \dfrac{3.5}{146\,655} = \dfrac{1}{41\,901} \approx \dfrac{1}{41\,900}$

最后结果可写成：$x = 146.655 \pm 0.004$（m）

注意：

1）相对误差 K 一般写为分母为整百（将个位和十位直接舍去）、分子为 1 的分式。

2）最终结果取位与原始数据保持一致，进位时按照四舍六入的原则处理。若舍去的部分等于 0.5，则按照五前单进双不进的原则处理。例如：$9.7589 \rightarrow 9.759$，$9.7582 \rightarrow 9.758$，$9.7515 \rightarrow 9.752$，$9.7545 \rightarrow 9.754$。

2.5　地形图基本知识

地图按表示内容分类，可分为普通地图和专题地图两大类。普通地图是综合反映地表自然和社会现象一般特征的地图。它以相对均衡的详细程度表示自然要素和社会经济要素。普通地图广泛地用于经济建设、国防建设和人们的日常生活。地形图是普通地图中的一种，指的是地表起伏形态和地理位置、形状在水平面上的投影图。具体来讲，将地面上的地物和地貌按水平投影的方法（沿铅垂线方向投影到水平面上），并按一定的比例尺缩绘到图纸上，这种图称为地形图。如图上只有地物，不表示地面起伏的图称为平面图。地形图是经济建设、国防建设和科学研究中不可缺少的工具，也是编制各种小比例尺普遍地图、专题地图和地图集的基础资料。本节将详细介绍地形图的基本概念、地物与地貌符号以及地形图的分幅与编号，希望通过学习，学生能深入理解地形图的概述，为未来工作和研究奠定基础。

2.5.1　地形图概述

地面上有明显轮廓的，天然形成或人工建造的各种固定物体称为地物。地球表面的高低起伏状态称为地貌。地物和地貌总称为地形。将地面上各种地物和地貌沿垂直方向投影到水平面上，并按一定的比例尺，用《地形图图式》统一规定的符号和注记，将其缩绘在图纸上，这种表示地物的平面位置和地貌起伏情况的图，称为地形图。

案例 2-1

中国最早的亚洲地形图——海内华夷图

《海内华夷图》是唐代地理学家贾耽于德宗贞元十七年（801年）绘制的一幅地理图，是中国历史上第一幅全面描绘中国及周边地区的地图。此图是按照晋代裴秀六体方法编绘，比例是一寸折百里，用不同的颜色注记地名，"古郡国题以墨，今州县题以朱"。图的中国部分本于《禹贡》，外国部分本于班固的《汉书》，是一幅中国及邻近地区的中外大地图。该地图采用方形布局，涵盖了中国及周边地区的地理形态和山川河流分布。《海内华夷图》呈现了中国为核心的亚洲地区，向外延伸到中亚、东南亚和日本等地。地图以中国为中心，清楚地绘制了中国的山脉、河流和重要城市。中国境内的山脉和河流以曲线或曲线群的形式呈现，城市和省份则以方形图标表示，并标注了各地名称。除了中国，地图上还绘制了周边各国家和地区，包括印度、中东、欧洲等地。虽然这些地区的细节比较简略，但仍然展示了当时中国人对世界地理的认识。此外，地图上还标示了一些海岛和港口。

作为现存最早的大型亚洲地图，《海内华夷图》绘制了包括华夏在内的100多个国家，其中华夏部分参照古籍《禹贡》，外国部分则参照史书《汉书》。此图"广三丈，纵三丈三尺，率以一寸折成百里……"，换言之，图长10m，宽11m，总面积110m²，相当于现代三室两厅的标准住房。比例尺1寸合50km，相当于1：180万。《海内华夷图》在当时具有重要的地理和历史价值，为后来的地理研究提供了重要的参考。它展示了当时中国政治、经济和文化的繁荣景象，也反映了中国人对于外部世界的了解。

2.5.2 地物和地貌符号

地球表面复杂多样的形体，归纳起来可分为地物和地貌两大类。地物是指分布在地表上自然形成的或人工修建的固定物体，如建筑物、道路等。地物的类别、形状、大小及其在图上的位置，是用地物符号表示的。根据地物大小及描绘方法的不同，地物符号可分为比例符号、非比例符号和半比例符号。有些地物的轮廓较大，它们的形状和大小可以按测图比例尺缩小，并用规定的符号绘图纸上，这种符号称为比例符号，如房屋、较宽的道路、稻田、花圃和湖泊等。有些地物轮廓较小，无法将其形状和大小按比例绘到图上，则不考虑其实际大小，而采用规定的符号表示出其中心位置，这种符号称为非比例符号，如三角点、水准点、导线点、独立树、路灯、水井、里程碑等，非比例符号又叫点状符号或独立符号，以不保持物体的平面轮廓形状为特征，只表示该地物在图上的点位和性质。对于一些带状延伸地物，其长度可按比例缩绘，而宽度无法按比例尺表示的符号称为半比例符号，如小路、通信线、管道、栅栏等。这种符号的中心线一般表示其实地地物的中心位置，对于城墙和垣栅等，地物中心位置在其符号的底线上。但在大比例尺的测图中，有时铁路、公路的宽度也可以按比例表示，则成为比例符号。对于地物，除了以上符号表示外，还用文字、数字和特定符号对地物加以说明和补充，称为地物标记，如道路、河流、学校的名称、楼房层数、点的高程、水深、坎的比高等。

地貌是测绘工作中对地球表面各种起伏形态的统称，地表形态是复杂多样的，在大陆地上，有高大的山脉和山地，有低矮的丘陵，有平原，还有高原和四面环山的盆地等。在地图上除特殊地貌（如冲沟、雨裂、滑坡等）外一般用等高线表示。等高线就是地面上高程相等的相邻点所连成的闭合曲线。长期以来，等高线一直是地形图上表示地貌要素的很好方法，它不但能完整而形象地构成地形起伏的总貌，而且能比较准确地表达微型地貌的变化，同时也能提供某些数据、高程、高差和坡度等。

用一组高差间隔相等的水平面去截地貌，其截口必须是大小不同的闭合曲线，并随山梁、山凹的形态不同而呈现不同的弯曲。将这些曲线垂直投影到平面上并按比例尺缩小，便形成了一圈又一圈的闭合曲线，它们即构成等高线。这些曲线的形态完全与实地地貌的高度和起伏状况相应。同一条等高线上各点的高程相等，在等高距相同的情况下，图上等高线愈密地面坡度愈陡；反之，等高线愈稀，地面坡度则愈缓。除遇悬崖等特殊地貌，等高线不能相交。

用等高线表示地貌，等高距选择过大，就不能精确显示地貌；反之，选择过小，等高线密集，失去图面的清晰度。因此，应根据地形和比例尺参照表 2-3 选用基本等高距。

地形图基本等高距　　　　　　　　表 2-3

地图比例尺	1：1 万	1：2.5 万	1：5 万	1：10 万	1：25 万	1：50 万	1：1 万
基本等高距	1m 2.5m	5m	10m	20m	50m	50m 100m	50m 100m 250m
备注	在地形复杂等高线过密地区，经批准，可将基本等高距放大一倍						

地表是一个连续而完整的表面。等高线法是一种不连续的分级法，用等高线表示地貌时仍有许多微小地貌无法表示或受地图比例尺的限制，需用地貌符号予以补充表示。这些微小地貌形态可归纳为独立微地貌、激变地貌和区域微地貌等。

独立微地貌：指微小且独立分布的地貌形态，包括坑穴、土堆、溶斗、独立峰、隘口、火山口、山洞等。

激变地貌：指较小范围内产生急剧变化的地貌形态，包括冲沟、陡崖、冰陡崖、陡石山、崩崖、滑坡等。

区域微地貌：指实地上高度小但成片分布的地貌形态，例如小草丘、残丘地等；或仅表明地面性质和状况的地貌形态，例如沙地、石块地、龟裂地等。

2.5.3　地形图分幅和编号

地形图的编号是根据各种比例尺地形图的分幅，对每一幅地图给予一个固定的号码，这种号码不能重复出现，并要保持一定的系统性。我国基本比例尺地形图包括 1：100 万、1：50 万、1：25 万、1：10 万、1：5 万、1：2.5 万、1：1 万和 1：5000 共 8 种。为了便于管理和使用地形图，需要将大面积的各种比例尺的地形图进行统一的分幅和编号。地形图的分幅方法分为两类：一类是按经纬线分幅的梯形分幅法（又称国际分幅）；另一类是按坐标格网分幅的矩形分幅法。前者用于中、小比例尺的国家基本图的分幅，后者用于城市大比例尺图的分幅。

20 世纪 70 年代以前，我国基本比例尺地形图分幅与编号以 1：100 万地形图为基础，扩展出 1：50 万、1：20 万、1：10 万 3 个系列。20 世纪 70~80 年代 1：25 万取代了 1：20 万，则扩展出 1：50 万、1：25 万、1：10 万 3 个系列，在 1：10 万后又分为 1：5 万、1：2.5 万、1：1 万及 1：5000。基本比例尺地图采用梯形分幅，统一按照经纬度划分，见表 2-4。

为了便于管理和检索，1992 年国家技术监督局发布了《国家基本比例尺地形图分幅和编号》GB/T 13989—1992，自 1993 年 7 月 1 日起实施。该标准仍以 1：100 万比例尺地形图为基础，1：100 万比例尺地形图的分幅经、纬差不变，但由过去的纵行、横列改

国家基本比例尺地形图图幅编号关系表　　　　　表2-4

分幅基础图			新图幅					
比例尺	经差	纬差	幅数	比例尺	经差	纬差	序号	图幅编号
1：100万	6°	4°	4	1：50万	3°	2°	A、B、C、D	J-51-A
1：100万	6°	4°	16	1：25万	1°30′	1°	[1]、[2]、……、[16]	J-51-[1]
1：100万	6°	4°	144	1：10万	30′	20′	1、2、……、144	J-51-5
1：10万	30′	20′	4	1：5万	15′	10′	A、B、C、D	J-51-5-B
1：10万	30′	20′	64	1：1万	3′45″	2′30″	（1）、（2）、……、（64）	J-51-5-（24）
1：5万	15′	10′	4	1：2.5万	7′30″	5′	1、2、3、4	J-51-5-B-24
1：1万	3′45″	2′30″	4	1：5000	1′52.5″	1′15″	a、b、c、d	J-51-5-（24）-b

为横行、纵列，它们的编号由其所在的行号（字符码）与列号（数字码）组合而成，如北京所在的1：100万地形图的图号为J50。现执行《国家基本比例尺地形图分幅和编号》GB/T 13989—2012。1：50万~1：5000地形图的分幅全部由1：100万地形图逐次加密划分而成，编号均以1：100万比例尺地形图为基础，采用行列编号方法，由其所在1：100万比例尺地形图的图号、比例尺代码和图幅的行列号共10位码组成。编码长度相同，编码系列统一为一个根部，便于计算机处理。

2.6　大比例尺地形图测绘

2.6.1　碎部测量的基本方法

碎部测量是以控制点为基础，测定地物、地貌的平面位置和高程，并将其绘制成地形图的测量工作。在碎部测量中，地物的测绘实际上就是地物平面形状的测绘，地物平面形状可用其轮廓点（交点和拐点）或中心点来表示，这些点被称为地物的特征点（又称碎部点）。无论地物还是地貌，其形态都是由一些特征点（即碎部点）的点位所决定。碎部测量的实质就是测绘地物和地貌碎部点的平面位置和高程。碎部测量工作包括两个过程：一是测定碎部点的平面位置和高程；二是利用地图符号在图上绘制各种地物和地貌。

地物碎部点主要是地物轮廓线的转折点，如房屋角点、道路边线转折点以及河岸线的转折点等。主要碎部点应独立测定，一些次要碎部点可以用量距、交会等几何作图方法绘出。以居民地测绘为例，碎部点选择要求如下：

1）居民地的各类建筑物、构筑物及主要附属设施应准确测绘实地外围轮廓，如实反映建筑结构特征。

2）建筑物和围墙轮廓凸凹在图上小于0.4mm、简单房屋小于0.6mm时，可用直线连接。

3）房屋的轮廓应以墙基外角为准，并按建筑材料和性质分类，注记层数。1：500及1：1000比例尺测图，房屋应逐个表示，临时性房屋可舍去；1：2000比例尺房屋测量可适当取舍，图上宽度小于0.1mm的小巷可按线表示。

4）1：500比例尺测图，房屋内部天井宜区分表示；1：1000比例尺测图，图上0.6mm以下的天井可不表示。

5）城墙两侧轮廓应按比例尺表示，城楼、城门均应实测；围墙、栅栏、栏杆等可根据其永久性、规整性、重要性等综合考虑取舍。

地貌碎部点是地面坡度及方向的变化点。地貌碎部点应选最能反映地貌特征的山顶、鞍部、山脊线、山谷线、山坡、山脚等坡度变化及方向变化处。

地貌碎部点的选择要求如下：

1）自然形态的地貌宜用等高线表示，崩塌残蚀地貌及坡、坎和其他特殊地貌应用相应符号表示，梯田、坡顶及坡脚宽度在图上大于2mm时，应实测坡脚。

2）各种天然形成和人工修筑的坡，其坡度在70°以上时表示为陡坡，在70°以下时表示为斜坡。

3）地形图上应正确反映出植被类别特征和范围分布。对耕地、园地应实测范围，配置相应的符号表示。

4）对各种名称、说明注记和数字注记要准确注出。图上所有居民地、道路（街、巷）名称、山峰、沟谷、河流等自然地理名称，以及主要单位等名称应进行调查核实后注记。

2.6.2 地形图测绘基础

地形图测绘的基本步骤如下：

1）制定详细且明确的工作计划，在审批过后确定实施方案；

2）收集整理测定区域的现有资料，根据实际的情况编制系统的地形测量技术方案书；

3）组织相关的专业人员，在创建项目部的同时，设立技术组合质量监督组织；

4）以全面地形测量为目标，详细准备各种测绘仪器和工具，绘制测量标志；

5）进行控制测量，为节约生产成本，采用临时地面标志当作图根点；

6）野外数据的采集在地形图的测量中是十分常见的，信息数据包括地形点和地物点的平面位置和高程数据；

7）统一进行行业内的计算机信息数据处理，成图和资料的整理需要数字化的协助；

8）实施质量监管和验收工作。

2.6.3 大比例尺地形图测绘方法

通常所指的大比例尺测图系指1：500~1：5000比例尺测图，而1：1万~1：5万比例尺测图，目前多用航测法成图。小于1：5万的小比例尺测图，则是根据较大比例尺地图及各种资料编绘而成。大比例尺测图除测绘地形图以外，还有地籍图、房产图等，它们的基本测绘方法是相同的，并具有本地统一的平面坐标系统、高程系统和图幅分幅方法。大比例尺测图的平面坐标系统，采用国家统一平面直角坐标系统。但在工程建设中，一般面积多为几至十几平方公里，这时可利用国家控制网一个点的坐标和一条边的方向。当没有国家控制点时，可采用独立坐标系统。如测区面积大于 $100km^2$ 时，则应与国家控制网联测，采用国家坐标系统。此时控制测量成果应顾及球面与平面的差别，并归化到高斯平面上。按所用仪器的不同，大比例尺地形图测量常用的方法有：经纬仪测绘法、平板仪测图法、光电测距仪测绘法、小平板与经纬仪联合测图法等。

经纬仪测绘法：经纬仪测图方法如图 2-14 所示，将经纬仪安置在测站点 A 上，并量取仪器高，瞄准已知点 B，并将水平度盘配至零度左右（定向），再瞄准另一已知点 C 进行检查。在测站点 A 附近适当位置安置图板，并将分度规的中心圆孔固定在图板上的 A 点，然后用经纬仪照准碎部点 1 上的标尺，读取碎部点方向与起始方向间的水平角 β_1，（称为碎部点方向角）、视距、垂直角，计算出测站点至碎部点的水平距离和碎部点的高程，按碎部点方向角放置分度规，并在分度规直径刻划线上依照比例尺量取测站点至碎部点水平距离的图上长度，即可定出 1 点在图上的位置，并在点旁注记碎部点的高程，按此方法依次测定其余碎部点。

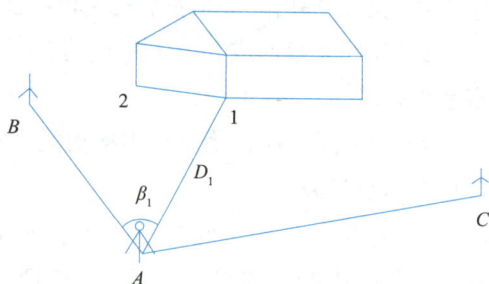

图 2-14　经纬仪测图法示意图

光电测距仪测绘法：光电测距仪测绘法与经纬仪测绘法基本相同，所不同的是用光电测距来代替经纬仪视距法。

小平板仪与经纬仪联合测图法：这种方法的特点是将小平板仪安置在测站上，以描绘测站至碎部点的方向，而将经纬仪安置在测站旁边，以测定经纬仪至碎部点的距离和高差。最后用方向与距离交会的方法定出碎部点在图上的位置。

2.6.4　其他地形图测绘方法

目前测绘行业常用的中小比例尺地形图数字化测图方法主要有野外实地测量、航空摄影测量和卫片立体测量。

现阶段野外实地测量数字化测图方法主要将动态测量技术和全站仪联合以实现地形图测图。RTK 与全站仪联合测图方法将 RTK 载波相位差分技术所具有的操作简便、无误差积累、作业自动化和集成化程度高等优势同全站仪所具有的不受卫星状况、外界环境和周围地物高度的限制以及精度高和稳定性好等优势进行互补，进行联合数据化采集以达到提高工作效率、节省人力物力和减少误差提高精度等目的。

航空摄影测量是利用搭载在航空飞行器上的航摄仪对地面连续多角度拍摄的相片，结合地面像控点和调绘资料，基于倾斜模型进行摄影测量以绘制基础地形图的科学技术。

随着无人机遥感技术的快速发展，以无人机为载体的航空摄影测量成本逐渐降低，推动了航空摄影测量更好地为工程服务。

无人机航空摄影测量系统主要包含信息采集系统和信息处理系统。信息采集系统分为无人机遥感平台、地面控制系统和飞行控制系统；信息处理系统包括图像处理系统、空中三角测量系统和数字立体测图系统。较之于野外实地测量方法，无人机航空摄影测量可很大程度减少外业工作量，提高作业效率，降低劳动强度，减少生产成本，同时能够减少天气状况对外业工作的影响。此外，采用无人机航摄还能制作三维倾斜模型和正射影像，提供更为直观的基础辅助资料。然而，在实际的数字化测图应用过程中也有一些不可避免缺点，比如无人机专业设备昂贵、需要航摄空域申请审批、林区无法拍摄到地面和电线杆路灯不易定位等问题（图 2-15）。

图 2-15　测绘用途无人机

本章小结

本章介绍了工程测量技术的概念与原理，详细介绍了水准测量、三角测量等方法。同时通过工程测量的应用案例，展示了工程测量的地位与作用。最后，通过数字地形图应用的工程案例，告诉学生工程测量的发展趋势与前景，以及工程智能测绘的发展内涵。

思考与习题

2-1 什么叫大地水准面？有什么作用和特点？

2-2 我国目前采用的平面坐标系是什么？高程系统是什么？

2-3 方位角的变化范围是多少？象限角的取值范围是多少？

2-4 高斯平面直角坐标系是怎样构建的？

2-5 地面上的一个点的空间位置在测量中是如何表示的？

2-6 在测量工作中，有哪些措施用以保障测量成果的正确性？

2-7 地图符号有哪些类型？有什么使用原则？

2-8 地形图按照比例尺大小分为几种？各自采用什么方法成图？

2-9 已知某一个点在高斯直角坐标系中的坐标为：$x =4\ 545\ 000$m，$y=19\ 453\ 000$m。该点处于高斯六度分带投影的第几带？该带的中央子午线的精度是多少？该点位于中央

智能测绘

子午线的东侧还是西侧？

2-10 水准测量改变仪器法高差测量得一测站 h_1=0.555m，h_2=0.589m。求该测站测量结果，结果取值到纳米。

2-11 已知 PQ 边的方位角 α_{PQ}=250°36′42″，水平距离 D_{PQ}=160.86m，求 Q 点相对于 P 点的坐标增量。

2-12 如图 2-16 所示，已知 A、B 两点的坐标分别为：x_A=365.53m，y_A=143.87m；x_B=58.38m，y_B=68.35m。C 点坐标未知。测得 BC 边和 AB 边的水平夹角（左角）β= 89°25′35″，求 BC 边的坐标方位角 α_{BC}。

2-13 对某水平角观测 5 次，观测值列于表 2-5。试计算其算术平均值及中误差。

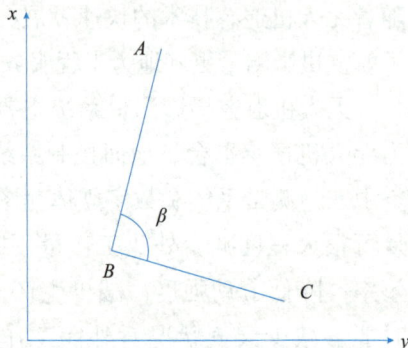

图 2-16　习题 2-12 示意图

习题 2-13 用表　　　　　　　　　　　　　　　　表 2-5

观测次数	观测值	改正数 v_i（″）	vv	精度评定
1	138°26′28″			
2	138°26′18″			
3	138°26′32″			
4	138°26′43″			
5	138°26′21″			

参考文献

[1]　潘正风.数字地形测量学[M].武汉：武汉大学出版社，2020.

[2]　高井祥.数字地形测量学[M].徐州：中国矿业大学出版社，2018.

[3]　龚剑，左自波.三维扫描数字建造[M].北京：中国建筑工业出版社，2020.

[4]　谢廉旭刚，胡海峰，蔡音飞，等.三维激光扫描技术工程应用实践[M].北京：测绘出版社，2021.

[5]　李井永.工程测量[M].北京：清华大学出版社，2017.

[6]　杨守菊.工程测量[M].北京：高等教育出版社，2021.

[7]　马明建.数据采集与处理技术[M].西安：西安交通大学出版社，2005.

[8]　李章树.工程测量学[M].北京：化学工业出版社，2019.

[9]　胡伍生.土木工程测量学[M].3 版.南京：东南大学出版社，2021.

[10]　李玉宝.控制测量学[M].南京：东南大学出版社，2013.

第 **3** 章

无人机测绘技术与应用

本章要点 📖

1. 无人机测绘的基本原理。
2. 无人机航测外业数据的获取。
3. 无人机航测数据内业处理。
4. 无人机测绘的应用案例分析。
5. 无人机测绘的未来发展。

教学目标 🖼

知识目标：通过本章知识内容学习，使同学们全面系统地掌握无人机测绘的基本原理，了解无人机测绘在国家新型基础测绘、房地一体测量项目、矿业、能源、交通、环境保护、自然灾害应急响应领域、水利相关领域等的应用；了解无人机测绘的现状、面临的问题、前景与发展。

能力目标：使学生具备无人机航测外业数据获取、内业数据处理的能力，具有无人机测绘的初步能力，善于在工程实践中应用无人机测绘技术。

素养目标：培养学生遵循国家标准，能够根据规范标准要求解决实际工程问题，具备分析解决问题的能力和严谨的治学态度。

案例引入 📄

无人机测绘在地震救援中的应用

随着无人机测绘技术的快速发展，其广泛应用于重大突发事件和自然灾害的应急响应、国土资源调查与监测、海洋测绘、农林业、环境保护、交通、能源、互联网和移动通信等多个领域。

重大突发事件和自然灾害应急响应中，无人机测绘应用的突出贡献是能够第一时间快速反应，快速获取高分辨率灾情调查数据，辅助政府进行快速决策，是无人机应用最突出的领域。

2008年5月12日，四川汶川突发特大地震，造成了巨大的人员与财产损失。由于灾区交通通信全部中断，地震灾区的灾情信息无法获取。受天气及设备限制，在地震发生的第一时间错过了通过遥感或航空摄影获取灾区灾情严重程度与空间分布的最佳机会，这给及时确定救援方案带来了一定的影响。这时，由中国科学院遥感应用研究所牵头成立的无人机遥感小分队，在第一时间利用无人机在400~2000m的低空遥感平台采集到高分辨率影像。无人机凭借其机动快速、维护操作简单等技术特点，获取到灾区的房屋、道路等损毁程度与空间分布，地震次生灾害如滑坡、崩塌等具体情况，以及因此而形成的堰塞湖的分布状况与动态变化等信息，发挥了重要作用，为救援、灾情评估、地震次生灾害防治和灾后重建工作等提供了科学决策依据。

思考题：

1. 重大突发事件和自然灾害应急响应中，无人机测绘应用有哪些突出贡献？
2. 无人机测绘应用还有哪些发展方向？

3.1 无人机测绘的基本原理

无人机测绘，是利用先进的无人驾驶飞行器技术、遥感传感器技术、遥测遥控技术、通信技术、GNSS 定位技术和 POS 定位定姿技术实现获取目标区域综合信息的一种新兴解决方案。无人机航测具有自动化、智能化、专业化快速获取空间信息的特点，可实现对目标进行实时获取、建模、分析等处理。该技术有其他遥感技术不可替代的优点，它能克服传统航空遥感受制于长航时、大机动、恶劣气象条件、危险环境等的影响，又能弥补卫星因天气和时间无法获取感兴趣区信息的空缺，可提供多角度、大范围、宽视野的高分辨率影像信息。

3.1.1 无人机测绘系统构成

1. 多旋翼无人机硬件系统构成

SF600 无人机是一款轻型专业航测四旋翼无人机，如图 3-1 所示，轴距 600mm，最大起飞重量 3.5kg，搭配高精度差分测量系统，支持 RTK/PPK 作业模式，电池容量 12000mAh，空载续航时间 60min，具体参数如表 3-1 所示。

图 3-1 SF600 四旋翼无人机示意图

SF600 四旋翼无人机参数表   表 3-1

参数类别	规格参数
机身材质及结构	碳纤维 + 玻璃钢纤维四旋翼飞行器，工型机身设计，折叠螺旋桨结构
对称电机轴距	600mm
空机重量	2kg
起飞重量	3kg
最大起飞重量	3.5kg
正射作业飞行速度	12m/s
正射作业时间	45min

参数类别	规格参数
空机续航时间	60min
抗风能力	5级
智能功能	可跟随地形仿地飞行，标配30m DEM数据； 标配前视毫米波雷达避障，避障距离不小于40m； 支持下视激光测距，测距距离不小于12m；支持一键起飞、一键降落、航线规划和一键返航功能；具备断点续飞功能； 双冗余定位系统，支持机载PPK、RTK，标配支持高精度差分GNSS观测数据记录
差分模块频段跟踪	BDS+GPS+GLONASS+GALILEO
PPK频率	5Hz/10Hz/20Hz
RTK频率	100Hz

无人机硬件系统主要由机体、飞控系统、遥控系统（地面站）、高精度差分系统、动力系统构成，如图3-2所示。机体主要由机臂、中心板和脚架等组成，也有采用一体化设计的机架。机架的主要功能是承载其他构件的安装。

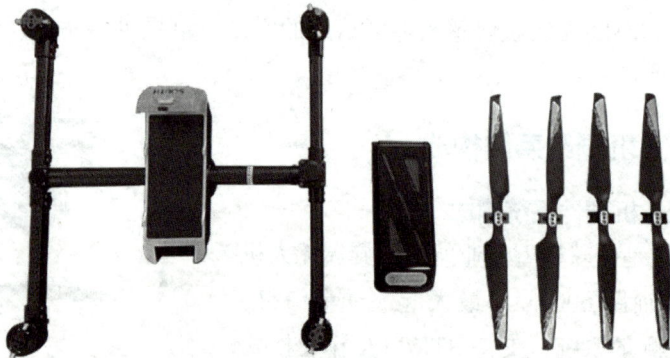

图3-2　SF600四旋翼无人机构成

飞控系统主要由陀螺仪、加速度计、角速度计、气压计、GPS、指南针和控制电路等组成，主要功能是计算并调整无人机的飞行姿态，控制无人机自主或半自主飞行。

遥控系统（地面站）是集平板、遥控器（图3-3）于一体的地面控制系统，实现数图控三合一高度集成。配备South GS App，提供航点飞行、航带飞行、摄影测量、仿地飞行、断点续飞等多种航线规划模式；支持KML/KMZ文件导入，适用于不同航测应用场景。

高精度差分系统（图3-4所示为差分盒子）采用先进的RTK/PPK后差分处理技术，通过优化操作流程，为航空摄影测量提供厘米级精度。

四旋翼无人机的动力系统通常采用电动系统，主要由电池、电调、电动机和螺旋桨4个部分组成。

图 3-3　遥控器

图 3-4　差分盒子

2. 垂直起降固定翼无人机参数

MF2500 垂直起降固定翼无人机（图 3-5）采用多旋翼与双尾撑固定翼相结合的方式，兼具固定翼无人机航程大和多旋翼无人机便捷起降的特点，无须借助跑道和弹射架，对于起降场地要求小，可在山区、丘陵、高原等复杂地形区域顺利作业。该型号全程自主飞行，只需在地面站规划好航线即可自行完成数据采集、飞行状态转换、垂直起降等飞行阶段，专为大面积航测设计的无人机飞行平台，具体参数如表 3-2 所示。

双尾撑式布局、后推式电动设计，效率更高，续航时间更长

操作简单，模块化设计，易于现场组装，使操作员能够在短时间内准备好整个系统

智能化操作，1 人即可作业

采用凯夫拉纤维材质

垂直起降，复杂地形可轻松作业

图 3-5　MF2500 垂直起降固定翼无人机

MF2500 垂直起降固定翼无人机参数表　　　　表 3-2

项目	参数
翼展 / 机身长度	2500mm/ 1480mm
起飞重量	11kg
续航时间	2.5h
最大航程	180km
巡航速度	75km/h
抗风能力	6 级
实用升限	5500m
任务载荷	1~2kg
RTK/PPK 精度	$1cm+1 \times 10^{-6}$

3. 无人机挂载传感器系统

挂载传感器系统也可称为任务载荷，大多无人机系统升空执行任务，通常需要搭载任务载荷。任务载荷的大小和重量是无人机设计时最重要的考虑因素。无人机航测系统常见的传感器设备有光学传感器（非量测型相机、量测型相机等）、红外传感器、多光谱传感器、倾斜摄影相机、机载激光雷达。SF600 航测无人机主要挂载正射光学传感器和倾斜摄影相机 2 种任务荷载。

1）光学传感器

无人机挂载的光学传感器是种利用光学成像原理形成影像并使用底片或数码存储卡记录影像的设备，是用于摄影的光学器械，装载在无人机上拍摄地面景物来获取地面目标，也被称为航空照相机。航空照相机具有良好的机动性、时效性和低投入等优点，在航空遥感、测量和侦察等领域发挥了重要的作用。

（1）S30 光电吊舱

单光云台相机（S30 光电吊舱如图 3-6 所示）可以通过光学变焦来查看目标的细节，主要用于巡检、监视、检查等领域。可随时随地将实时图像传到地面站或通过 4G/5C 网络传输到室内指挥室，大大提高了生产效率和安全性，S30 光电吊舱具体参数如表 3-3 所示。

图 3-6　S30 光电吊舱

S30 光电吊舱参数表　　　　表 3-3

产品名称	S30 光电吊舱
重量	842kg
尺寸	175mm × 100mm × 162mm

产品名称	S30 光电吊舱
传感器	CMOS：1/1.8"；总像素：600 万
镜头	30 倍光学变焦镜头 F：6~180mm
	光圈：1.5~4.3
	最小拍摄距离：10~1500mm（近焦~远焦）
图像存储格式	JPEG
视频存储格式	MP4
工作模式	录像；拍照
透雾	支持（自动开启）
分辨率	50Hz；25fps（2560×1920 像素）500 万
指点变焦	支持
指点变焦范围	1~30 倍光学

（2）双光吊舱

S640 是一款具有变焦（3.5 倍光学 ×4 倍数码）1200 万像素可见光机芯，640×480 分辨率、50Hz、25mm 变焦镜头，非制冷热成像机芯，具体参数如表 3-4 所示，具备目标跟踪功能的双光三轴云台相机，可广泛应用于巡检、勘察、监控等领域，如图 3-7 所示。

S640 双光变焦吊舱参数表　　　　　　表 3-4

产品名称	S640 双光变焦吊舱
重量	786g
尺寸	136mm×96mm×155mm
实时传输分辨率	热成像：640×480 像素 可见光：720P、1080P
智能目标跟踪	支持
传感器	CMOS：1/2.3"；总像素 1300 万
镜头	3.5 倍光学变焦镜头
	F：3.85~13.4mm
	最小拍摄距离：1~3m（近焦~远焦）
图像存储格式	JPEG
视频存储格式	MP4
工作模式	录像；拍照
透雾	电子透雾+光学透雾（自动开启）
分辨率	30fps；25fps（3840×2160）800 万 最大抓拍分辨率：（4024×3036）1222 万
指点变焦	支持
指点变焦范围	1~3.5 倍光学；4 倍数码
探测器类型	非制冷红外微测辐射热计

续表

产品名称	S640 双光变焦吊舱
分辨率	640×480
帧频	50Hz
镜头	25mm 定焦镜头
F 数	1
数字变倍	1~8

（3）单镜头正射航测相机

S24/S42 单镜头相机，如图 3-8 所示，是一款具备增稳的小巧云台，能够提高正射影像采集的精度与效率，具体参数如表 3-5 所示。其特点如下：

①可满足高精度 DOM/DSM/DEM 等采集要求；

②相机全自动自检修复功能，无须外部软件或按键进行设置，避免丢片；

③每台相机逐一检校标定与对焦；

④可切换成 45° 角，进行倾斜作业。

图 3-7　S640 双光变焦吊舱　　　图 3-8　S24/S42 单镜头相机

S24/S42 单镜头相机参数表　　　　　　　　　表 3-5

S24 相机	参数	S42 相机	参数
重量	250g	重量	350g
相机数量	1	相机数量	1
像元尺寸	3.9 μm	像元尺寸	4.5 μm
相机画幅	ASP-C	相机画幅	全画幅
储存容量	256GB	储存容量	256GB
增稳方向	—	增稳方向	—

续表

S24 相机	参数	S42 相机	参数
相机像素	2430 万	相机像素	4240 万
传感器尺寸	23.5mmx15.6mm	传感器尺寸	35.8mmx23.9mm
镜头焦距	35mm	镜头焦距	40mm
传输速度	80M/s	传输速度	80M/s

（4）五镜头倾斜相机传感器

无人机 T53P 倾斜相机（图 3-9），是一款具备增稳的小巧云台，能够提高倾斜影像采集的精度与效率，实现多平台搭载解决方案，具体参数如表 3-6 所示。其特点如下：

①可满足高精度 DOM/DSM/DEM 等采集要求；

②相机具备全自动自检修复功能，无须外部软件或按键进行设置，有效避免丢片；

③每台相机逐一检校标定；

④具备 5 位相机独立 POS；

⑤具有 Time Syne 功能；

⑥曝光间隔不小于 0.8s；

⑦高清 OLED 显示屏；

⑧支持后差分同步。

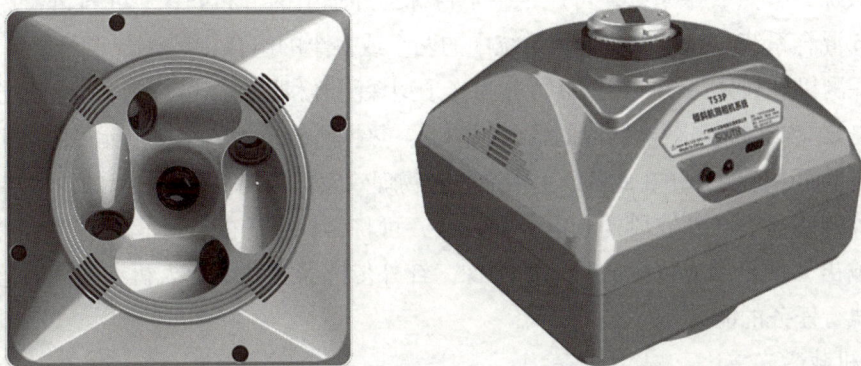

图 3-9　无人机 T53P 倾斜相机

T53P 倾斜相机参数表　　　　　　　　　　　表 3-6

T53P 倾斜相机	参数
相机数量	5
相机画幅	APC–C
像元尺寸	3.9 μm
单相机传感器尺寸	23.5mm × 15.6mm

续表

T53P 倾斜相机	参数
单相机像素	2430 万
总像素	1.2 亿
镜头焦距	正射 25mm，侧视 35mm
重量	730g
储存容量	1280GB
增稳方向	—
传输速度	300M/s

传感器通常需采用减震或震动隔离，常用方法有两种：一种是采用弹性橡胶安装座，另一种是采用电子陀螺仪稳定系统，图 3-10 为弹性橡胶安装座图。

2）红外传感器

红外传感器是以红外线为介质的测量系统，按照功能可分为 5 类：①辐射计，用于辐射和光谱测量；②搜索和跟踪系统，用于搜索和跟踪红外目标，确定其空间位置并对它的运动进行跟踪；③热成像系统，可产生整个目标红外辐射的分布图像；④红外测距和通信系统；⑤混合系统，是指以上各类系统中的两个或多个的组合。

图 3-10　弹性橡胶安装座图

按探测机理划分，红外传感器可分为光子型探测器和热探测器。光子型探测器是利用红外光电效应或内光电效应制成的辐射探测器。热探测器是指利用探测元件吸收射入的红外辐射能量而引起温升，在此基础上借助各种物理效应把温升转变为电量的探测器。

红外传感器是红外波段的光电成像设备，可将目标射入的红外辐射转换成对应像素的电子输出，最终形成目标的热辐射图像。红外传感器提高了无人机在夜间和恶劣环境条件下执行任务的能力。

3）机载激光雷达

激光雷达是一种以激光为测量介质，基于计时测距机制的立体成像手段，属主动成像范畴，是一种新型快速测量系统，可以直接联测地面物体的三维坐标，系统作业不依赖自然光，不受航高阴影遮挡等限制，在地形测绘、气象测量、武器制导、飞行器着陆避障、林下伪装识别、森林资源测绘、浅滩测绘等领域有着广泛应用。

激光雷达是可搭载在多种航空飞行平台上获取地表激光反射数据的机载激光扫描集成系统。该系统在飞行过程中同时记录激光的距离、强度、GNSS 定位和惯性定向信息。用户在测量型双频 GNSS 基站和后处理计算机工作站的辅助下，可以将雷达用于实际的生产项目中。后处理软件可以对经度、纬度、高程、强度数据进行快速处理。

激光雷达的工作原理是通过测量飞行器的位置数据（经度、纬度和高程）和姿态数据（滚动、俯仰和偏航），以及激光扫描仪到地面的距离和扫描角度，精确计算激光脉冲点的地面三维坐标。

作为一种主动成像技术，机载激光雷达在航空测绘领域具有如下特点：

（1）采用光学直接测距和姿态测量工作方式，被测对象的空间坐标解算方法相对简单，易于实现，单位数据量小，处理效率高，具有在线实时处理的开发潜力。

（2）由于采用了主动照明，成像过程受雾、霾等不利气象因素的影响小，作业时段不受白昼和黑夜的限制。因此，与传统的被动成像系统相比，环境适应能力比较强。

4.地面站系统

地面站系统具有对无人机飞行平台和任务载荷进行监控和操纵的能力，包含对无人机发射和回收控制的一组设备。

无人机地面控制站是整个无人机系统非常重要的组成部分，是地面操作人员直接与无人机交互的渠道。它包括任务规划、任务回放、实时监测、数字地图、通信数据链在内的集控制、通信、数据处理于一体的综合能力，是整个无人机系统的指挥控制中心。

地面站系统应具有下面 4 个典型的功能：

1）飞行监控功能：无人机通过无线数据传输链路，下载无人机当前各状态信息。地面站将所有的飞行数据保存，并将主要的信息用虚拟仪表或其他控件显示，供地面操纵人员参考。同时根据飞机的状态，实时发送控制命令，操纵无人机飞行。

2）地图导航功能：根据无人机下载的经纬度信息，将无人机的飞行轨迹标注在电子地图上。同时可以规划航点航线，观察无人机任务执行情况。

3）任务回放功能：根据保存在数据库中的飞行数据，在任务结束后，使用回放功能可以详细地观察飞行过程中的每一个细节，检查任务执行效果。

4）天线控制功能：地面控制站实时监控天线的轴角，根据天线返回的信息，对天线校零，使之能始终对准无人机，跟踪无人机飞行。

5.像控采集系统构成

RTK 测量系统（图 3-11）主要由主机、手簿、配件、CORS 账号、软件系统五大部分组成。以南方创享 RTK 测量系统为例，对 RTK 测量系统作详细介绍。

1）主机

主机是 RTK 测量系统的重要组成部分，在接收卫星信号的同时，通过无线接收设备，接收基准站传输的数据，然后根据相对定位的原理，实时解算出移动站的三维坐标及其精度，即基准站和移动站坐标差 $\triangle X$、$\triangle Y$、$\triangle H$，加上基准坐标得到每个点的 WGS-84 坐标，通过

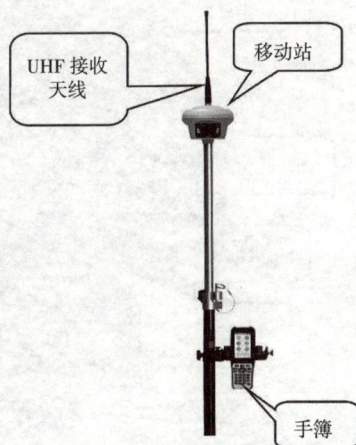

图 3-11 RTK 测量系统示意图

坐标转换参数得出移动站每个点的平面坐标 X、Y 和海拔 H。

以南方创享 RTK 测量系统为例：主机呈圆柱形，直径 153mm，高 131.5mm，使用镁合金作为机身主体材料，整体美观大方、坚固耐用，采用触摸屏和双按键的组合设计，操作更为简单，机身底部具备常用的接口，方便使用，如图 3-12、图 3-13 所示。

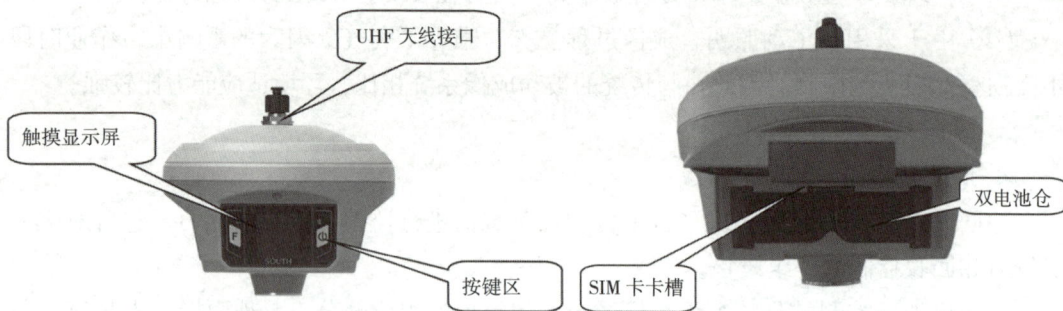

图 3-12　主机正面图

图 3-13　主机反面图

2）手簿

手簿主要用于 RTK 测量系统的交互。通过手簿给 RTK 测量系统的主机发送相关命令，设置相关参数。

以南方测绘 H6 手簿为例，H6 手簿作为完全自主研发生产的工业级全能型信息采集辅助终端，采用人体工程学设计，在保证舒适握持感的同时，配备 5.0 寸大屏幕和全功能数字、字母物理键盘，传承了南方测绘手簿的高性能，内置 9200mAh 锂电池，为测量提供持久动力，如图 3-14 所示。

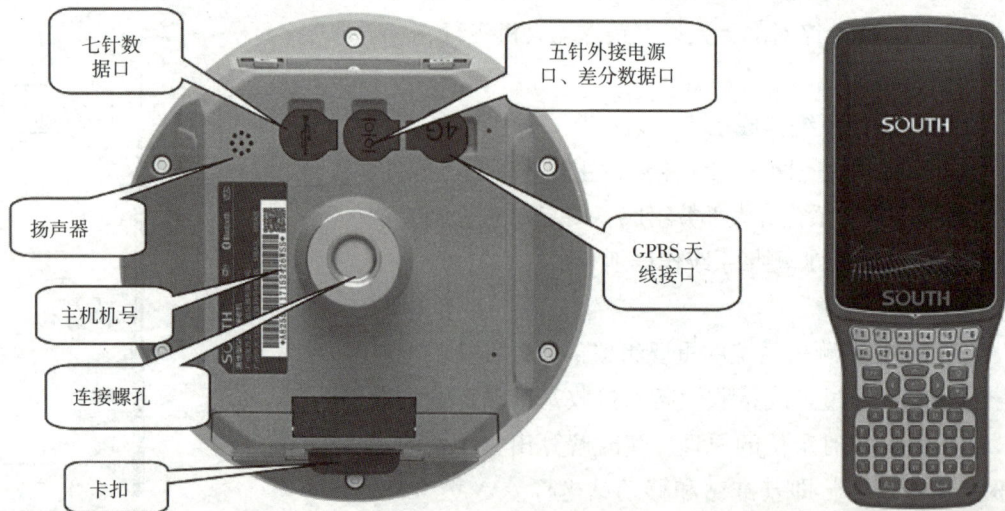

图 3-14　主机底部、手簿

3）配件

配件是 RTK 测量系统使用过程中的辅助设备，为便于主机的运输、供电、架设安放、数据传输、数据下载、测高等工作而配备的设备，包括：仪器箱、充电器、差分天线、数据线、对中杆、手簿托架、连接器、测高片和卷尺等设备。

仪器箱主要用于仪器的包装和存放，既可以满足长途运输可靠安全的要求，又便于短距离施工携带，如图 3-15 所示。

图 3-15 仪器箱

充电设备主要为主机和手簿提供充电电源，见图 3-16 电池、图 3-17 充电适配器电源线、图 3-18 充电适配器电源。

差分天线：如图 3-19 所示，UHF 内置电台基准站模式和 UHF 内置电台移动站模式，需用到 UHF 差分天线。部分恶劣环境下请使用外置网络天线。（注意：使用外置网络天线时须进入主机 WebUI 后台进行天线选择切换。操作步骤 "网络设置" → "GSM/GPRS 设置" → "天线选择"）。

对中杆：如图 3-20 所示，用于连接 RTK 主机设备，是能按铅垂方向直接指向地面标记点的可伸缩金属杆。

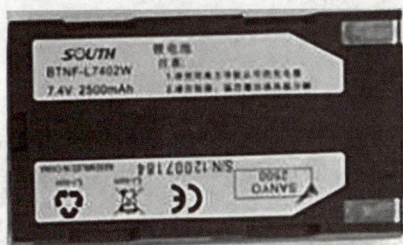

图 3-16 电池

图 3-17 充电适配器电源线

图 3-18　充电适配器电源

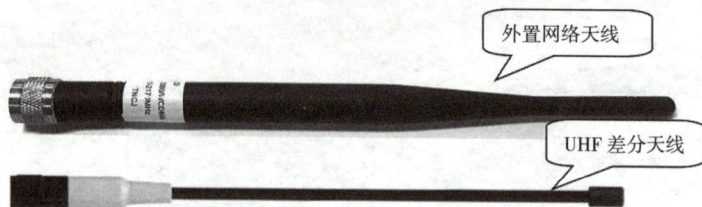

图 3-19　差分天线

图 3-20　对中杆

4）CORS 账号

CORS 账号是为 RTK 主机提供获取差分服务的账号，主要参数包括：服务器 IP 端口、挂载点、用户名和密码。以南方卫星导航高精度位置服务为例，CORS 账号的主要参数配置如表 3-7 所示。

CORS 账号的主要参数配置表　　　　　　　　　　　表 3-7

服务概述	
服务名称	南方卫星导航高精度位置服务
服务精度	厘米级定位服务
服务方式	NTrip 接入参数
数据播发协议	NTrip 协议
数据播发格式	RTCM 3. X
服务 IP	219. 135. 151.185
端口	22711
挂载点	SINGLERTK（坐标框架 CGCS2000，参考历元 2000）
	NETRTK32（坐标框架 CGCS2000，参考历元 2000）
用户名	测试账号或者购买方式提供的用户名和密码

5）软件系统

工程之星 5.0 安装包由一个 .apk 文件组成，用户可以通过数据线将 H6 手簿与电脑相连，然后把该安装包拷入手簿内部存储设备中，通过在手簿上找到该文件，点击运行该文件即可使用工程之星 5.0。一般在仪器出厂的时候都会给手簿预装上工程之星软件，用户在需要软件升级的时候直接覆盖以前的工程之星即可，如图 3-21 所示。

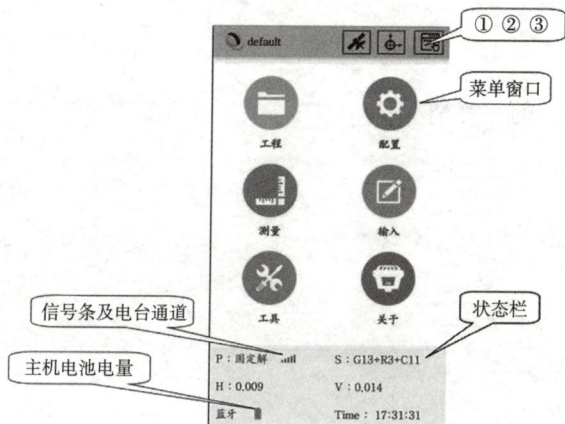

图 3-21 工程之星软件界面示意图

图 3-22 像控之星软件界面示意图

3.1.2 像控之星采集软件

像控之星软件（图 3-22）是专门为无人机航测行业项目所研发的一款包含像控点坐标采集、记录、拍照等相关信息收集的软件，可以实现地面采集坐标、拍照、收集像控点相关信息和成果输出等工作，能够简化测量员在内业成果数据处理上的繁琐流程，极大地提高测量员的工作效率。

3.1.3 无人机航测外业数据获取

为了满足航测成图的需要，航测外业飞行所提交的航摄资料（主要是航摄像片），经检查验收后必须满足规范和协议规定的技术要求，用户方可接收。用户在检查、验收航摄资料时，除清点按合同要求应提供的资料名称和数量外，主要检查像片控制点测量质量、航摄负片的飞行质量、摄影质量、航测外业成果文件质量，作业流程见图 3-23。

1. 现场踏勘

到达现场之前在网上搜集测区所在地的气象和地形等资料，利用航测一体化处理软件 SouhUAV 等工具了解测区地形结构特征和航测飞行危险区域，地形高差较大区域、城市中心较高标志性建筑、变电站、雷达站等，以及大面积不合适建立起降场地的高山、森林、湖泊等复杂地形。在进行外业航飞之前，应该根据已知的测区资料和相关数据对无人机系统的性能进行评估，判断飞行环境是否满足飞机的飞行要求，现场踏勘的内容包括：

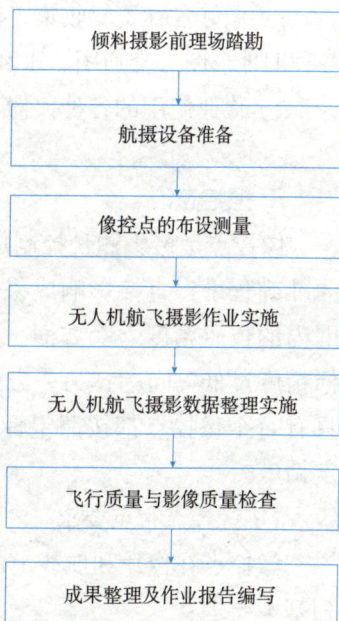

图 3-23 无人机航测外业数据获取作业流程图

1）测区行政区划的调查；

2）气象、气候资料的收集；

3）测区已有成果、成图情况及测量标志的完好情况；

4）居民及居住地；

5）特殊地物、新增地物情况的调查；

6）交通运输情况；

7）水系、水文情况；

8）土壤、植被情况；

9）地貌情况；

10）典型样片的调绘及实地摄影。

现场踏勘完成后，依据航摄任务需求制订航摄计划，航摄计划应包括以下内容：

1）摄区范围和地物地貌特征；

2）测图比例尺和基准面地面分辨率；

3）航线敷设方法、飞行高度、像片航向和旁向重叠度；

4）飞行器与航摄相机型、技术参数和辅助设备参数；

5）需提供的航摄成果名称和数量；

6）执行航摄任务的季节和期限。

2. 设备准备

航测外业作业前须进行一系列的准备工作，以确保正常的工作程序：

1）做好各种资料收集工作，包括：航摄资料；基础控制点成果；各种地图资料，如各种旧地形图、交通图、水利图、行政区划图、地名录等。

2）作业使用的各种仪器、器材均须进行检查校正准备，包括：飞行平台准备等。

3. 像控布设

像控点是摄影测量控制加密和测图的基础，野外像控点目标选择的好坏和指示点位的准确程度，直接影响成果的精度。换言之，像控点要能包围测区边缘以控制测区范围内的位置精度。一方面，纠正飞行器因定位受限或电磁干扰而产生的位置偏移、坐标精度过低等问题；另一方面，纠正飞行器因气压计产生的高层差值过大等其他因素。只有每个像控点都按照定标准布设，才能使得内业更好地处理数据，三维模型达到一定精度。

1）像控点布点要求

像控点在像片和航线上的位置，除各种布点方案的特殊要求外，布点位置应满足下列基本要求：

（1）像控点一般应在航向三片重叠和旁向重叠中线附近，布点困难时可布在航向重叠范围内。在像片上应布在标准位置上，也就是布在通过像主点垂直于方位线的直线附近。

（2）像控点距像片边缘的距离不得小于 1cm，因为边缘部分影像质量较差，且像点受畸变差和大气折光差等所引起的位移较大；再则倾斜误差和投影误差使边缘部分影像变形增大，增加了判读和刺点的困难。

（3）点位必须离开像片上的压平线和各类标志（框标、片号等），以利于明确辨认。为了不影响立体观察时的立体照准精度，规定离开距离不得小于 1mm。

（4）旁向重叠小于 15% 或由于其他原因，控制点在相邻两航线上不能公用而需分别布点时，两控制点之间裂开的垂直距离不得大于像片上 2cm。

（5）点位应尽量选在旁向重叠中线附近，离开方位线大于 3cm 时，应分别布点。

像片控制点一般选用像片上明显的地物点。大比例尺测图一般利用目标清晰、精度高的直角地物目标或点状地物目标作为像片控制点，也可以在航摄前在地面上布设人工标志，如图 3-24、图 3-25 所示。

图 3-24　特征点作为控制点　　　　图 3-25　布设人工控制点

2）像控点测量

像控点分三种：平面点，只需联测平面坐标；高程点，只需联测高程；平高点，要求平面坐标和高程都应联测。由于 GNSS 技术的进步，使得 RTK 的精度逐渐提高，从测量结果来看，RTK 技术不仅可以满足像控点的精度要求，而且可以大量节省测量时间，与传统像控点测量方法相比显示出较大的优越性。

像控点测量注意事项如下：

（1）根据刺点片在现场选点时，应根据现场情况确认刺点位置是否满足控制点、刺点和观测要求。如不满足时可与内业沟通在附近重新选点。

（2）像控点测量时，拍摄像控点的现场照片，分别为清晰地反映像控点与周边地物相对方位关系的现场照片、像控点实地准确位置的现场照片。

（3）对像控点测量成果进行检查、平差、坐标转换，坐标转换成果应使用未参与坐标转换参数计算的点位进行检核。

（4）制作点之记文件，可以借助像控之星和 SouthUAV 制作。

另外，像控点采集应采用对中杆或脚架对中整平，选取的角点位置拐角清晰。像控点采集精度要求应满足 RTK PDOP 值小于 3，单次观测平面收敛精度应不大于 1.5cm；高程收敛精度应不大于 2.0cm。像控点采集次数设置平滑次数不低于 10 次。信号波动大的时候，须进行多次观测。

4. 无人机航飞

无人机航飞作业是指将航摄仪安置在飞机上，按照技术要求对地面进行摄影的过程。

无人机航飞环节一般包括：差分模式设置、航线规划、安装无人机、连接地面站、起飞前检查、任务飞行。

1）差分模式设置

飞机高精度 POS 信息获取有两种方式：PPK 后处理差分、RTK 实时动态差分方式。

（1）PPK 后处理差分作业模式操作步骤：

①架设 GNSS 接收机，并对中整平。

②采集基站坐标，量取仪器高。

③更改基站作业模式为静态模式。

④航测任务结束后下载静态数据文件。

（2）RTK 实时动态差分模式操作步骤：

①遥控器连接飞机 Wi-Fi，选择连接对应的无人机网络。

②打开浏览器，输入无人机后台网址，进入登录界面。

③单击"数据传输"，单击"NTRIP 设置"。

④输入 CORS 账号对应的参数：IP、端口、用户名、密码，通过"获取接入点"选择正确连接点。

⑤确定后开始连接，检查登录状态和解算状态，需显示"登录成功"和"固定解"。

2）航线规划

在无人机行业应用场景中，航线规划是一项十分重要的前置工作，这能让无人机按照既定的路线进行飞行并完成设定的无人机航拍录影或数据采集任务，行业中有不少现成的软件提供规则图形（比如矩形、平行四边形）的航线规划，或软件 SouthUAV 自动形成的摄影航线。

航线规划一般分为两步：一是飞行前预规划，即根据既定任务，结合环境限制与飞行约束条件，从整体上制定最优参考路径；二是飞行过程中的重规划，即根据飞行过程中遇到的突发状况，如地形、气象变化、未知限飞因素等，局部动态地调整飞行路径或改变动作任务。航线规划的内容包括出发地点、途经地点、目的地点的位置关系信息、飞行高度和速度与需要达到的时间段。

3）安装无人机

以南方智航 SF600 为例，安装无人机步骤如下：

（1）从收纳箱中取出无人机，放置在平地上，按住红色卡扣，将四个脚架打开，放置于平整地面。

（2）安装桨叶：桨叶分为正桨（红色卡扣）和反桨（黑色卡扣）。

（3）安装电池。将电池放置到飞机上。

（4）相机开机。南方智航 SF600 电池通电后，相机自动开机，处于工作状态。

4）连接地面站

（1）长按中间电源键进行开机。

（2）打开 SOUTH GS 地面站，打开蓝牙，点击"开始连接"，将平板与遥控器连接。

（3）设置飞行参数。进入飞行管理界面，选择摇杆模式。

5）起飞前检查

起飞前检查是每次飞行前必要的部分，不可忽略、遗漏或随意检查，否则将会导致飞行事故、外业数据采集不完整。起飞前检查内容包括：GNSS 基站架设检查、无人机定位器检查、无人机装配检查、任务航线规划检查。

6）任务飞行

任务飞行包括五个部分：任务调用、调用航线、断点续飞、监控无人机状态、无人机降落。

5. 数据整理

数据整理是摄影测量内业生产前期的重要环节，是否正确理解原始数据对成果的生产以及精度有着重要的影响。在此环节中，需要分析航片的分辨率、摄影比例尺、地面分辨率、影像的航带关系等，同时也需要对相机文件、控制点文件、航片索引图等进行分析整理。整理的内容包括：①飞机 POS 文件；②基站存储文件；③像控点文件；④照片整理。

1）后差分架次解算

通过使用 SouthUAV 软件的架次解算功能，解算南方无人机数据。该功能支持多架次批量后差分解算，支持自动识别基站坐标值；基站仪器高、天线与相机相位差信息可在差分计算中直接改正。

2）实时差分偏移改正

航测作业时如采用的是实时差分解算模式，则需要进行差分结果的偏移改正。

由于实时差分数据在实时差分的时候记录的是天线相位中心的位置信息，而我们需要的最终数据是能代表相机每个拍照点对应的位置信息。天线和相机所在位置是有一定偏移的，所以我们需要对实时差分数据进行天线相机偏移位置的改正。

3）照片整理

通过使用 SouthUAV 软件的连接设备功能对获取的数据进行数据整理，该功能既支持直接从镜头读取影像数据，也支持从 U 盘内读取原始数据，处理完成后将数据组织化下载到指定位置，支持多线程同时下载五个镜头数据，并且提供两种数据下载方式。支持自动对多架次照片分组，自动识别地面点及废片，一键清除地面点和所有镜头的废片，也支持处理丢片、丢点等情况，提供插值和标记跳片工具，全方位地处理所有数据异常情况。

4）点之记报告

通过使用SouthUAV软件的点之记功能，读取像控之星的工程文件夹或者像控之星导出的.csv文件来生成点之记报告。

6. 数据质检

数字航空摄影成果的质量检查包括对航空摄影成果的飞行质量、影像质量、数据质量及附件质量进行检查。

1）飞行质量检查主要包括重叠度、像片倾角与旋偏角、航高保持、航线弯曲、航摄漏洞、摄区覆盖等的检查；

2）影像质量检查主要是对影像最大位移、清晰度、反差等的检查；

3）数据质量检查主要是对数据的完整性与数据组织的正确性的检查；

4）附件质量检查主要是对提交资料的完整性和正确性的检查。

飞行质量与影像质量检查占整个航摄质量检查工作的主体，其中影像质量可通过统计分析进行质量评定，但是与地物目标有很强的相关性，统计信息不能真实地反映影像质量特性，因此影像质量检查中的人工目视检查必不可少，而重叠度、像片倾角与旋偏角是飞行质量检查中工作量最大的检查内容。

对航摄产品实行一级检查一级验收制。检查及验收工作必须单独进行，不得省略或相互代替。检查由航摄生产单位的质量管理机构负责实施。检查人员要重视过程质量的监督，及时发现问题，及时处理。检查、验收工作以相关标准和合同要求为依据。对检查、验收原始记录的要求：

1）原始记录是检查、验收过程的如实记载，不允许更改和增删；

2）原始记录内容应填写完整，应有检验人员签名；

3）原始记录在检查、验收报告发出的同时，随资料存档，保存期一般不少于5年。

7. 作业报告

无人机摄影航测结束后，需要编写无人机航飞作业报告。记录此次航飞作业详细信息，包括：

1）无人机航飞作业概况。对航飞作业的背景、任务、目的、精度要求以及注意事项等内容作详细说明。

2）现场踏勘资料。整理踏勘成果数据、测区自然地理概况、飞行空域状况、人员分组情况、设备分配情况等内容，已有资料罗列。

3）摄区基本技术要求及技术依据。详细说明项目基本技术要求，确定关键参数，例如：航高、投影极坐标系统、旁向重叠度、航向重叠度等信息，以及成果数据格式、技术依据等。

4）项目技术设计。针对项目做前期规划设计，确定航摄作业地图，计算摄影比例尺及地面分辨率，选择航摄仪，进行航高设计、航摄分区及航线敷设，规定统一的航摄作业时间。

5）控制点布设。对像控点统一规划设计，统一命名规则，构建像控格网，分配像控采集任务，确定像控采集技术路线。

6）航空摄影实施。航摄飞行准备、实际作业记录、作业任务规划。

7）数据整理情况。上交测绘成果，整理上交测绘成果。

8）飞行质量检查情况。详细说明数据质量检查结果，包括飞行质量检查、影像质量检查、成果质量检查。

9）上交测绘成果和资料清单。上交的测绘成果，作详细文档说明，并制作上交资料清单。

3.1.4　无人机航测数据内业处理

无人机测绘内业作业流程如图 3-26 所示，其中 POS 解算和数据整理在外业环节进行，本节不再赘述。

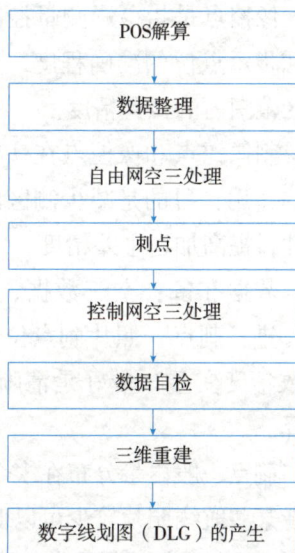

| POS解算 |
| 数据整理 |
| 自由网空三处理 |
| 刺点 |
| 控制网空三处理 |
| 数据自检 |
| 三维重建 |
| 数字线划图（DLG）的产生 |

图 3-26　无人机测绘内业作业流程图

1. 自由网空三处理

空三是空中三角测量的简称。相机输出成像时的位置和姿态都是有误差的，空三是以重投影残差最小化为目标重新求解相机成像时的位置和姿态。空三是建模的基础，是摄影测量核心算法之一。好的空三成果是建好二三维模型的基础。

自由网空三处理即对无起算数据的平差方法。

空中三角测量处理步骤：

第一步：找出每张像片有特征的点——特征点提取。

像片中颜色或纹理变化剧烈的点称之为特征点，一般用像素值本身及其周围像素关系来描述特征点。

第二步：将不同像片中相同的特征点关联起来——特征点匹配将不同照片特征信息一致的特征点关联。

需保证同一特征点能被不同像片拍到（有重叠度），提取算法需能在不同亮度、不同尺度、不同角度等情况下，都能关联特征点，匹配的特征点数量会低于第一步提取的特征点数量。

第三步：根据匹配结果调整相机位置姿态——区域网平差。

根据初始带误差的相机位置和姿态，匹配的特征点空间中不能相交，平差就是通过调整相机内参、成像时位置和姿态，让特征点在三维空间中相交的误差最小，调整时会以初始位置和姿态做参考，在设定的范围内做调整（大疆智图中的初始 POS 精度），特征点被越多的照片观测到，参考信息越多，平差可靠就会越强。

2. 刺点

刺点是指在一张航片中，用绣花针垂直于相片正面，在权属界线拐弯处明显地物点的影像上刺一小孔。

像控点是指摄影测量控制加密和测图的基础，在作用上，野外像控点目标选择的好坏和指示点位的准确程度，直接影响测量结果的精度。像控点要能包围测区边缘以控制测区范围内的位置精度。

刺像控点和像控点在一些方面存在差异。刺像控点主要在基本航线的两端起到控制点的作用，目的是减少测区内地面外业像控点的布设工作量，增强区域网模型之间的连续性，提高加密平差精度。

数据准备：空三数据、与空三数据相同地点的像控数据。完成空三后，导入像控点，进行刺点。照片刺点位置最好在照片的 3/4 内，不要刺到照片的边缘位置，否则会导致精度变差，最好是清晰可辨识、通视好的，如出现曝光过度或被植被遮挡，不要选择。

刺点一般尽量分布在多个航带的照片上，每个航带刺点数量不少于 9 张，若是边缘点或者某些航线照片较少可以低于此标准，一般不低于 3 张。举个例子，对五个镜头数据进行刺点，每个镜头最少刺 3 张，并且 3 张照片不要在一条航带上，一个像控点最少刺 15 张照片。

3. 控制网空三处理

控制网即测区内选择一些有控制意义的控制点构成几何图形。该过程为处理刺点完成后的自由网空三数据。

4. 数据自检

自检目的：

1）检查数据整理的情况及数据质量是否满足要求；

2）检查刺点的精度是否满足建模精度要求。

自检内容：

1）网空三质量报告：任务概况、匹配平差、空三信息、校准结果、影像位置、影像匹配、重投影误差。

2）控制网空三质量报告：

（1）任务概况、匹配平差、空三信息、校准结果、影像位置、影像匹配、重投影误差。

（2）空三分块平差结果。每一块控制网平差的 RMSE 值和每一块控制同平差所用的时间，表格样式与自由网平差一致。

（3）RMSE 值。通过该表可以知道控制网平差后数据的精度。

（4）控制点精度表。可以知道每一个控制点的刺点精度，看重投影误差的值是否小于 1。

5. 三维重建

三维重建目的：生产数字正射图（DOM，.tif 格式）、数字表面模型（DSM，.tiff 格式）、实景三维模型（.osgb 格式）。

数据准备：原始航测照片数据，自由网平差或控制网平差结果。

内业处理人员应以空三加密结果为基础，重新采集无人机所获取的航摄数据，并生成航线影像。由系统自动完成三维离散点的匹配，从而获得 DSM 并自动进行滤波处理，完成 DEM 的制作。要注意的是，现实地物往往会受到人工地物、阴影、水体以及树木等复杂因素的影响，因此在制作 DEM 时还需要结合人工编辑技术来提高其精度，为高精度 DOM 的制作奠定良好的基础。在制作 DOM 时，需要在处理 DEM 数据基础上对影像进行色调均衡、匀光匀色和 DEM 的纠正以及镶嵌处理等。这些处理流程可以利用软件系统自动完成。之后还要按照对 DOM 成果的具体要求来对 DOM 的初始成果进行几何以及颜色上的人工处理。内业处理人员应根据 DEM 数据来校正 DOM，并对其进行拼接处理以及测区完整地形图的编辑。同时还应结合外业调绘以及补测和修测等数据，利用相关软件在测图后完成地形图的成图任务。

6. 数字线划图（DLG）的产生

基于 DSM（DEM）+DOM 结合的生产，通过 DSM（DEM）和 DOM 叠加生产的 2.5 维垂直摄影模型是没有侧面纹理的，因为两个文件叠加生成模型的原理可以理解为，将 DSM（DEM）文件中每一个地方的高程赋值给 DOM 数据对应的地方，而 DOM 也是二维数据，只有正面纹理，所以 DSM（DEM）与 DOM 叠加生成的 2.5 维垂直摄影模型没有侧面纹理，但是生产 DOM 及 DSM（DEM）文件需要的时间比生产倾斜实景三维模型少。因此在生产不需要用到模型侧面或者精度较低的 DLG 数据时，可以使用通过 DSM（DEM）和 DOM 叠加生产的 2.5 维垂直摄影模型进行绘制。

同时，DSM（DEM）叠加 DOM 的主要使用场景还有用于提取等高线、高程点，但是注意使用 2.5 维垂直摄影模型绘制房子时，由于是直接采集了房子的顶部，所以后期需要做房檐改正等操作。

3.2　无人机测绘的应用案例分析

随着无人机遥感技术的快速发展，无人机遥感技术的产业化应用取得较快发展，广泛应用于重大突发事件和自然灾害的应急响应、国土资源调查与监测、海洋测绘、农林业、环境保护、交通、能源、互联网和移动通信等多个领域。

3.2.1 新疆某区农用地资源普查数据采集

1. 项目介绍

测区位于新疆某区,测区总面积500多平方公里。测区植被少,高差不大于50m。测区属于风沙地带,地物植被较少,纹理弱,对该测区进行1:1000正射数据采集,成果主要用于农用地资源普查,见图3-27。

图 3-27 测区范围分布情况图示

2. 实施方案

测区为平原类型,植被稀少,落差不大,地物特征点少,纹理弱,航飞可适当增加航拍的重叠率,本次项目使用垂起无人机SF3300搭载S61进行作业,考虑到效率问题,在满足客户要求精度的情况下,我们保证地面分辨率优于5cm,航向重叠率80%,旁向重叠率65%,既高效又能有效控制预算,详见图3-28、图3-29。

3. 实施过程

1)已有资料分析及测区踏探:查看已有的资料,如控制点水准点等,踏探测区范围,初定基站架设位置,做好项目实施的准备工作。

2)设备检测及调试:出发前确认设备可正常运行,配件齐全。

3)外业采集:选定基站点,分区分块设定飞行航线,开始进行数据采集。

图 3-28　航线规划图

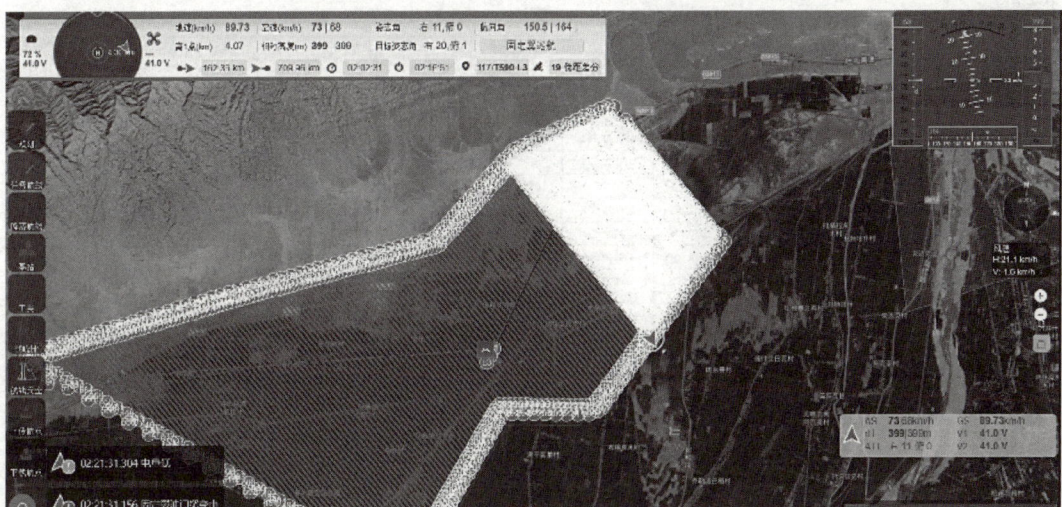

图 3-29　航线飞行图

4）作业设备：SF3300 一台，S61 一台、无人机一架，RTK 一台。

5）飞行高度：500m。

6）外业人员：2 人。

7）作业用时：外业用时 12 天，共计飞行 22 架次，数据采集 500km²。

8）数据质量检查：作业完成后，立即对原始数据进行解算，并检查数据质量，详见图 3-30~ 图 3-36。

report - 记事本
文件(F) 编辑(E) 格式(O) 查看(V) 帮助(H)
基站观测时间: 2023-03-01 10:51:36.000 至 2023-03-01 16:21:00.600
移动站数据1 < C:/Users/Administrator/Desktop/PPk解算031/Move_STH/1146060B5.sth >:
移动站 1观测时间: 2023-03-01 11:10:56.000 至 2023-03-01 13:34:16.200
POS点: 2923
单点解: 0 占比 0.00%
差分解: 0 占比 0.00%
浮点解: 0 占比 0.00%
固定解:2923 占比100.00%
不可用解: 0 占比 0.00%

移动站数据2 < C:/Users/Administrator/Desktop/PPk解算031/Move_STH/1146060DL.sth >:
移动站 2观测时间:2023-03-01 13:43:27.000 至 2023-03-01 16:03:42.000
POS点: 3028
单点解: 0 占比 0.00%
差分解: 0 占比 0.00%
浮点解: 0 占比 0.00%
固定解:3028 占比100.00%
不可用解: 0 占比 0.00%

移动站数据1 < C:/Users/Administrator/Desktop/PPk解算031/Move_STH/1146060B5.sth >:
id 北东 高 纬度 经度 航向角 翻滚角 俯仰角 时间 解类型
1 4609828.3118871991 627980.4506273264 960.8992021075 41.6133275278 82.5354281245 0.00
2 4609828.2742169192 627980.3421685832 960.9017769136 41.6133272061 82.5354268157 0.00
3 4609828.2575067878 627980.3848102381 960.9008734832 41.6133270489 82.5354273236 0.00
4 4615979.3300860086 631462.5496822575 1360.2518227007 41.6681225070 82.5785398714 0.00
5 4615943.0267968439 631494.7290866876 1360.1956268223 41.6677904648 82.5789181399 0.0
6 4615906.1957218116 631526.8576253466 1360.2334001968 41.6674536796 82.5792956779 0.0
7 4615870.8970708875 631557.7726193753 1360.3294714177 41.6671308856 82.5796589831 0.0
8 4615834.9486778714 631585.3010194816 1360.4089738829 41.6668021414 82.5800295044 0.0
9 4615799.2623101398 631620.5164508863 1360.5359901255 41.6664758061 82.5803963230 0.0
10 4615763.8899199497 631651.5427865908 1360.6413815329 41.6661523266 82.5807609374 0
11 4615728.4415399218 631682.6332005458 1360.7372970376 41.6658281516 82.5811263006 0
12 4615692.1685557915 631714.4045828611 1360.7602678994 41.6654964414 82.5814996518 0
13 4615656.0031069322 631746.0713072964 1360.9128422076 41.6651657151 82.5818717668 0
14 4615619.6822725330 631777.7568492289 1361.0605932437 41.6648335861 82.5822440696 0
15 4615584.5592414383 631808.4705654180 1361.1845378997 41.6645123970 82.5826249683 0
16 4615548.1696045566 631840.3149460090 1361.2705371818 41.6641796202 82.5829791549 0

图 3-30 POS 后差分解算

空三报告

工程影像

工程描述			
工程: 新建工程_20240301183821		运行时间: 1小时33分钟	
照片组数: 2		累积照片: 3946	
控制点: 0		检查点: 0	
入网照片: 3946		入网率: 100.00%	
连接点: 312697		单张照片平均连接点数: 12	
特征点: 2445599		单张照片特征点平均数: 411	
平均重投影误差: 0.042345		地面覆盖面积: 33.019平方公里	
尺度变化比例: 1:1.32287		创建时间: 2023-03-01	

图 3-31 空三报告图示

图 3-32 检查点分布

检查点详表

序号	检查点名称	刺点照片数	X	Y	Z	估算X	估算Y	估算Z	误差X	误差Y	误差Z	重投影误差 RMS[pixels]	水平误差[m]	高程误差[m]	三维误差[m]
1	BM1	10	633239.393	4612864.875	963.044	633239.476	4612864.873	963.099	-0.083	0.004	-0.055	2.720	0.083	0.055	0.100
2	BM2	9	632575.796	4612182.528	965.119	632575.861	4612182.504	965.053	-0.065	0.025	0.066	2.396	0.069	0.066	0.096
3	BM3	9	631771.523	4612851.667	969.314	631771.562	4612851.664	969.154	-0.039	0.003	0.160	2.035	0.039	0.160	0.164
4	BM4	11	631169.503	4613838.697	973.723	631169.524	4613838.724	973.534	-0.021	-0.027	0.189	2.030	0.034	0.189	0.192
5	BM5	9	630379.768	4613070.899	969.939	630379.763	4613070.905	969.632	0.006	-0.006	0.306	2.361	0.008	0.306	0.306
6	BM6	11	628313.109	4613527.307	961.302	628313.032	4613527.319	961.246	0.077	-0.014	0.056	2.769	0.078	0.056	0.096
7	BM7	9	629324.576	4613243.947	966.668	629324.534	4613243.956	966.478	0.042	-0.010	0.190	2.344	0.043	0.190	0.195
8	BM8	9	630149.900	4612360.128	966.864	630149.886	4612360.113	966.641	0.014	0.015	0.224	2.136	0.021	0.224	0.225
9	BM9	9	630870.882	4612314.739	966.990	630870.892	4612314.722	966.742	-0.010	0.017	0.248	2.692	0.019	0.248	0.249
10	BM10	10	632332.419	4611335.557	961.690	632332.476	4611335.501	961.599	-0.056	0.057	0.091	2.692	0.080	0.091	0.121
11	BM11	10	631103.343	4611127.454	963.115	631103.356	4611127.397	962.978	-0.012	0.058	0.137	2.235	0.059	0.137	0.149
12	BM12	10	630013.055	4610610.918	960.989	630013.032	4610610.853	960.995	0.025	0.065	-0.006	2.205	0.070	0.006	0.070
13	BM13	11	629759.324	4609751.138	953.369	629759.292	4609751.041	953.631	0.034	0.097	-0.261	3.829	0.102	0.261	0.281

图 3-33 无约束平差精度

检查点: 13

序号	检查点名称	刺点照片数	重投影误差 RMS[pixels]	水平误差 [m]	高程误差 [m]	三维误差 [m]
1	BM1	10	2.720	0.083	0.055	0.100
2	BM2	9	2.396	0.069	0.066	0.096
3	BM3	9	2.035	0.039	0.160	0.164
4	BM4	11	2.030	0.034	0.189	0.192
5	BM5	9	2.361	0.008	0.306	0.306
6	BM6	11	2.769	0.078	0.056	0.096
7	BM7	9	2.344	0.043	0.190	0.195
8	BM8	9	2.136	0.021	0.224	0.225
9	BM9	9	2.692	0.019	0.248	0.249
10	BM10	10	2.692	0.080	0.091	0.121
11	BM11	10	2.235	0.059	0.137	0.149
12	BM12	10	2.205	0.070	0.006	0.070
13	BM13	11	3.829	0.102	0.261	0.281
	均方根误差		2.558	0.061	0.177	0.188
	最大值		3.829	0.102	0.306	0.306
	最小值		2.030	0.008	0.006	0.070
	平均值		2.496	0.054	0.153	0.173

图 3-34 免相控精度

图 3-35　正射影像

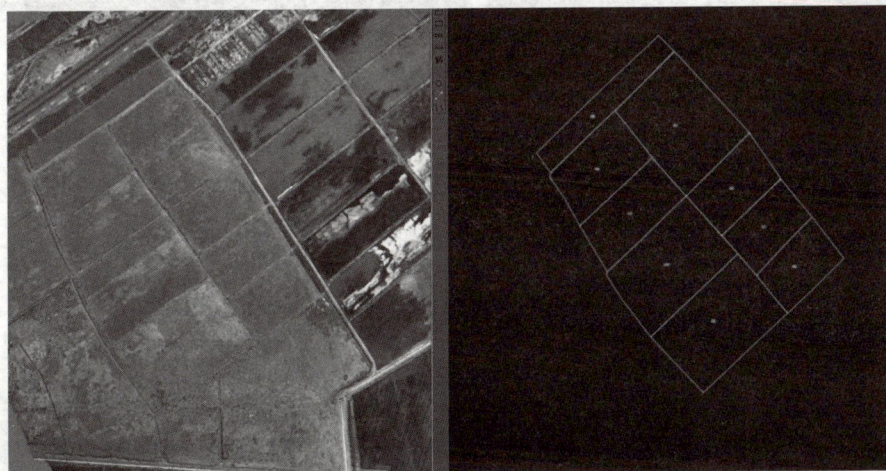

图 3-36　部分数据成果

4. 项目亮点

1）使用纯电无人机进行作业，续航时间长，航程大，大大缩短了外业用时，同时相较于有人机成本更低；

2）相较于传统测绘方式，攻克高大面积、弱纹理的地形测量；

3）垂起无人机，作业难度低，性价比高且精度稳定。

3.2.2　贵州某风电项目地形测量

1. 项目介绍

项目面积 $87km^2$，甲方需求成果为工程标准 WGS-84 坐标下电力线及电力桩信息采集并处理，工期为 45 天，传统人工的测量模式根本无法完成，需利用新技术手段和新设备辅助进行规划，故使用工作效率高的无人机搭载激光雷达的方法进行地形图的制作。

2. 实施方案

贵州某风力发电厂测区沿东西方向分布，东西方向 10km 有余，南北长 7.3km，最远处达到 8km，测区内南北两侧为高山，海拔 900m 左右，中间地带为建筑及耕地聚集地，自东至西海拔由 450m 升至 650m 左右，最低处仅为 400m。根据测区内的地形及地物的情况，最终将基站架设点选在测区中部，见图 3-37，航测轨迹图见图 3-38。

图 3-37　方案实施图

图 3-38　航测轨迹图

1）测区初勘：测区异形，不规则，测区面积为 87km²，实际飞行高达 186km²，测区范围内多为丘陵，高程急速落差小。

2）航区线路设计及飞行规划。

3）其余仪器检校及检查、数据解算检查与起飞准备。采集激光数据，拟定计划按照线路飞行。飞行时以线路斜上方进行，不是垂直上方。

4）提交成果：根据线路激光雷达巡检结果，建立线路管廊三维激光点云模型并编制巡线分析报告。获取线路原始激光数据，并提供浏览使用软件，详见图 3-39、图 3-40。

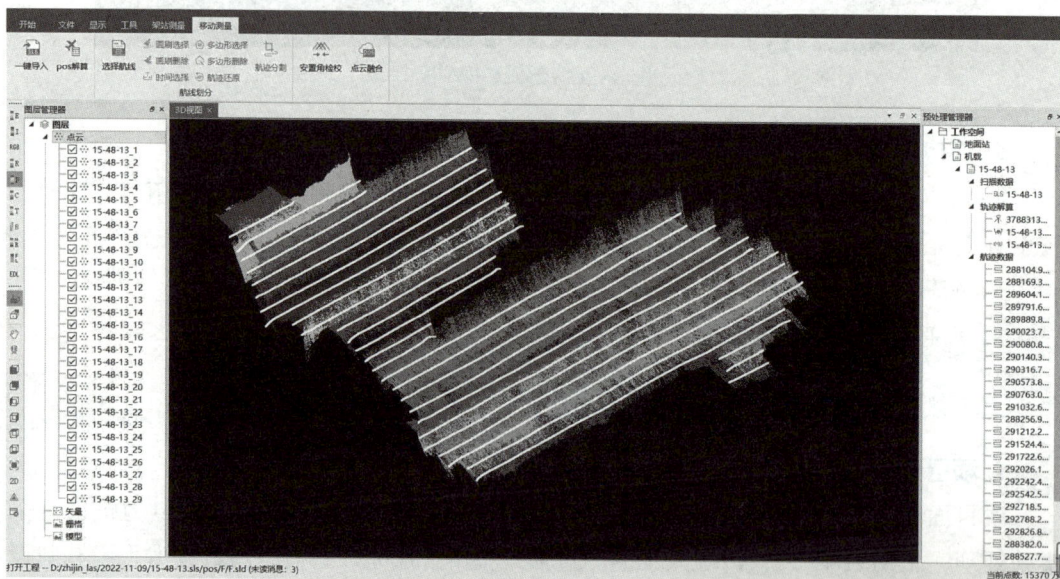

图 3-39　线路管廊路线图

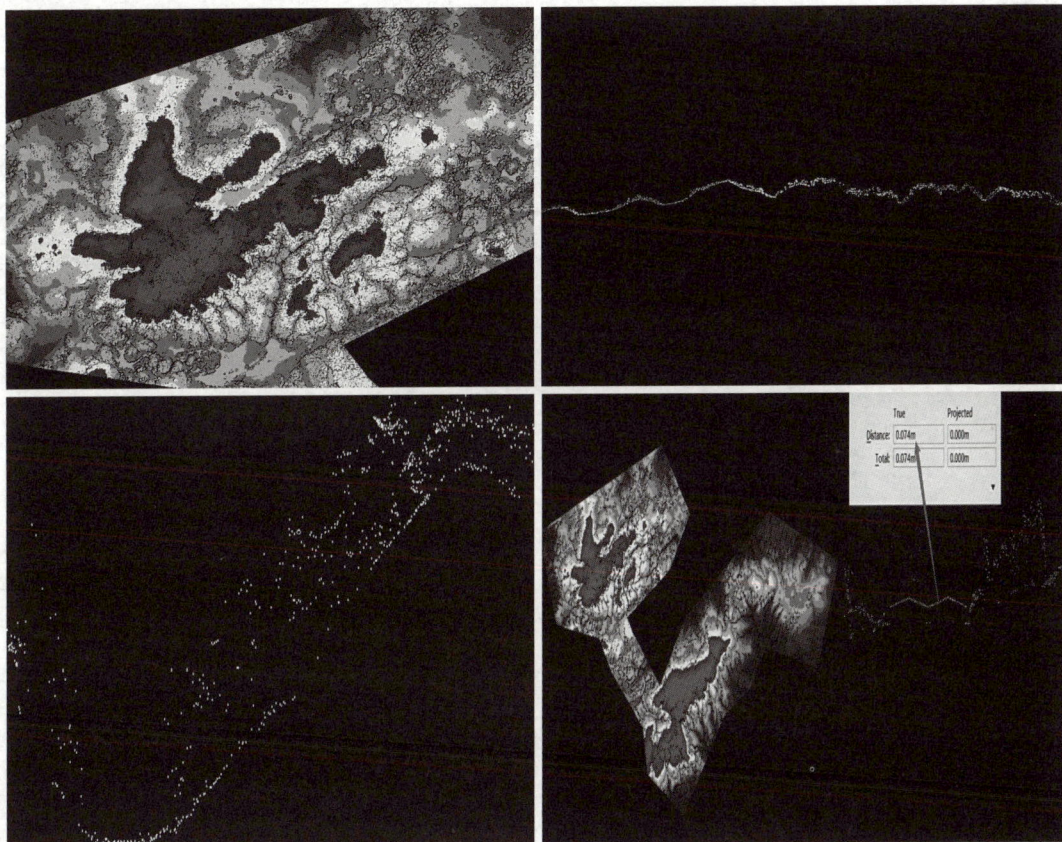

图 3-40　三维激光点云模型

3.2.3　某地质矿山数据获取应急测绘

1. 背景及地点

应某市某矿区要求，核实矿业权开采范围的客观地质地形现状，核准采矿权人实际开采位置并现场出具成果报告，利用智航 SF1650 旋翼无人平台搭载 T53P 倾斜相机，进行矿上倾斜摄影测量，获取高精度矿山三维实景模型数据和正射影像，为主管部门的决策提供实时一手数据。

2. 测区情况

该矿区所需测量区域东西长约 1200m，南北宽约 400m，总面积约为 0.5km²，高低落差为 300m 左右，为了保证模型效果，外业航飞需要开启仿地飞行，测区飞行区域如图 3-41。

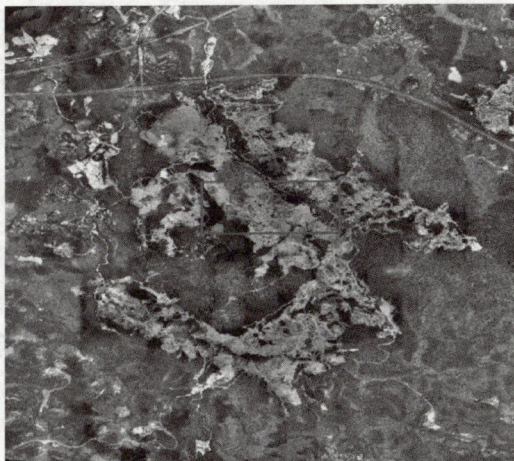

图 3-41　测区飞行区域图

3. 成果时间要求

时间：4个小时内完成所有内外业，并出具成果。

成果：矿山范围图；矿山方量。

4. 实施技术路线

针对实际测区情况，以得到高精度的成果要求为标准，项目基于智航SF1650旋翼无人平台搭载SAL-1500激光和T53P倾斜相机，借助相配套的南方航测数据处理软件体系，设计总体技术路线如图3-42所示。

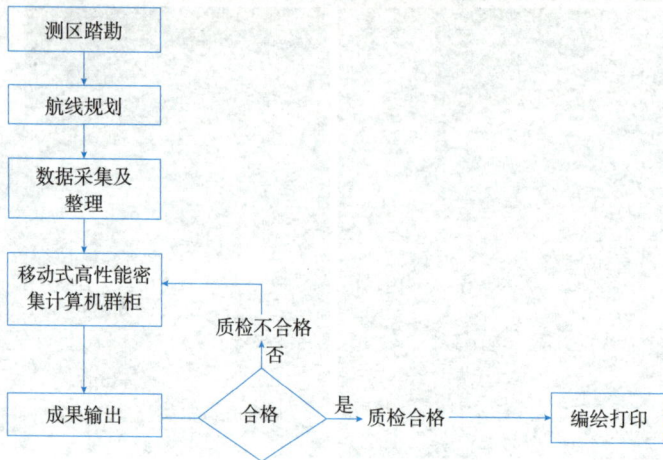

图3-42　设计总体技术路线图

5. 人员配置

见表3-8。

人员配置表　　　　　　　　　　　　　　　　　　　表3-8

人员类别	人数	人员类别	人数
基站（协助）	1	飞机驾驶员	1
操作手（协助）	1	外业像控及测绘	1
司机（协助）	1	数据处理及编绘	1

6. 设备配置

见表3-9。

设备配置表　　　　　　　　　　　　　　　　　　　表3-9

设备工具软件	品牌型号	数量
倾斜航测相机	南方T53P	1
激光雷达	SAL-1500	1
飞机	南方智航SF1650	1

续表

设备工具软件	品牌型号	数量
RTK	南方银河 1	1
移动式高性能密集计算机群柜	SouthServer1.0	1
航测数据预处理及空三	南方 SouthUAV2.0	1+9
模型制作软件	ContextCapture Center Master	10
地形图、建模辅助线裸眼采集	南方航测三维测图软件	1
地形图入库	ArcGIS	1
正射影像制作	Inpho	1
密集点云数据处理及高程模型制作	Terrasolid	1

7. 项目成果

1）正射影像范围，见图 3-43。

2）矿山三维模型，见图 3-44。

3）雷达点云计算矿山方量，见图 3-45、图 3-46。

图 3-43　正射影像范围图

图 3-44　矿山三维模型图

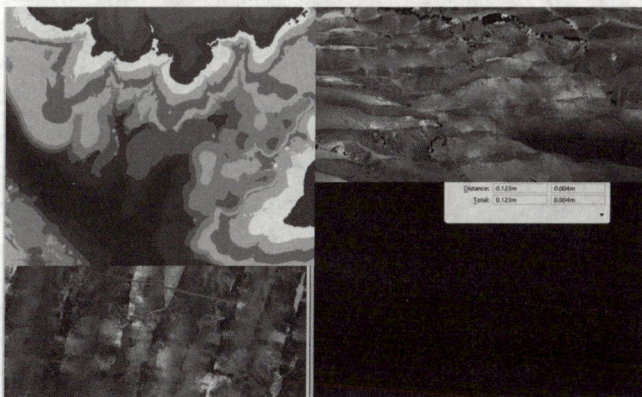

图 3-45　点云图

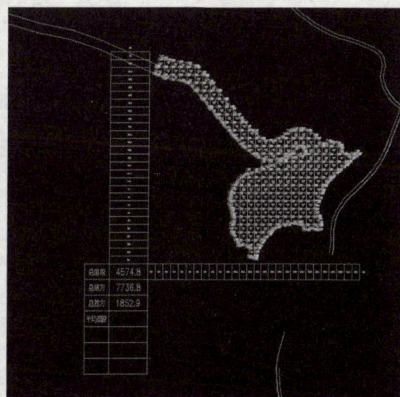

图 3-46　方格网土方量计算

3.2.4 哈尔滨某城区实景三维数据采集

1. 测区概况

76km²，外扩航高 350m，航飞面积 95km²，航线 1150km，航时 17h，航飞区域见图 3-47。

2. 航飞设备

垂起固定翼智航 SF3300，倾斜相机：全画幅 Q51。航飞设备见图 3-48。

图 3-47　航飞区域图

图 3-48　航飞设备

3. 航飞规划

西北方向敷设航线，航高 350m，分辨率 4cm，航向重叠率 80%，旁向重叠率 70%。具体路线见图 3-49。

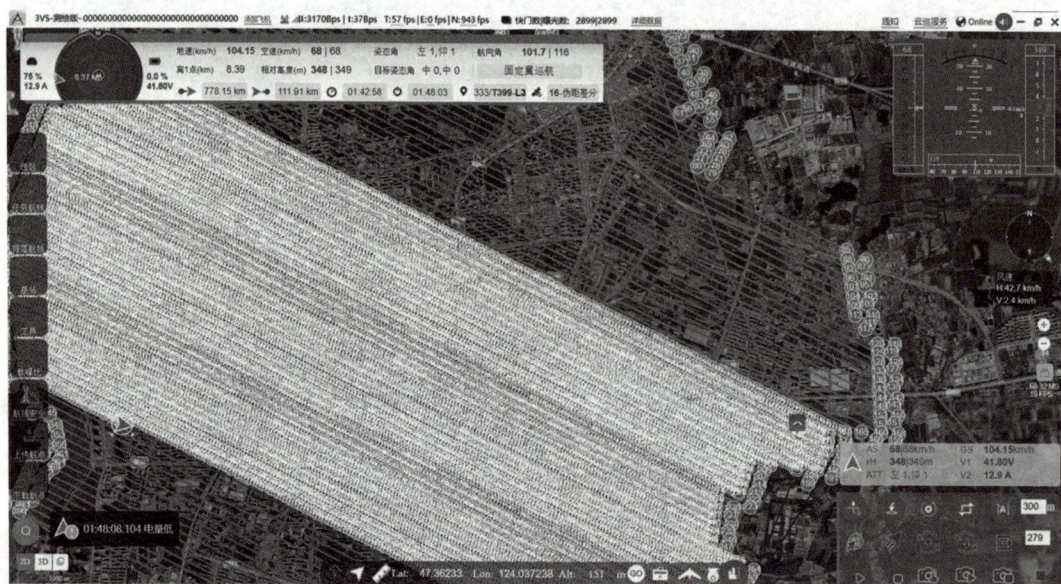

图 3-49　航飞路线图

4. 作业效率

7 个架次，航飞 16h20min；照片数量 129 100 张，总计 1.8T。地面点位坐标采集见图 3-50。

5. 成果展示

见图 3-51。

图 3-50　坐标采集图

图 3-51　三维效果图

3.3　无人机测绘的未来发展

3.3.1　无人机测绘现状与面临的问题

2010 年，国家测绘局面向全国测绘局系统配发无人机航测系统，将无人机航测逐渐推向一线测绘工作。现在许多国家正在建立民用无人机产业，并推动其得以广泛应用，中国无人机产业也取得了很大进展，技术水平居于世界前列，产品已经开始出口到国外高端市场。相关专家指出，随着无人机装备的发展和服务队伍的建设，我国已能够利用无人机为国民经济建设服务。无人机发展已经进入社会应用的新时期。

基础测绘在国民经济和社会发展中起着基础性、先行性、公益性的作用。航空摄影测量方式是基础测绘获取数据的最有效的途径之一，但局限于数据处理工作复杂、分辨率低，时效性和灵活性也远不能满足实际需求。无人机航测系统作为传统航空摄影测量技术的有益补充，日益成为获取空间数据的重要手段，其具有机动灵活、高效快速、作业成本低的特点，已在困难地区大比例尺地形图测绘、应急救灾和土地执法监察等领域开展应用。为适应城镇发展的总体需求，提供综合地理、资源信息，各地区、各部门在综合规划、田野考古、国土整治监控、农田水利建设、基础设施建设、厂矿建设、居民小区建设、环保和生态建设等方面，无不需要最新、最完整的地形地物资料，这已成为各级政府部门和新建开发区亟待解决的问题。无人机测绘技术可被广泛应用于国家生态环境保护、矿产资源勘探、海洋环境监测、土地利用调查、水资源开发、农作物长势监测与估产、农业作业、自然灾害监测与评估、城市规划与市政管理、森林病虫害防护与监测、公共安全、国防事业、数字地球以及广告摄影等领域。

1. 无人机航测的优势

1）安全性和可靠性

无人机的不载人飞行模式在保障操作人员安全方面具有先天优势，且相较于有人机，无人机的结构一般更简单，机械、电气系统可靠性更高，重量更轻。现有无人机航测一般采用规划航线后自动飞行模式，人工操作导致的安全隐患更少。

2）成本较低，数据处理费用少

无人机的控制系统相对于普通的有人航拍飞机较为简单，无人机的造价要远低于有人航拍飞机，起降也没有固定场地的需求，利用无人机航空摄影技术进行数据处理时，总的费用较低，性价比较高。此外，无人机驾驶员只需在地面通过控制系统进行操作，因此无人机驾驶员上岗执照的获取较为简单。无人机通常采用的材料都是轻质量的碳纤维复合材料，其后期的维修、保养也较为简单便捷。

3）机动灵活性

无人机相对于普通的航拍飞机而言，其体型更加娇小，升空时间更短，不需要专门的升降起跑场地就可以快速升空作业。通常情况下，在进行测量前先制定无人机飞行路线，使无人机能够根据设定好的路线自动飞行。因其稳定性较好，不仅能够进行高强度的航拍工作，还能够提高航拍的准确性与精准度。在无人机飞行用油的情况下，由于无人机并不需要载人，在耗油量相同时，无人机与普通的航拍飞机相比能够飞得更远、续航时间更长。

4）高分辨率、多角度的影像

无人机搭载的数码成像设备都是一些新型、高精度的设备，能够从多个方向进行摄影成像，例如从垂直角度、倾斜角度和水平角度。无人机在进行拍摄时，拍摄的角度可以多变，还可以进行多角度的交错拍摄，全方位地获取测量地点的数据，可以解决建筑物的遮挡问题，从而使得测量的精度更高，而传统的单角度拍摄很难做到这一点。

2. 无人机航测注意事项

1）定期检查相关设备

在使用无人机航测技术进行测绘前，要想提高其测绘质量，工作人员还需定期检查和调适其相关设备：应确保相关设备符合相关的质量标准，且都是经过检定合格的设备，并根据工程测绘的实际需要适当调整设备的使用。要对其通信设备、地面电台、电源系统、记录系统等相关设备进行定期检查，例如连接航摄平台进行通电检查等，从而确保这些设备和系统具备良好的运行状态。在进行遥感测绘工作时，还应检查像片的重叠度、航线弯曲度、倾角、旋角以及影像的质量。例如在检查影像质量时，可目测其清晰度、色彩等效果。

2）严格控制飞行和摄影质量

为提高无人机拍摄工作的效率与水平，在实际使用中，相关操作人员还应严格控制无人机飞行和摄影的质量：需要严格按照规定的时间进场，并明确相关的起飞和降落方式、起飞重量等，还应控制好飞行速度，进而获取更加高清的测绘影像。应设计和控制好无人机飞行的高度，掌握好拍摄区域实际航高与设计航高之间的高度差，并将其控制在合理范围内。应控制好无人机的飞行状态，避免出现 GPS 定位系统信号被干扰等现象而影响拍摄的准确性。在无人机飞行过程中还应控制好其上升和下降的飞行速率。除此之外，工作人员还应规划并制定出完善的安全保护方案，从而保证无人机在飞行过程中的安全。在进行拍摄时，应确保没有航摄遗漏的现象发生，若有遗漏则需要进行补摄。

3）优化像控点测量流程

为提高无人机航测技术拍摄像控点布设工作的有效性，需要不断优化像控点测量的流程：应根据工程需要明确具体的拍摄区域和范围，并检验拍摄区域自由网的效果，快速生成自由网快拼图等。应根据测量区域的地形、地势等特点设计并制作出像控点测量布设方案，并确保像控点像片的质量。在进行数据采集和处理时，相关工作人员需要注意不能将原始观测记录进行删除或修改，也不能在无人机数据处理等系统中设定任何能够对数据进行重新加工组合的操作指令，进而保存真实的原始工程测绘数据，以便日后能够进行科学地调整等。

3. 无人机航测具体用途

无人机测绘系统主要由数据获取和地面数据处理两部分组成。数据获取部分的功能是通过无人机对目标进行影像数据获取。数据获取系统由无人机、摄影机（摄像机）、无人机飞控系统组成，通常将这一部分称为航空摄影系统。地面数据处理部分的功能是对获得的数据进行专业处理，包括空中三角测量、DEM 生产作业、DOM 生产作业、DLG 生产作业等，最终形成目标区域的三维模型信息，这一部分也被称为摄影测量系统（软件）。

无人机操作系统是通过无线电遥控控制器或机载计算机远程控制系统对不载人飞行器进行控制。无人机航拍摄影就是以无人机操作系统为平台媒介，以高分辨率的数字遥感设备作为信息的获取载体，通过低空高分辨率的摄像机进行遥感数据的获取。当前，数字化时代建设进程速度明显加快，建立定期更新的地理信息数据库，对地形地貌的动态监测变化情况进行实时关注，都离不开无人机航拍系统的运用。目前，我国对于无人机航拍系统硬件技术的掌握日趋成熟，相关的软件信息技术也逐渐完善，无人机航拍测图的最大精度已能达到 1∶500 比例尺要求。

航空摄影测量主要通过飞机、飞艇、无人机等在空中对地面进行摄影，可实现大范围的地表信息获取，非常适用于地形测绘。航空摄影测量成图快、效率高、成品形式多样，可生产数字地表模型（Digital Surface Model, DSM）、数字高程模型（Digital Elevation Model, DEM）、数字正射影像（Digital Orthophoto Map, DOM）、数字线划图（Digital Line Graphic, DLG）和数字栅格地图（Digital Raster Graphic, DRG）等地图产品，其中 DEM、DOM、DLG、DRG 被合称为摄影测量 4D 产品，而生产航测产品的过程主要是在室内完成的，因此人们将对获取的影像在室内进行摄影测量处理，生产出 4D 产品、三维模型等产品的过程称为内业生产。图 3-52 为部分成果展示图。

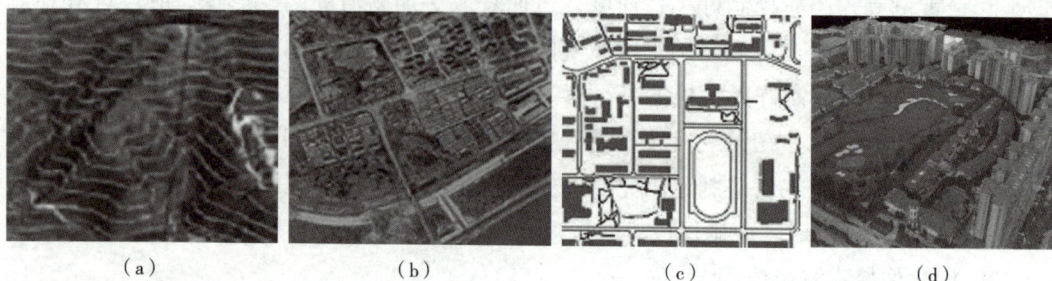

图 3-52　部分成果展示图
（a）DEM；（b）DOM；（c）DLG；（d）三维模型

随着倾斜摄影测量技术的进步，实景三维模型也因其具有信息丰富、效果直观、展示效果真实等优点，能最大程度发挥调查成果的综合效益，常被用于展示地表要素状况等，逐渐成为三维自然资源数据底板的核心数据之一。

无人机测绘系统在航测中的具体用途包括：

1）影像资料等获取

搭配在无人机上的数码相机等传感器可以从空中视角快速采集地表照片或视频资料，这些数据可作为后期拼接、处理的素材。同时机载定位传感器也可以提供较高精度地理空间坐标数据，与影像资料一道作为航测内业数据处理的原始数据。

2）突发事件处理

在突发事件中，如果用常规的方法进行地形图测绘与制作，往往达不到理想效果，且周期较长，无法实时进行监控。如 2008 年汶川地震救灾中，由于震灾区是在山区，且自然环境较为恶劣，天气比较多变，多以阴雨为主，利用卫星遥感系统或载人航空遥感系统，无法及时获取灾区的实时地面影像，不便于进行及时救灾。而无人机的航空遥感系统则可以避免以上情况，能迅速进入灾区，对震后的灾情调查、地质滑坡及泥石流灾害等实施动态监测，并对道路损害及房屋坍塌情况进行有效的评估，为后续的灾区重建工作等方面提供了更有力的帮助。

3）特殊目标获取

无人机在特殊目标获取方面的应用主要是专题测绘目标的获取等，利用无人机航测对该特殊目标进行获取，所获得的影像精度高，并且特殊目标位置准确，对大比例尺图幅的快速制作有很大的帮助，大大节省了人力、物力。

3.3.2　无人机测绘前景与发展

无人机航测是传统航空摄影测量手段的有力补充，具有机动灵活、高效快速、精细准确、作业成本低、适用范围广、生产周期短等特点，在中小区域和飞行困难地区高分辨率影像快速获取方面具有明显优势。

2008 年 5 月 12 日, 四川汶川里氏 8.0 级大地震发生后, 灾区通信中断, 地面交通极其困难, 灾情分布状况、灾情程度等宏观信息极度缺乏。中国科学院遥感应用研究所等单位派出遥感无人机组赶赴四川北川地区, 完成了北川县城、唐家山、刘和镇、枫顺乡等地区的航摄任务, 航摄成果经处理后及时上报国家地震局和国家测绘局, 为抗震救灾决策提供重要依据。无人机被认为是这次抗震救灾工作中表现最为突出的测绘力量之一, 自此无人机航测进入高速发展时期。近年来, 从飞行平台角度看, 航测型无人机有以下特点: 垂直起降、搭载高精度姿态和位置传感器、轻小型化、续航时间增长。从挂载类型角度看, 航测型无人机已由传统一般分辨率单镜头正射相机 (2400 万 ~3600 万像素) 挂载升级为高分辨率正射相机 (4200 万 ~1.5 亿像素), 或升级为高分辨率倾斜五镜头相机 (1.2 亿 ~3.1 亿像素)。多光谱、高光谱、激光雷达等挂载也逐渐完善。从作业方式角度看, 倾斜航测技术逐渐普及, 传统正射航测逐渐转为大面积作业服务。从软件发展角度看, 基于高精度 POS 的辅助空三平差算法及计算机视觉三维重建算法逐渐成为数据处理的主流算法, 基于数字正射影像 (DOM) 和数字表面模型 (DSM) 叠加或实景三维模型的裸眼三维采集测图软件也已普及。从成果类型及应用角度看, 实景三维模型的生产及平台化应用已成为主流。随着无人机与数码相机技术的进一步发展, 基于无人机平台的数字航摄技术已显示出其独特的优势, 无人机与航空摄影测量相结合使得 "无人机数字低空遥感" 成为航空遥感领域的一个崭新发展方向。无人机航拍可广泛应用于国家重大工程建设、灾害应急与处理、国土监察、资源开发、新农村和小城镇建设等方面, 尤其在新型基础测绘、自然资源调查监测、土地利用动态监测、数字城市建设和应急救灾测绘数据获取等方面具有广阔应用前景。

本章小结

本章系统地讲述了无人机测绘的基本原理、系统构成、作业流程和行业应用, 结合任务规划、外业航飞、内业成图等生产实践, 重点探讨无人机航测外业数据获取、实景三维成果生产、裸眼三维测图、数据质量检查等技术方法和作业规范, 融入国家对空域和无人机飞行管控的相关规定, 可为安全、高效、高质量航测作业提供技术支持。

二维码 3-2
案例 1

思考与习题

3-1 无人机硬件系统的构成有哪些?

3-2 无人机航测影像内业处理有哪些步骤?

二维码 3-3
案例 2

3-3 无人机航测外业数据获取作业流程是什么？

3-4 无人机测绘技术在行业有哪些应用？

参考文献

[1] 李德仁，王树根，周月琴.摄影测量与遥感概论 [M].北京：测绘出版社，2007.

[2] 段延松.无人机测绘生产 [M].武汉：武汉大学出版社，2018.

[3] 邹晓军.摄影测量与遥感 [M].北京：测绘出版社，2010.

[4] 万刚，余旭初，布树辉，等.无人机测绘技术与应用 [M].北京：测绘出版社，2015.

[5] 王树根.摄影测量原理与应用 [M].武汉：武汉大学出版社，2008.

[6] 段延松，曹辉，王玥.航空摄影测量内业 [M].武汉：武汉大学出版社，2017.

[7] 吴献文.无人机测绘技术基础 [M].北京：北京交通大学出版社，2019.

[8] 刘含海.无人机航测技术与应用 [M].北京：机械工业出版社，2020.

[9] 王佩军，徐亚明.摄影测量学 [M].武汉：武汉大学出版社，2016.

[10] 王晏民，黄明，王国利，等.地面激光雷达与摄影测量三维重建 [M].北京：科学出版社，2018.

[11] 徐芳，邓非.数字摄影测量学基础 [M].武汉：武汉大学出版社，2017.

[12] 韩玲，李斌，顾俊凯，等.航空与航天摄影技术 [M].武汉：武汉大学出版社，2008.

[13] 郭学林.航空摄影测量外业 [M].郑州：黄河水利出版社，2011.

[14] 张剑清.摄影测量学 [M].武汉：武汉大学出版社，2009.

[15] 吕翠华，杜卫钢，万保峰，等.无人机航空摄影测量 [M].武汉：武汉大学出版社，2022.

第 4 章

三维扫描与传感网络技术

本章要点

1. 三维扫描技术的概念与原理，点云的三维建模技术。
2. 三维扫描技术的应用实际案例。
3. 传感器网络与数据采集的基本原理与技术构成。
4. 传感器网络技术的应用实际案例。

教学目标

知识目标：通过本章知识内容学习，让学生了解三维扫描技术以及传感器网络技术的基本原理、技术构成与方法。掌握三维扫描技术以及传感器网络技术在工程项目施工质量安全控制中的应用，了解传感器网络与数据采集对土木工程行业的数字化转型与发展的重要意义。

能力目标：学生应该具备对点云数据和传感器数据进行分析和应用的能力，包括数据采集、预处理、特征提取等方面的技能，能够将所学知识用于解决实际问题。

素养目标：通过设计和完成一些三维扫描、传感器应用的项目或实际问题，培养学生的动手实践能力、团队协作精神和创新意识。

案例引入

三维扫描数据"重建"巴黎圣母院

巴黎圣母院的失火，让这一文化瑰宝经历了一场浩劫，不幸中的万幸是，在 2015 年，艺术历史学家安德鲁·塔隆利用三维激光扫描对整个巴黎圣母院进行了一次整体扫描，扫描点囊括了大教堂内外的 50 多个地点，对圣母院内的每一个细节都进行了多次扫描，最终收集了超过 10 亿个数据点。非常精确地记录下了这一哥特式大教堂的全貌，使得整个巴黎圣母院都以数字的形式被保存下来，形成了数字化的"巴黎圣母院"，如图 4-1（a）所示。

目前，尽管现实中的大教堂已经无法恢复，但被仍然精确地留存在人类世界。而通过这一数据留存，重建巴黎圣母院成为可能，后人也仍然可以一览它曾经的雄伟。巴黎圣母院的点云模型精度精确到毫米级，这些精确的数据为复原修复提供了很大的便利，如图 4-1（b）所示。这次灾难，让普通民众从直观了解了"三维数字存档"这个话题。

思考题：

1. 中国也有大量的文物古代建筑，我们是否有必要对这些古代建筑进行精确的数字存档？传统测量方法是怎么进行古建筑测绘的？

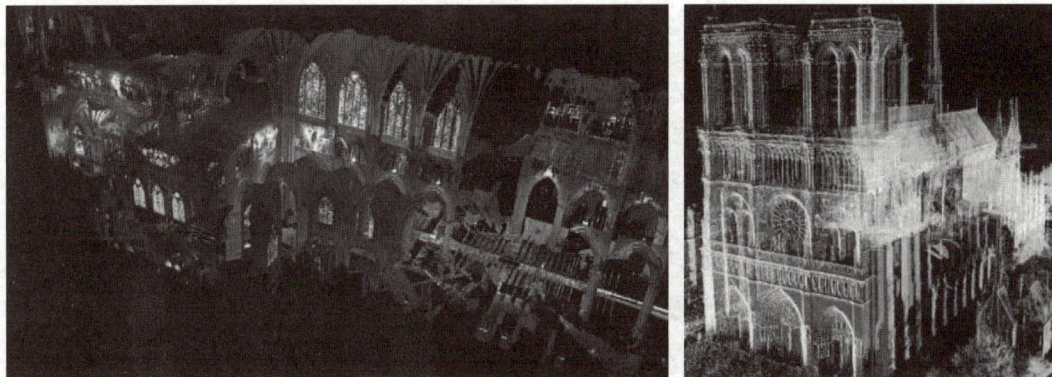

（a）　　　　　　　　　　　　　　　　　　（b）

图 4-1　三维扫描数据"重建"巴黎圣母院

（a）"巴黎圣母院"三维扫描数据；（b）巴黎圣母院点云模型

2.三维激光扫描作为新的测绘技术与传统的常规测量仪器有什么优势？可以在工程领域有什么样的应用？

煤矿光纤感知技术

煤矿光纤感知技术是指在煤矿中利用光纤传感技术对煤矿的环境和设备进行实时监测和感知。比如，煤矿中存在瓦斯爆炸的危险，通过在煤矿巷道中布设光纤传感器，可以实时监测巷道内的瓦斯浓度变化，并及时报警，以避免瓦斯爆炸事故的发生；煤矿中存在高温区域，通过在关键位置布设光纤传感器，可以实时感知温度的变化，监测热态分布情况及时采取措施，防止温度过高引发火灾；在煤矿开采过程中，岩石和支护结构会受到应力的作用，通过在煤矿岩体和支护结构上布设光纤传感器，可以实时感知应力变化情况，及时预警围岩大变形、顶板垮塌等矿山灾害。

上述案例利用光纤作为传感器来感知煤矿的环境信息，通过数据采集和分析，及时发现潜在的安全隐患，提高煤矿工作环境的安全性。

思考：光纤传感技术作为一种传感网络技术，有哪些重要的组成部分和功能？

4.1　三维扫描技术

传统的古建筑测绘方式存在着诸多的不足之处，例如无法确保充足的精度、工作人员具有一定的风险及可能对房屋建筑造成二次破坏等，如图 4-2 所示。而三维激光扫描技术的出现，可大面积、高精度、非接触、快速获取被测对象表面的三维坐标数据等信息，并且可直接实现各种大型的、复杂的、不规则或非标准的实体或实景三维数据完整地采集，突破了传统测量方法的局限性。

4.1.1　三维扫描技术简介

三维激光扫描技术，又称为实景复制技术，是 20 世纪 90 年代中期开始出现的一项技术，是继 GPS 空间定位系统之后又一项测绘技术的突破，促进了传统测量方式向更加现代、更加便利的方向发展。

三维激光扫描技术，通过激光测距的原理，把激光先投射到被测物体表面，继而反射回扫描仪内的传感器中，扫描仪据此计算其与物体的距

图 4-2　传统测量方法的弊端

离，确定物体在空间中的位置，得到三维点云数据。三维激光扫描仪通过高速步进电机控制激光的投射方向，在激光测量斜距的同时，记录下激光光束的水平角和垂直角，从而解算目标相对于仪器中心的三维坐标，实现连续地对空间以一定的取样密度进行扫描测量。

除激光测距外，三维扫描还可以通过双目立体、结构光等原理实现，本书中主要讨论应用于测绘工作的三维激光扫描技术。

三维激光扫描技术的特点有：

1）速度快：三维扫描仪扫描速度能达到百万点 /s；

2）直观性强：采集的点云数据，不仅仅有空间信息（X，Y，Z），还具有颜色信息（R，G，B）以及反射率值（Intensity），点云数据能够充分表现被测建筑等目标的特征；

3）适用性强：受外界影响较小，无光条件下亦可测量；

4）非接触测量：远离危险区域，充分保障设备和操作人员的安全。

相对于传统测绘方法存在的弊端，三维激光扫描有着诸多优势，表 4-1 为传统测量作业与三维激光扫描作业对比。

传统测量作业与三维激光扫描作业对比　　　　　　　　　　表 4-1

对比项	传统测量作业	三维激光扫描作业
工具	卷尺、激光测距仪、全站仪、图纸	三维激光扫描仪
测量方式	接触式、近距离测量，受光照影响	完全非接触式、远距离测量；不受光照影响，白天、黑夜都可作业
现场绘制手稿	需要	不需要，自动生成三维数据
测量效率	效率低，只能测量点到点的距离，劳动强度大	1min 内完成单站全景扫描
安全程度	危险系数高，局限性大	保障人员安全
出具结果	根据测量到的点到点的距离在图纸上标记数据	点云数据可导入 Revit、AutoCAD、3DMAX 等软件；可以实现智能量测——轻松获取长度、净空、直径、角度、方位角、坡度和坐标等一系列数据；根据点云数据准确地修改校核 CAD 图纸和 BIM 模型
建模	根据现场手稿绘制 CAD 图纸，再根据 CAD 图纸进行三维建模	依据点云，高效率逆向建模

对比项	传统测量作业	三维激光扫描作业
准确率	只是根据现场复核人员经验将认为需要复合的数据测量出来，存在人为因素干扰，测量数据存在以偏概全的情况，准确率不高	全方位获取现场情况，并通过三维点云数据能准确无误地反映出来，根据点云数据可获取人工不可测量的位置的尺寸数据，准确率高。毫米级别的精度避免了由于返工造成的资金、材料的浪费
技术要求	经验丰富的测量团队	三维扫描仪操作、点云处理简单易学，培训 1 天即可掌握
适用性	结构简单、面积小、对精度要求不高的空间	适用所有需要测量的空间；结构复杂、空间大、精度要求高、人工难以测量的空间效果显著
可视化	平面二维	点云数据为整体三维空间尺寸信息，可视化程度高

4.1.2 三维激光扫描原理

三维激光扫描系统是三维激光扫描技术的关键，它种类繁多，在不同领域其类型也不尽相同。三维激光扫描系统按照扫描平台的不同可以分为机载、车载、地面、背包和手持等类型。其中，各个类型的激光扫描仪针对的使用场景是不同的，精度也不一样，其适用范围大致如下：

机载激光扫描系统：是安装在诸如多旋翼飞机等飞行平台上的三维激光扫描系统，如图 4-3（a）所示。该系统适用于大地测绘，城市级别的测绘。

车载激光扫描系统：是安装在汽车等移动平台的三维激光扫描系统，如图 4-3（b）所示。该系统主要应用于道路，桥梁和高速公路的测量。

地面激光扫描系统：是固定式三维激光扫描系统，通过三脚架架设扫描仪进行点云数据采集，如图 4-3（c）所示。该系统在建筑物模型重构、变形监测、地形测量、文物保护和数字城市等多方面都有着广泛的应用。

背包激光扫描系统：是移动式三维激光扫描系统，通过人背着背包三维激光扫描仪在目标区域内走动进行点云数据采集，如图 4-3（d）所示。该系统适用于规划测绘。

手持激光扫描系统：是采集物体几何表面数据的精密仪器，其体积小，重量轻，便于携带和使用，但其扫描的距离比较短，如图 4-3（e）所示。该系统主要用于工业设计、瑕疵检测、医学信息和各种零件的模型重构等方面。

利用不同类型的三维激光扫描仪，可以轻松采集各种小型的、大型的、复杂的、标准或非标准的场景的高精度、高密度三维点云数据，进而快速重构出目标场景的真三维模型。本书中主要以地面式激光扫描系统为例，介绍三维激光扫描仪的使用及所获得数据的处理。

地面三维激光扫描系统主要包括激光测距系统、激光扫描系统和 CCD 相机系统。扫描头、控制器和计算机存储系统三者构成地面三维激光扫描仪。在三维激光扫描仪的控制器中，控制着距离测量和激光扫描，使其相互配合通过扫描头完成对目标物体的点云数据采集，最后将采集的点云数据储存在存储器中。地面三维激光扫描仪工作原理，如图 4-4 所示。

（a）　　　　　　　　　　（b）　　　　　　　　　　（c）

（d）　　　　　　　　　　　　　（e）

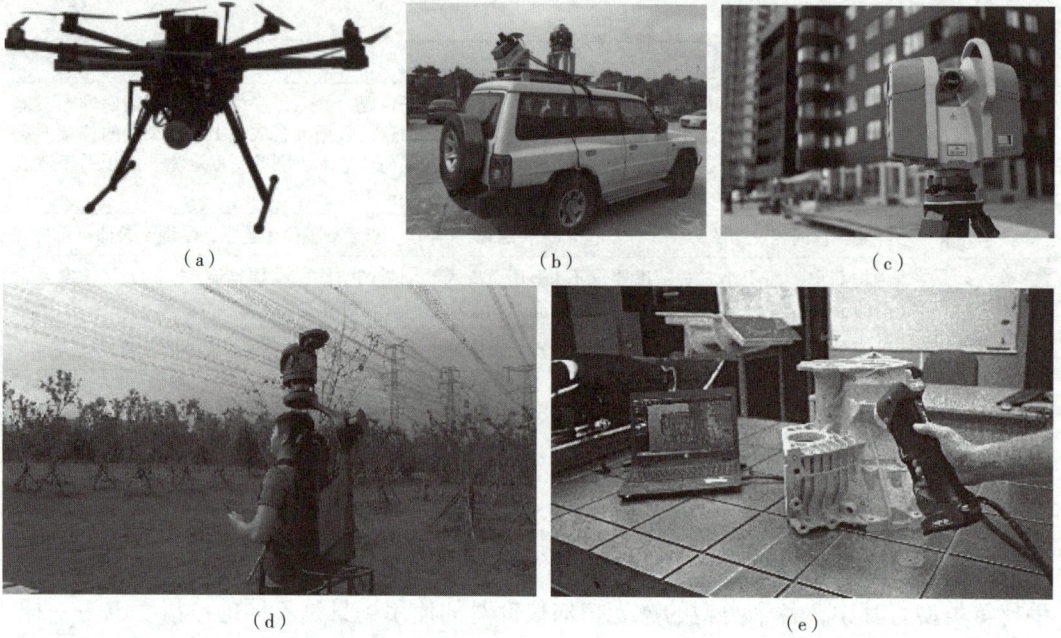

图 4-3　不同类型的三维激光扫描系统

（a）机载激光扫描系统；（b）车载激光扫描系统；（c）地面激光扫描系统；（d）背包式激光扫描系统；（e）手持激光扫描系统

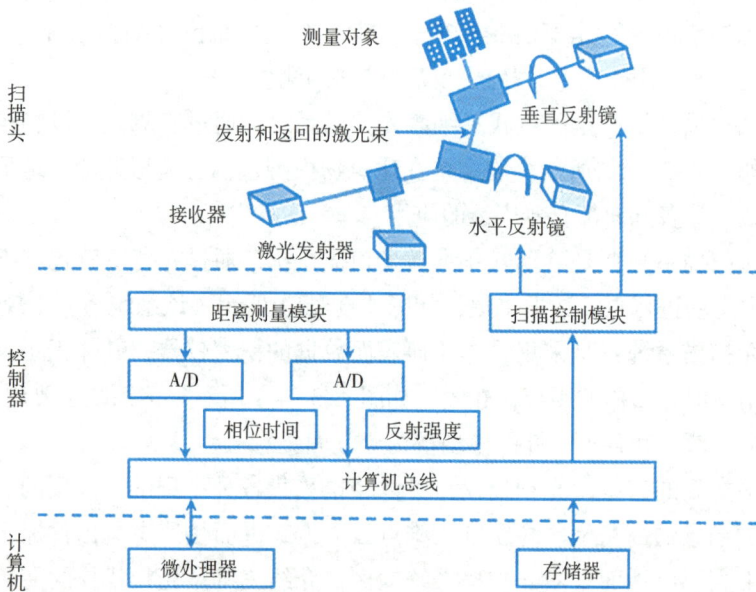

图 4-4　地面三维激光扫描仪工作原理

　　按照工作时的具体过程，系统可分为三个部分：首先，通过扫描仪中的距离测量模块向目标实体发送激光束，距离测量模块通过反射回的激光测得扫描设备与目标实体的距离；然后，通过扫描控制模块获取扫描仪与所测目标的角度信息，包括水平角度与竖直角度，扫描仪内的驱动设备与转向镜控制激光束在扫描范围内旋转，实现对目标实体各个位置的扫描；最后，基于以上获得的信息，可计算出目标所有点的三维空间坐标信息。

三维激光扫描仪在获取数据的过程中（图 4-5），不能直接采集到目标实体的三维坐标，而需要通过实测的距离和角度数据来计算。仪器实测的数据包括扫描中心到目标实体反射面的距离、垂直角度与水平角度，所测点的三维坐标可由式（4-1）求得：

$$x=D\cos\theta\sin\alpha$$
$$y=D\cos\theta\cos\alpha$$
$$z=D\sin\theta$$

（4-1）

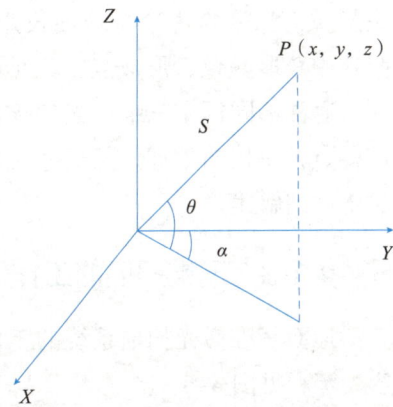

图 4-5　三维激光扫描定位原理

激光测距技术是三维激光扫描仪的主要技术之一。激光测距的原理主要有基于脉冲测距法、相位测距法、激光三角测距法、脉冲 – 相位测距法四种类型。目前，测绘领域所使用的三激光扫描仪主要是基于脉冲测距法测距，近距离的三维激光扫描仪主要采用相位测距法和激光三角测距法。

1. 脉冲测距法

脉冲测距法是一种高速激光测时测距技术，如图 4-6 所示。脉冲测距法是在扫描仪内部激光器发射出单点的激光，记录激光的回波信号，通过计算激光的飞行时间，利用光速来计算目标点与扫描仪之间的距离，适用于超长距离的距离测量，其精度可以达到厘米数量级。

2. 相位测距法

相位测距法，如图 4-7 所示，是通过射出一束不间断的整数波长的激光，通过计算从物体反射回来的激光波的相位差来计算和记录目标物体的距离。而通过多个波长同时进行测量，可以提高测量距离的精度，使其计算出的目标物体与仪器之间的距离更准确，但其测距距离相对较短。相位测距法通常用于中等距离的扫描仪中，在 100m 范围内的精度可以达到毫米数量级。

单独通过激光扫描获得的点云数据仅有坐标信息而缺少颜色信息，三维激光扫描仪中内置的 CCD 相机（Charge Coupled Device Camera）可用于获取扫描对象的影像信息，

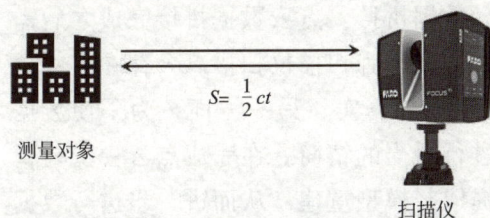

图 4-6　脉冲测距法扫描测量原理示意图　　图 4-7　相位测距法扫描测量原理示意图

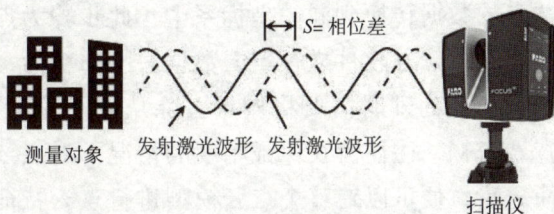

109

该影像信息通常为全景球面投影照片。在后期点云处理过程中，可以从全景球面投影照片中获取颜色，形成点云三维贴图，使点云模型达到直观真实的效果。

通常不同厂家三维激光扫描仪采集的点云数据只能先通过厂家配套的点云处理软件进行点云拼接与处理，然后才可以转成其他格式用于各个领域，关于点云的处理将在后文中详细叙述。

4.1.3　三维扫描的工作流程

地面三维激光扫描系统的工作流程大体分为外业数据采集和内业数据处理两部分内容，流程见图4-8。

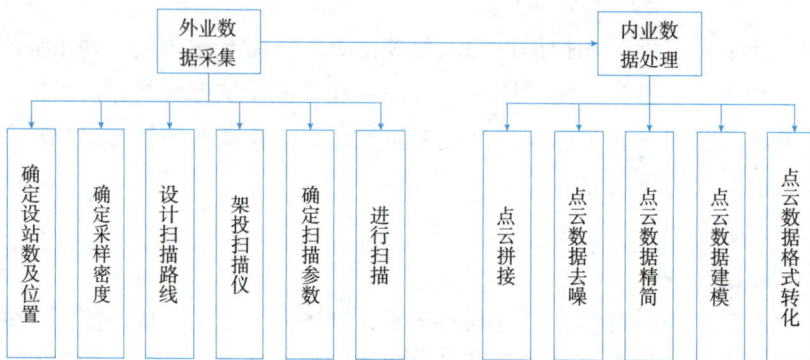

图 4-8　地面三维激光扫描系统工作流程

外业数据采集工作是整个三维激光扫描仪工作流程中至关重要的环节，直接决定了最终点云数据的质量。因而需要制定详细的计划来确保采集工作顺利地进行和采集的数据质量，要针对扫描对象所需的精度确定采样密度、扫描仪距物体的距离、设站数等基本设定。在架设扫描仪进行扫描之前应对测区进行踏勘，按照现场实际情况设置站点，站点的布置要尽量做到与扫描对象距离适宜且少遮挡，否则容易产生噪声或者导致扫描对象局部点云缺失。站点布置完成后，根据站点架设扫描仪、标靶或棱镜进行逐站扫描工作，在这个过程中则需要注意仪器的对中与整平，以确保数据准确度。

内业数据处理则是对外业采集的点云数据进行读取、拼接、去噪与精简、建模、数据格式转化等。一般外业采集的数据需要扫描仪配套的软件才能读显、拼接与转换。扫描仪采集的每一站数据中的点云皆是基于仪器中心的坐标系，因而需要将各个站点的数据转换到同一坐标系中，此步骤为点云数据拼接。点云数据拼接完成之后需要用到第三方软件进行点云数据去噪与精简，一方面因为扫描仪扫描总会存在一些噪点，内业处理时需要将噪点去除从而使显示效果更加真实；另一方面，为了使数据查看流畅，往往会在保证精度的情况下对点云进行适当的精简。在完成点云去噪与精简之后，便可以对整个点云模型进行点云特征提取与模型重建，从而进一步进行数据应用。

4.2　点云数据处理

4.2.1　点云数据介绍

当我们利用三维激光扫描仪扫描目标表面时，我们可以得到大量密集的点，这些点带有三维坐标、激光反射强度和颜色信息等信息，它们共同创建了可识别的三维结构，这些点的集合即称点云（Point Cloud）。简单来说，点云就是通过测量仪器在获取物体表面每个采样点的空间坐标后，得到的点的集合。

根据不同仪器的工作原理，得到的点云信息也不一致：

1）根据激光测距原理得到的点云，包括三维坐标和激光反射强度（Intensity），如图 4-9 所示，颜色反映高度信息；

2）根据摄影测量原理得到的点云，包括三维坐标和颜色信息；

3）结合激光测量和摄影测量原理得到点云，包括三维坐标、激光反射强度和颜色信息，如图 4-10 所示，颜色为测量对象表面真实颜色。

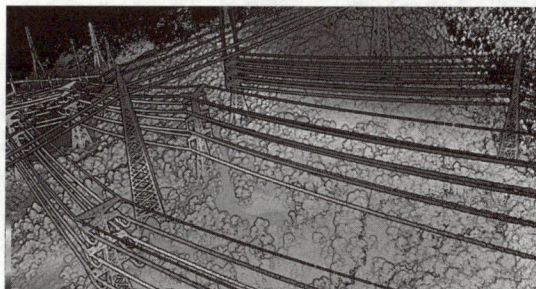

图 4-9　点云数据（一）

图 4-10　点云数据（二）

4.2.2　点云数据处理基本步骤

1. 点云配准

点云数据配准，又称为点云拼接或坐标纠正，是点云数据处理时最主要的步骤之一。当目标物范围较大或形状较为复杂时，通常需要从不同方位设置多个测站进行扫描，才能获得较为完整的数据。每次扫描时都会依据扫描仪中心的坐标系生成点云，内业数据处理时首先要做的便是把各站扫描的点云转化到同一个坐标系。每一测站获得的扫描数据都采用各自的坐标系统，直接将不同测站获得的数据合并会导致点云数据不能形成一个整体，因此要将不同坐标系统下的点云数据，通过一定的参照，转换到同一坐标系统下。点云配准的方法主要有标靶拼接、特征拼接、控制点拼接等。

1）标靶拼接。标靶拼接是点云拼接最常用的方法，首先在扫描两站的公共区域放置三个或三个以上的标靶，依次对各个测站的数据和标靶进行扫描，最后利用不同站点相同的标靶数据进行点云配准。每一个标靶对应一个 ID 号，同一标靶在不同测站的 ID 号

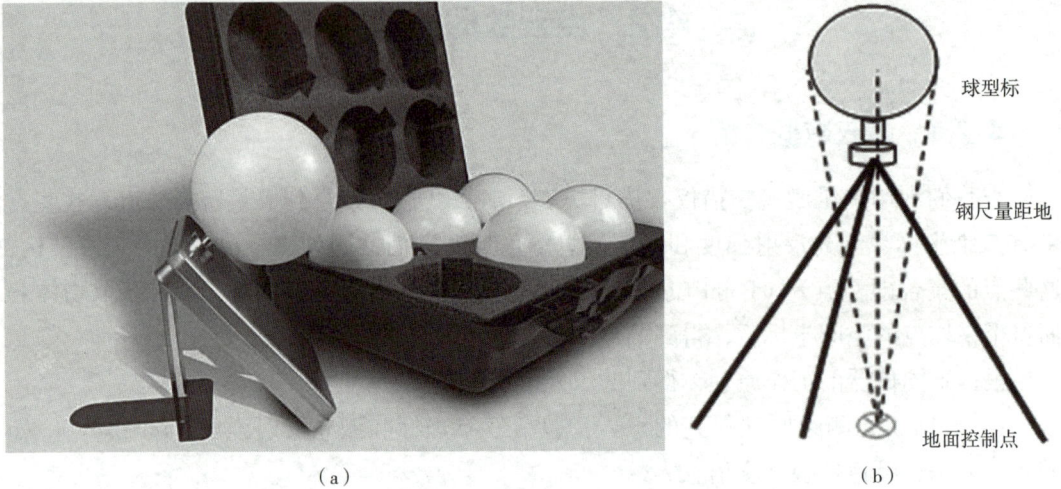

图 4-11 三维扫描球形标靶

(a) 球形标靶；(b) 球形标靶使用示意图

必须一致，才能完成拼接。三维扫描球形标靶如图 4-11 所示。

2）特征拼接。该拼接方法采用目标本身的特征代替人工标靶，因此要求在扫描作业时不同测站的测量区域要有一定的重叠，而且目标对象特征点要明显，否则无法完成数据的拼接。将两站的共同区域点云视图进行虚拟对齐，保证一站点云作为基础不动，通过平移旋转的操作使两站点云数据的公共区域重合到同一位置，从而完成两站点云数据的拼接。此方法需要依靠寻找重叠区域的同名点进行拼接，因此重叠区域特征点的确定直接关系到配准结果的好坏。

3）控制点拼接。为了提高拼接精度，三维激光扫描系统可以与全站仪或 GPS 技术联合使用。通过全站仪或者 GPS 确定公共控制点的大地坐标，然后用三维激光扫描仪对所有公共控制点进行精确扫描。再以控制点为基站直接将扫描的多测站的点云数据与其拼接，即可将扫描的所有点云数据转换成工程实际需要的坐标系。

2. 点云去噪

在利用三维激光扫描仪扫描目标的过程中，由于扫描设备、周围环境、人为扰动、目标特性等的影响，会使得扫描得到的点云数据中包含有很多背景点、错误点等噪点数据。这些噪点中的部分点游离于整体源点云之外，而剩余的点则随机分布于点云数据之中，如图 4-12（a）。这些无法避免地存在一些错误的或脱离于点云整体的噪点，会加大模型三维重建的误差，影响数据的显示效果及后续的计算，在影响之后特征提取精度的同时也会降低散乱点云三维重构的质量，模型偏差精度难以满足实际需求。

基于噪点所带来的这些影响，因而在点云数据拼接完成之后一般都会进行点云去噪处理，如图 4-12（b）所示。

噪声点主要分为三类：

1）物体表面材质或光照环境导致反射信号较弱等情况下产生的噪点；

2）由于扫描过程中，人、车辆或其他物体从扫描仪器与物体之间经过而产生的噪点；

3）由于测量设备自身原因，如扫描仪精度等引起的系统误差和随机误差。

数据去噪的方法可以根据不同的情况分为不同的处理方法：

1）基于有序点云数据用平滑滤波去噪法，目前数据平滑滤波主要采取的是高斯滤波、均值滤波以及中值滤波。

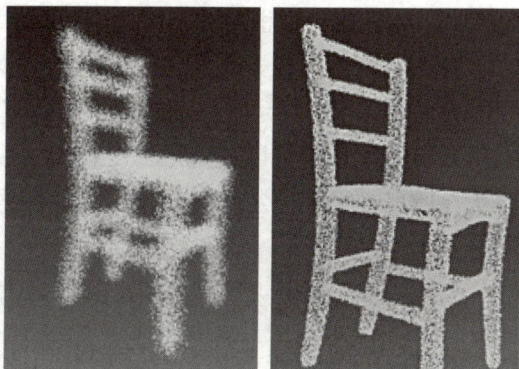

图 4-12　点云去噪
（a）点云去噪处理前；（b）点云去噪处理后

（1）高斯滤波属于线性平滑滤波，是对指定区域内的数据加权平均，可以去除高频信息，其优点为能够在保证去噪质量的前提下保留住点云数据特征信息。

（2）均值滤波也叫平均滤波，也是一种较为典型的线性滤波，其原理为选择一定范围内的点求取其平均值来代替其原本的数据点，优点为算法简单易行，缺点为去噪的效果较为平均，且不能很好地保留住点云的特征细节。

（3）中值滤波属于非线性平滑滤波，其原理是对某点数据相邻的三个或以上的数据求中值，求取后的结果取代其原始值，其优点在于对毛刺噪声的去除有很好效果，而且也能很好地保护数据边缘特征信息。

2）基于散乱点云数据去噪常用的方法为拉普拉斯算法、双边滤波算法、平均曲率算法。

（1）拉普拉斯算法虽然能够很好地保证模型的细节特征，但是还会残存有噪声点。

（2）双边滤波算法虽然能够很好地去除噪声点，但是不能够很好地保留住模型的细节特征。

（3）平均曲率算法是依赖于曲率估计，对于模型简单、噪声点较少的数据去噪效果较好，而对于复杂且噪声点多的数据，其计算速度慢且去噪效果较差。

3. 点云精简

三维激光扫描仪得到的点云数据是海量的。这些点云数据中大部分对模型重建和数据采集需求作用很小，如果将获取的海量点云数据都进行存储、计算和处理，会给计算和处理带来很大的困难，严重影响点云数据计算和处理效率。而海量的点云数据也会占用大量的存储空间，对点云数据的存储造成巨大负担，给数据的存储和处理带来了巨大压力。所以在精度允许下减少点云数据的数据量，提取有效信息，需要对点云数据进行精简压缩，在保证目标物体结构的前提下，尽可能地精简压缩点云数据，在特征结构处和重要区域保留多的点云数据，在结构简单和重要性低的区域，保留少的点云数据，从而来提高点云数据处理和建模效率。

对点云数据进行精简的方法，一般分为两种：去除冗余与抽稀简化。

去除冗余是指在数据配准之后，去除其重复区域的数据。这部分数据的数据量大，且多为无用数据，对建模的速度以及质量有很大影响，对于这部分数据要予以去除。

抽稀简化是指扫描的数据密度过大，数量过多，其中一部分数据对于后期建模用处不大，所以在满足一定精度以及保持被测物体几何特征的前提下，对数据进行精简，以提高数据的操作运算速度和建模效率。

理想的点云数据精简就是要做到以最精简的点云数据量来表达目标物体的完整信息，如图 4-13 所示。

（a）　　　　　　　　　　　　　　（b）

图 4-13　点云精简

（a）点云去除冗余；（b）点云抽稀简化

4. 点云分割

对于较为复杂的扫描对象，如果直接进行点云数据建模，会使得建模过程十分困难，三维模型的数学表达变得复杂。所以对于复杂的建模对象，我们一般会进行点云数据分割，然后再分别建模，最后再进行组合。

点云数据（图 4-14）分割应该遵守以下准则：

1）分块区域的特征单一且同一区域内没有法矢量及曲率的突变；

2）分割的公共边尽量便于后续的拼接；

3）分块的个数尽量少，可减少后续的拼接复杂度；

4）分割后的每一块要易于重建几何模型。

点云数据分割的主要方法有三种：基于边的分割方法、基于面的分割方法和基于聚类的分割方法。

1）基于边的分割方法需先寻找出特征线。所谓特征线，也就是特征点所连成的线，目前最常用的提取特征点的方法为基于曲率和法矢量的提取方法，通常认为曲率或者法矢量突变的点为特征点，例如拐点或者角点。提取出特征线之后，再对特征线围成的区域进行分割。

2）基于面的分割方法是一个不断迭代过程，找到具有相同曲面性质的点，将属于同一基本几何特征的点集分割到同一区域，再确定这些点所属的曲面，最后由相邻的曲面

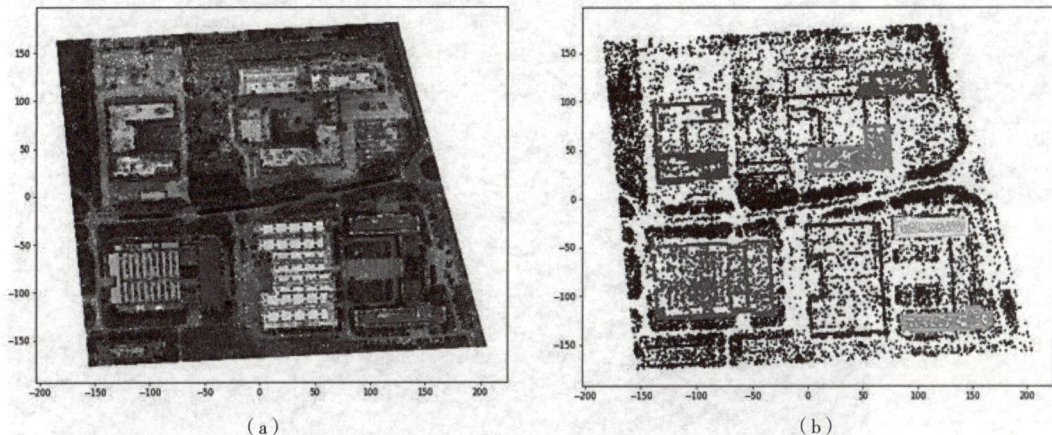

（a） （b）

图 4-14　点云分割

（a）原始点云；（b）分割后的点云

决定曲面间的边界。

3）基于聚类的分割方法就是将相似的几何特征参数数据点分类，可用根据高斯曲率和平均曲率来求出其几何特征再聚类，最后根据所属类来分割。

4.2.3　三维扫描应用案例

1. 逆向建模

逆向建模（Reverse Modeling），是基于现实中存在的物体进行建模的建模方式，是相对于设计阶段正向建模的概念。

徕卡 Cyclone 3DR 建筑物标准件建模。需求：以楼梯三维扫描点云为参考，进行建筑楼梯建模。

技术原理：

1）通过平面轮廓识别断面，生成较为精致的断面；

2）通过重新采样折线和编辑多段线，快速优化断面，降低多段线段数，优化多段线轮廓；

3）通过设置坐标系调整放样方向，确保挤出方向垂直于断面；

4）用填充孔洞工具封孔洞，完成低面数高精度模型组件建模。

操作流程（图 4-15~ 图 4-20）：

1）选中点云，提取菜单，平面轮廓提取轮廓；

2）选中轮廓线，清除菜单，重新采样折线；

3）选中屏幕轮廓，清除菜单，编辑样条，线手动调整节点位置；

4）设置坐标系，使断面可以垂直于坐标系的任意一个轴向；

5）选中调整好的轮廓线，曲面建模菜单，挤出轮廓；

6）选中已生成的 Mesh，曲面建模菜单，填充孔。

图 4-15　平面轮廓识别

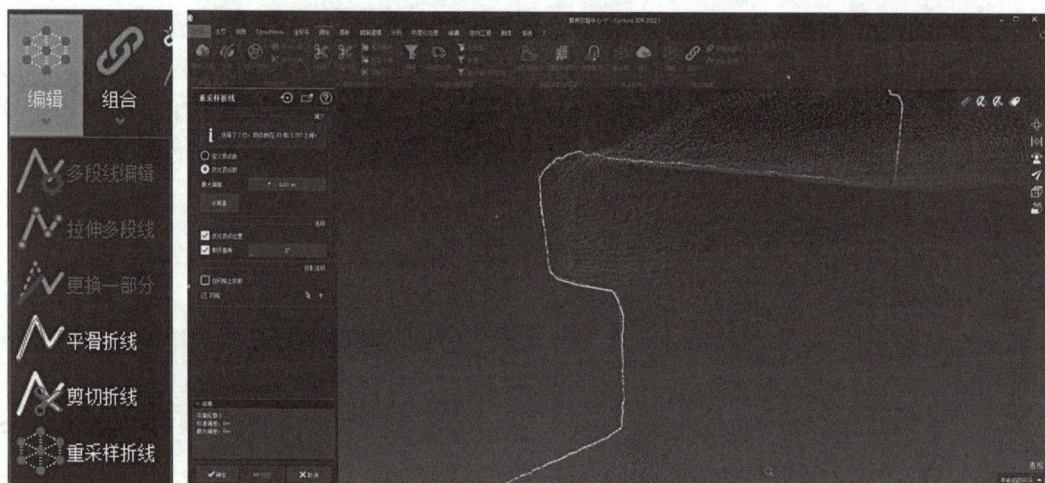

图 4-16　重新采样折线

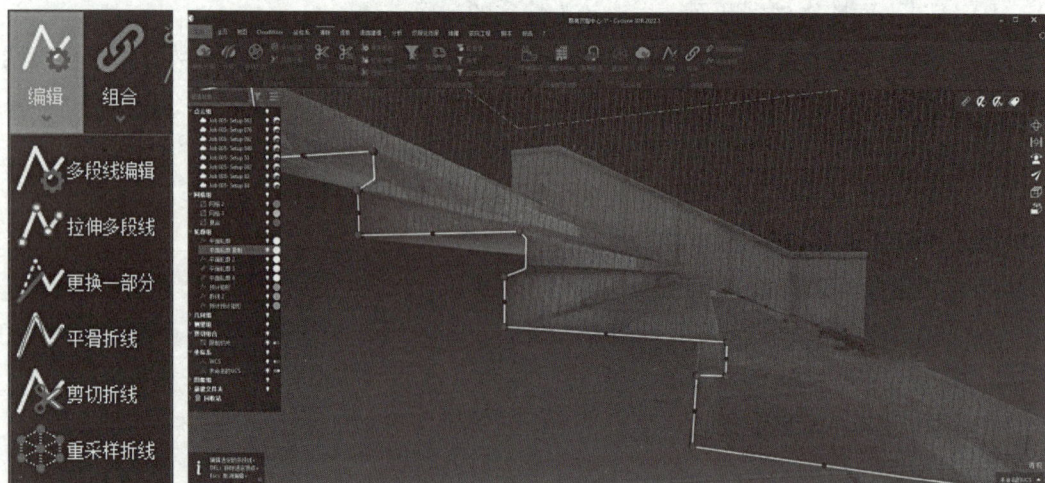

图 4-17　节点位置调整

图 4-18　坐标系调整

图 4-19　挤出轮廓断面

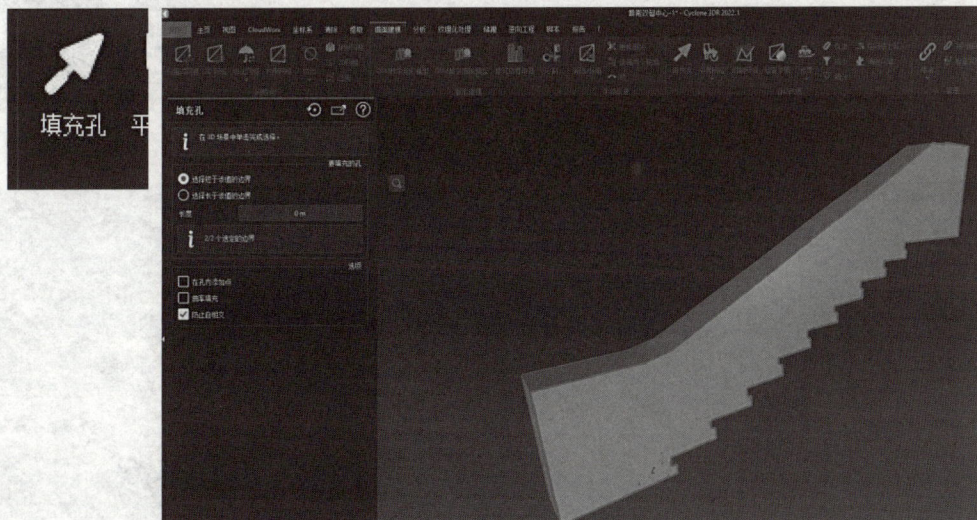

图 4-20　填充孔洞，完成建模

2. 土方量计算

徕卡 Cyclone 3DR 土方量计算。需求：利用全站仪和三维扫描仪测量不规则锥形表面上的堆砌物体积。数据 1 为测量点，使用全站仪获取，已知目标为圆锥体，最高点距离底面高度 5m，但缺少锥体最高点具体位置；数据 2 为点云，使用三维扫描仪获取。将凹陷的点云数据拼接到通过全站仪数据生成的矩形模型反向生成的点云上，用以提高土方量计算 Mesh 的精度。

技术原理：

1）全站仪测量点数据锥形建模：

通过测量点提取最佳圆和圆心，平移圆心 Z 轴位置获取锥形顶点，结合已有数据生成锥体模型；将完美锥体模型转换为点云；通过去噪功能按距离分离，删除高程高于真实模型的锥体模型，并将真实的点云和去噪后的锥体模型合并，拟合为尽可能接近真实数据的锥形表面。

2）三维扫描仪点云数据生成 Mesh 模型；

3）测量点和点云对比可以完成碰撞对比测试。

操作流程（图 4-21~ 图 4-23）：

1）导入全站仪测量的粮仓点数据，通过最佳圆提取圆心；

2）根据客户提供的数据将圆心在 Z 轴正方向移动 5m；

3）根据圆心和圆生成锥体 Mesh 模型；

4）通过模型反算出点云：提取菜单，点云下拉菜单，解析点云；

5）导入二期点云数据；

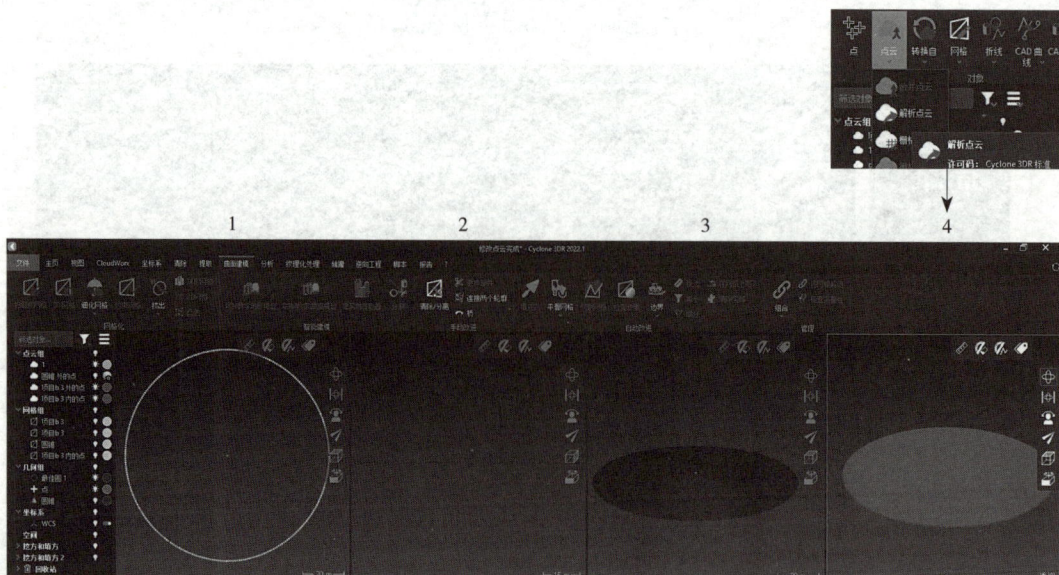

图 4-21　全站仪测量点锥形建模流程

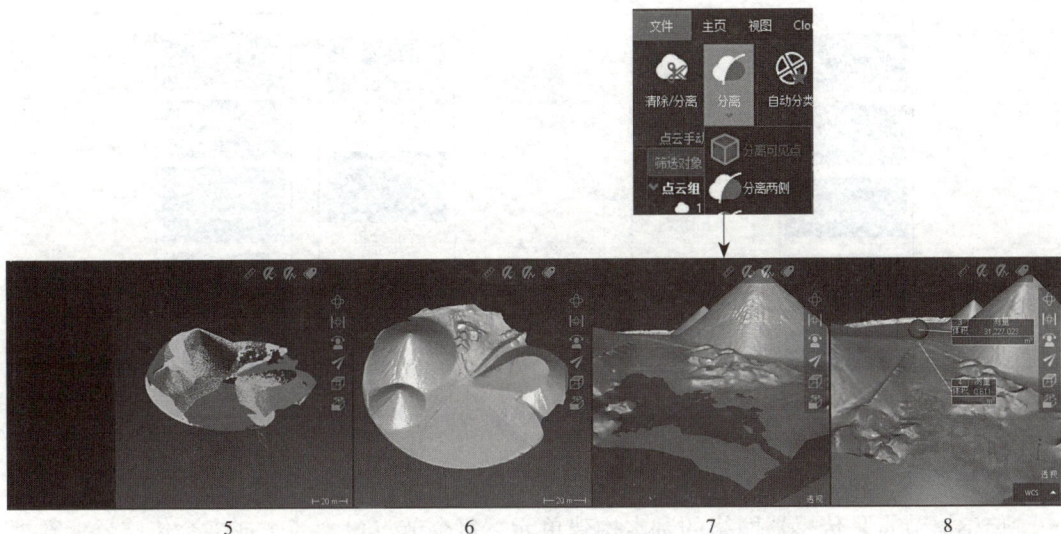

图 4-22 三维扫描仪点云生成 Mesh 模型流程

6）将二期点云数据拟合为 Mesh 模型；

7）通过去噪工具分离两侧（选中点云和 Mesh，清除菜单，分离两侧）和二期模型数据将锥体点云中高出地面的点云分离出来并删除，同样通过类似操作并将真实的点云中的局部数据分离并拼接到一期数据上，并生成 Mesh 模型；

8）选中一期和二期表面 Mesh 数据完成测量：分析菜单，量测下拉菜单，挖方和填方计算土方量；

9）土方量计算报告。

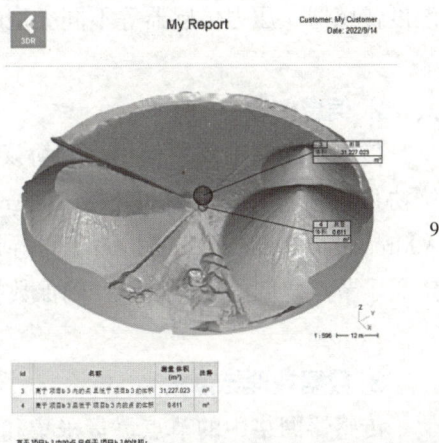

图 4-23 测量点和点云对比分析生成土方量计算报告

4.3 传感器网络的组成与功能

4.3.1 传感器网络的组成

传感器是一种可以感知和测量环境中某种物理量或化学量的装置或设备。它能够将所感知到的物理或化学量转换成电信号或其他可识别的形式，以便进行处理、控制或监测。传感器的工作原理通常基于物理效应或化学反应。常见的传感器类型包括光敏传感器、温度传感器、压力传感器、湿度传感器、加速度传感器等。简单的传感器可以由单个元件构成，比如水银温度计。

在实际工程上更多采用由多个传感器组成的传感器网络。传感器网络由传感器、信息传输、数据处理与存储、控制中心与应用组成，如图 4-24。

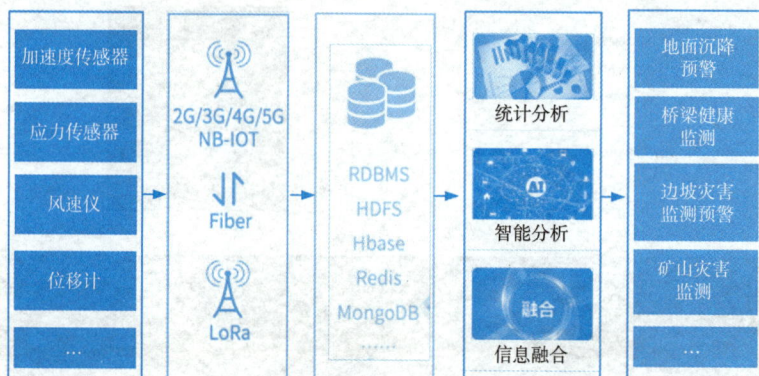

图 4-24　传感器网络的组成示意图

1. 传感器

传感器节点是传感器网络的基本构建单元，每个节点包含一个或多个传感器、数据处理单元、通信模块和电源。传感器节点负责感知环境并采集数据，可以是温度传感器、湿度传感器、压力传感器等不同类型的传感器。

2. 信息传输

传感器网络中需要使用一种协议进行节点之间的通信和数据传输。典型的传感器网络协议包括 CAN（Control Area Network）控制局域网络通信协议模式、HART（Highway Addressable Remote Transduser）可寻址远程传感器高速公路通信协议模式等。这些协议定义了节点之间的通信规则，确保数据能够可靠地传输和处理。

3. 数据处理与存储

传感器网络中的节点负责采集和处理环境数据，并将处理后的数据传输到指定的位置。数据处理可以包括数据滤波、压缩、聚合等过程，以减少数据传输和存储的需求。数据可以存储在本地，也可以将数据发送到远程服务器或云平台进行存储。

4. 控制中心与应用

传感器网络通常还包括一个控制中心或应用程序，用于监控和管理整个网络。控制中心可以接收节点传输的数据，并进行分析和决策。应用程序可以根据传感器网络的数据提供各种功能，如安全监测、预警等。

4.3.2　传感器网络的功能

随着智能化程度的提高，传感器与测量系统的概念互相渗透。传感器与测量系统的功能相同，即对被测对象当前状态的精准和稳定测量。传感器的英文是 sensor，意思是"感知"，即对周围环境情况的感知；进而分析由传感器网络得到的数据，监测结构和环境的健康状况。

1. 状态监测

利用传感器技术对环境进行实时监测和感知，以获取环境的各种数据和信息。通过传感器环境感知，我们可以了解环境的状态、变化和特征，从而做出相应的响应和决策。例如通过温度传感器监测环境、设备的温度变化，常见于气象、工业控制、电子设备等领域；通过气体传感器测量环境中的特定气体的浓度，如二氧化碳、氧气、一氧化碳等，常见于环境监测、工业安全、室内空气质量检测等领域；通过 pH 传感器监测溶液的酸碱度，常见于化学实验、水质监测、食品加工等领域；通过位移传感器监测物体的位置、距离变化，常见于土木工程、机器人技术等领域。

2. 结构与环境的监测预警

传感器网络技术在结构与环境的监测预警方面有广泛的应用，能够提高监测的实时性、准确性和可靠性，帮助人们及早识别潜在的风险和危害，采取相应的措施保障结构和环境的健康与安全。

传感器网络可以用于对建筑物、桥梁、输电线路等结构的健康状态进行监测和预警。通过安装传感器节点采集结构变形、振动、温度等数据，可以实时监测结构的安全性和稳定性，及时发现异常情况并采取预警措施，以防止事故发生。

传感器网络可以监测环境中的空气质量、水质、噪声、辐射等参数，并实时传输数据到监测中心或云平台进行分析。当环境污染超过安全标准时，系统可以发出预警信号，以便及时采取应对策略，保护人们的健康，还可以监测水库、河流、湖泊的水位、水质等参数。通过实时监测和数据分析，可以预测水资源供应情况、洪水风险，并及时采取相应的调度措施，实现水资源的合理利用和防护。

该技术可以用于监测地震、洪水、滑坡等自然灾害的发生。通过部署传感器节点收集地震震动、水位、土壤湿度等数据，可以实时掌握自然灾害的情况，并提供预警信息，帮助人们及时疏散、采取防护措施，减少灾害损失。监测城市交通流量、车辆拥堵情况等，通过数据采集和分析，可以及时发现交通拥堵、事故等问题，并提供路线建议、调整信号灯等措施，提高城市交通效率和安全性。

4.3.3　传感器网络技术应用场景介绍

传感器网络技术在桥梁健康监测中的应用可以帮助实时监测桥掌握桥梁损伤情况，评估桥梁健康状态，为桥梁运维提供科学可靠的决策支撑。如图 4-25 所示，桥梁健康监测系统采用传感器网络设计，采集桥梁结构的大量数据，实时获取桥梁运营阶段所处环境情况、桥梁的交通荷载情况以及结构在各种荷载作用之下的响应、局部损伤等信息。

如图 4-26（a）所示，通过安装应力传感器，实时监测桥梁的力学参数，如应变、振动等，有助于检测结构是否存在变形或损伤，并提供评估桥梁结构健康状况的数据。如图 4-26（b）所示，通过挠度传感器等监测桥梁轴线位置变化情况，在活载作用下桥梁轴线位置的变化与桥梁刚度有一定相关性，因此轴线位置的变化是判断桥梁是否存在病

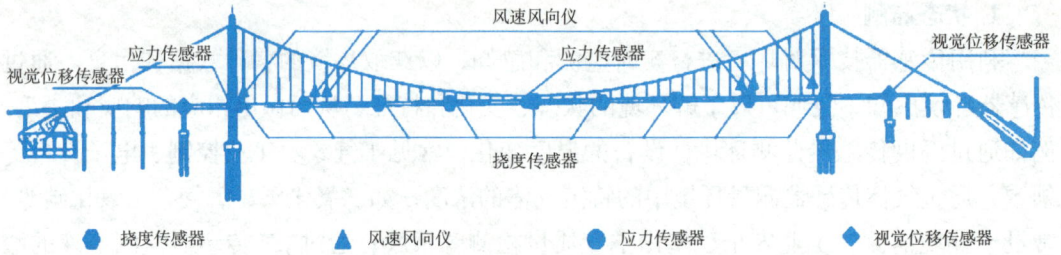

图 4-25　桥梁健康监测系统布置图

害的重要依据。如图 4-26（c）所示，还可以通过集成环境传感器，如温度传感器、湿度传感器、风速传感器等，以监测桥梁周围环境的参数，有助于评估环境对桥梁结构的影响，比如温度变化对桥梁膨胀收缩破坏的影响。如图 4-26（d）所示，通过视觉位移传感器，监测桥梁结构可能出现的变形和裂纹情况，及时对结构安全性进行预警。

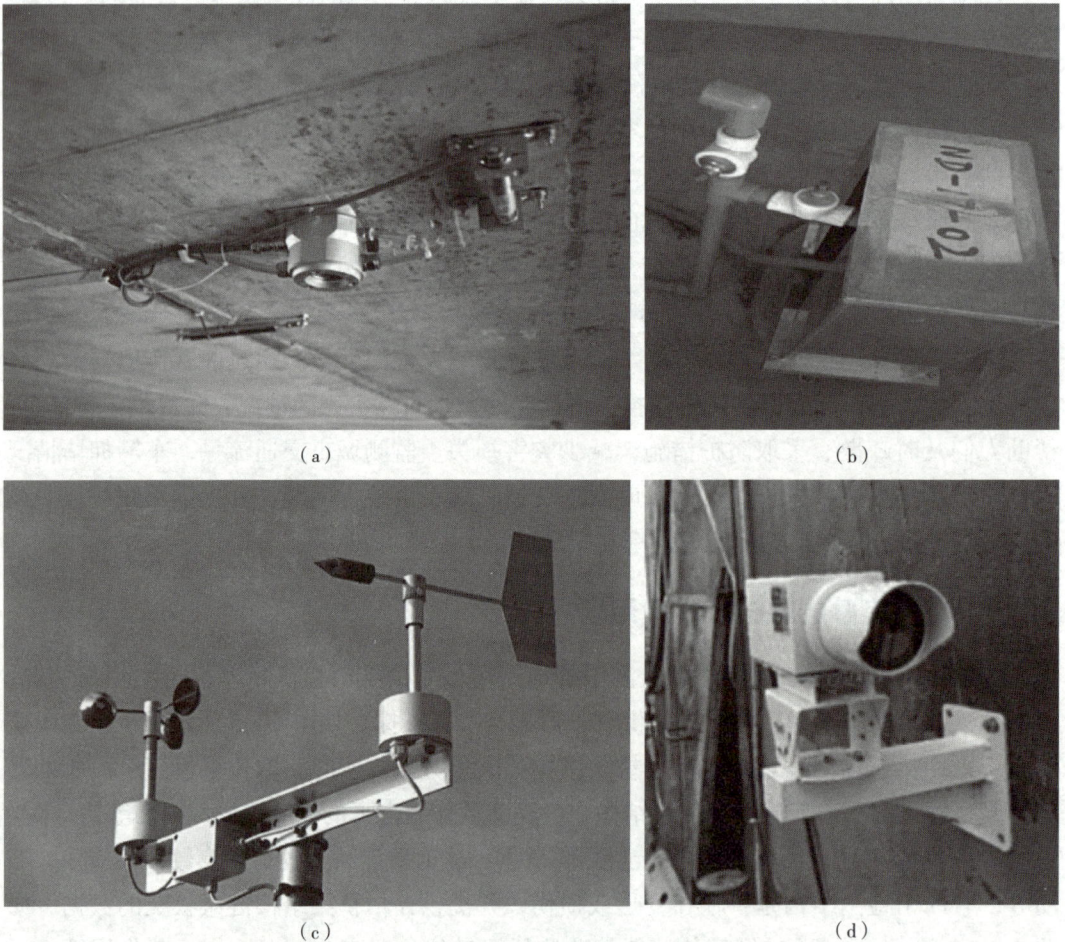

（a）

（b）

（c）

（d）

图 4-26　传感器实物图

（a）应力传感器；（b）挠度传感器；（c）风速传感器；（d）视觉位移传感器

通过传感器网络采集到的大量数据，结合数据分析和模型建立，可以实时监测桥梁的健康状况，并实施故障预警。一旦发现异常或预警信号，有关部门可以迅速采取行动，确保桥梁的安全和可靠性。

传感器网络技术在桥梁健康监测中的应用可以帮助提高桥梁的安全性和运营效率，同时减少维修成本和减少交通中断时间。通过实时监测和预警系统，桥梁的维护管理变得更加智能化和精确化，对于保障桥梁的安全和延长其寿命具有重要意义。

4.4　传感器数据采集和处理

4.4.1　数据采集

数据采集是利用计算机、自动化、通信技术、传感器技术等工具，将工程现场诸多实际现场信息参数，通过处理、分析、压缩，最后传输到中心系统数据仓库中的一种技术。数据采集的含义很广，对面状态连续物理量的采集可称为数据采集。

数据采集是计算机与外部物理世界连接的桥梁，其原理就是将被测对象的各种参量通过传感器做适当的转换后，再经过信号调理、采样、保持、量化、编码、传输等步骤，最后传送到处理器进行数据处理、存储记录和显示打印的过程，其相应的系统，即为数据采集系统。总之，数据采集的目的是测量应力、应变、电压、电流、温度、压力等物理量，可分为现场总线技术、工业以太网技术以及无线传感网络技术三类。

1. 现场总线技术

现场总线是开放型控制系统，也是现场总线控制系统的基础，是用于现场总线仪表与控制室之间的一种全数字化、串行、双向、多站的通信网络。现场总线被誉为测控领域的计算机局域网，是现代测量和自动化技术发展的一个重要里程碑。现场总线使控制系统和现场设备之间有了通信能力，并组成信息网络，为实现企业信息集成和企业综合自动化提供了保障，提高了系统的运行稳定性。现场总线技术已成为现代传感系统的重要技术支撑，成为传感器检测系统的重要组成部分。现场总线技术的主要特征如下：

1）采用数字式通信方式取代传统设备的 4~20mA（模拟量）和 24VDC 开关量信号。

2）与"半数字"的 DCS 系统不同，现场总线系统是一个"纯数字"系统。在传统的 DCS 系统里，压力和温度变送器须将它们测量的原始数字信号在送入 DCS 系统前转换成 42mA 的模拟信号；而在现场总线控制系统中，从变送器的传感器到调节阀，其信号一直保持数字性。这就使得更复杂、更精确的信号处理得以实现。

3）开放式互联网络。现场总线为开放式互联网络，它既可与同层网络相连，又可与不同层网络相连。

4）专门为过程控制而设计。

目前，国际上有多种现场总线通信标准（通信协议），如 LONWORKS（Local Operating Networks）通信协议模式、PROFIBUS（Process Fieldbus）通信协议模式、HART 通信协议模式和 CAN 通信协议模式等。目前工程使用较多的是 CAN 总线技术：CAN 属于总线式通信网络。CAN 总线可广泛应用于离散控制领域中的过程监测和控制，特别是工业自动化的底层监控，以完成控制与监测设备之间可靠和实时的数据交换。

2. 工业以太网技术

以太网（Ethernet）具有流行的网络协议，所以在商业系统中被广泛采用。以太网用于控制网络的优势有以下六点：①具有相当高的数据输出速率（目前已达到 100 Mbit/s），能够满足带宽的要求；②由于具有相同的通信协议，Ethernet 和 TCP/TP 很容易集成到企业管理网络；③能在同一总线上运行不同的传输协议，从而能建立企业的公共网络平台或基础构架；④在整个网络中，运用了交叉式和开放式的数据存取技术；⑤沿用多年且为众多的技术人员所熟悉，市场上能提供广泛的软件资源、维护和诊断工具，成为事实上的统一标准；⑥允许使用不同的物理介质和构成不同的拓扑结构。

3. 无线传感网络技术

无线传感网络（Wireless Sensor Network，WSN）利用集成化的微型传感器协作地实时感知、采集和监测对象或环境的信息，用微处理器对信息进行处理，并通过自组织无线通信网络以多跳中继传送，将网络化信息获取和信息融合技术相结合，使终端用户得到需要的信息。

传感网络协议体系架构是传感网络的"软件"部分，包括网络的阶议分层以及网络协议的集合，是对网络及其部件完成功能的定义与描述，由网络通信协议、传感器网络管理以及应用支持技术组成，如图 4-27 所示。

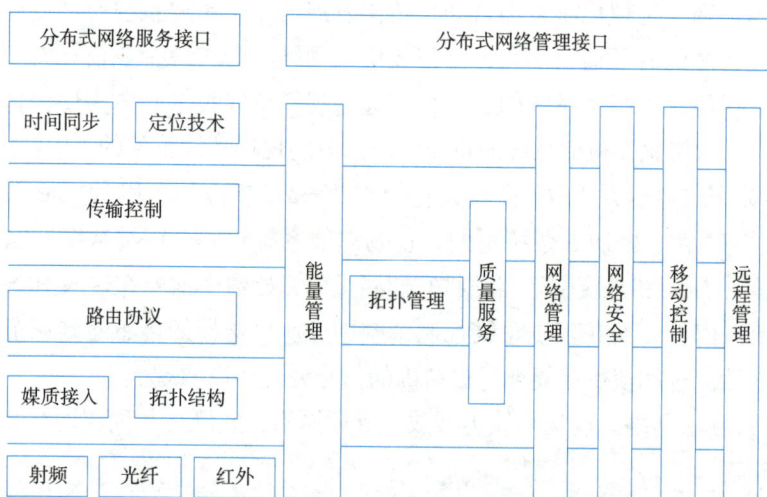

图 4-27　传感网络协议体系架构

分层的网络通信协议架构类似于传统的 TCP/IP 协议体系结构，由物理层、数据链路层、网络层、传输层和应用层组成。物理层的功能包括信道选择、无线信号的监测、信号的发送与接收等。传感器网络采用的传输介质可以是无线、红外或者光波等。物理层的设计目标是以尽可能少的能量损耗获得较大的链路容量。数据链路层的主要任务是加权物理层传输原始比特的功能，使之对上层显现一条无差错的链路，该层一般包括媒体访问控制（MAC）子层与逻辑链路控制（LLC）子层，其中 MAC 层规定了不同用户如何共享信道资源，LLC 层负责向网络层提供统一的服务接口。网络层的主要功能包括分组路由、网络互连等。传输层负责数据流的传输控制，提供可靠高效的数据传输服务。

传感器数据采集的一般步骤：

1）选择适当的传感器：根据需要测量的物理量，选择合适的传感器类型，需要考虑传感器的精度、灵敏度、响应时间等特征；

2）连接传感器：将传感器与数据采集系统或控制器相连接；

3）电源供应：确保传感器获得所需的电源供应，并由传感器类型考虑选择电池、外部电源或信号线供电；

4）信号调理：根据传感器输出的信号范围和分辨率，需要进行信号调理，包括放大、滤波和校准等处理；

5）数字化或模拟化：根据数据采集系统的要求，将传感器输出的信号转换为数字化信号或模拟信号；数字化通常使用模数转换器，模拟化则是直接使用模拟输入端口；

6）数据采集：使用数据采集系统或控制器来记录传感器输出的数据，运用的设备包括单片机、数据采集卡或嵌入式系统等；

7）数据处理和存储：对采集到的数据进行处理和存储，包括滤波、校正、数据压缩和存储格式转换等步骤。

4.4.2 数据分析

传感器数据分析是指对采集到的传感器数据进行处理、分析和提取有用信息的过程，为决策和控制提供可靠的依据和参考。传感器数据分析的步骤如下。

1. 数据预处理

数据预处理是对采集到的传感器数据进行预处理，包括数据清洗、校正、插补、标准化、降噪以及数据采样和重采样等，确保数据的准确性和可靠性。

数据清洗是识别和去除异常值、噪声和无效数据，通过统计分析、阈值过滤、平滑算法等方法来实现。数据校正是校正传感器的误差和漂移，涉及标定传感器、使用修正公式或参考值进行校正。数据插补是填充缺失的数据点，当传感器采集到的数据中存在缺失值时，可以使用插值方法（如线性插值、多项式插值）进行填补。数据标准化是将数据转换为具有相同尺度和范围的标准形式。例如，将数据进行归一化或标准化，使其在相同的范围内变化。数据降噪是去除数据中的噪声和振荡，可以利用滤波算法（如移动平均滤波、中值滤波）或信号处理技术来降低数据的噪声水平。数据采样和重采样是调整数据的采样率或时间间隔，降低数据量或适应不同的应用需求。

2. 传感器数据特征提取

传感器数据特征提取是指从传感器采集的原始数据中提取有意义且可用于后续分析或应用的特征，这些特征可以帮助我们理解和揭示数据的潜在模式、趋势和关系。

统计特征包括平均值、方差、最大值、最小值等。统计特征可以用来描述数据的中心位置、离散程度以及数据的范围。频域特征通过对数据进行傅里叶变换或功率谱密度估计，提取频域特征，如频谱能量、主频成分等。这可以用于分析数据中的周期性或频率信息。峰值检测通过检测数据中的峰值或波峰，提取特征，如峰值幅值、峰值间距等。峰值检测可以用于识别数据中的突发事件或异常情况。滤波特征通过应用滤波算法（如低通滤波、高通滤波），提取数据的平滑程度、变化率等特征。滤波特征可以用于去除噪声或揭示数据中的变化趋势。波形特征通过对数据进行波形分析，提取特征，如上升时间、下降时间、周期性等，用于描述数据的形态和振动特性。时间序列分析特征包括自相关函数、自回归模型等，用于预测未来数据的趋势或行为。时域特征通过对数据进行时域分析，提取特征，如斜率、变化率、峰 – 谷差等，用于描述数据的动态变化和变化速度。

3. 数据可视化

通过绘制图表、曲线或柱状图等方式将数据可视化，以便更直观地理解和分析数据，如图 4-28 所示。

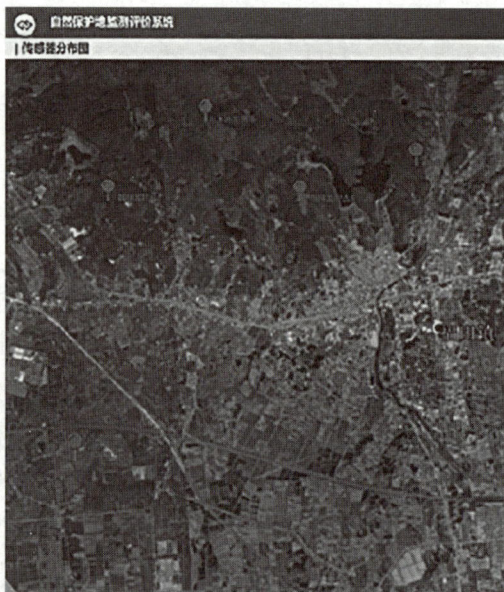

图 4-28　多传感器数据可视化示意图

4. 数据分析方法

采用统计分析、时间序列分析、机器学习等方法，挖掘数据之间的关联性和相互作用，发现数据的潜在模式、异常和趋势。

5. 结果解释和应用

将分析结果解释，并进行安全预测以及制定决策方案。

由于传感器网络的数据模态不同，需要采用多传感器数据融合处理方法。多传感器数据融合的定义：充分利用不同时间与空间的多传感器数据资源，采用计算机技术按时间序列获得多传感器的观测数据，在一定准则下进行分析、综合、支配和使用。获得对被测对象的一致性解释与描述，进而实现相应的决策和估计，使系统获得比它各组成部分更为充分的信息。

多传感器数据融合方法分为三种：特征级融合、决策级融合和混合级融合：

1. 特征级融合

特征级融合，也称为早期融合，是多传感器数据融合最常用的策略。如图 4-29 所示，它表示在提取后立即从不同传感器数据提取的特征连接成单个高维特征向量的方法。多传感器数据早期融合方法常与特征提取方法相结合以剔除冗余信息，如主成分分析、最大相关最小冗余算法、自动解码器等。比如，首先得到的传感器 1 特征、传感器 2 特征和传感器 3 特征，然后将 3 个特征连接得到融合后的特征，最后训练输出模型分类结果。然而，特征融合的局限性在于融合生成的高维特征向量是以一种直接的方式融合了三种传感器数据特征，不能对复杂的关系进行建模。

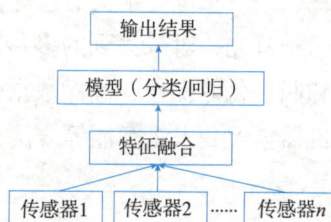

图 4-29 特征级融合

2. 决策级融合

决策级融合也称后期融合，是指将不同传感器数据分别训练好，由分类器输出打分（决策）进行融合，如图 4-30 所示。常见的后期融合方式包括最大值融合、平均值融合、贝叶斯规则融合以及集成学习等。因为这些传感器数据被假定为独立的，决策级融合无法捕捉不同传感器数据之间的相互关联。

3. 混合级融合

如图 4-31 所示，混合级融合是特征级融合和决策级融合两个方法的结合，通过早期融合和单个传感器数据预测的输出相结合，改善了特征级融合和决策级融合的局限性，是这两种方案的折中方案。

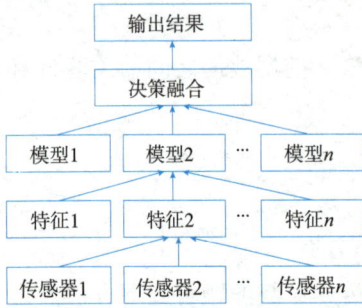

图 4-30　决策级融合

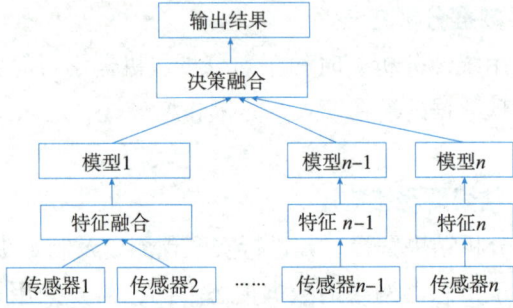

图 4-31　混合级融合

4.4.3　数据采集与分析技术应用场景介绍

数据采集与分析技术在地质灾害监测中应用广泛，例如通过光纤实时采集地质体内部形变分布（图 4-32a），通过干涉雷达技术（InSAR，Interferometric Synthetic Aperture Radar）测量地表沉降（图 4-32b），通过雨量传感器和水位传感器实时、定期地采集雨量、地下水位等水文信息等，然后通过搭建信息平台实现监测数据融合和灾害预警。

首先，对采集到的多传感器数据进行处理和分析（图 4-32c），包括数据清洗、校正和归一化等操作，确保数据的准确性和一致性。然后，利用数据分析技术，如统计分析、机器学习、人工智能等方法，进行模式识别、趋势预测和异常检测等分析。

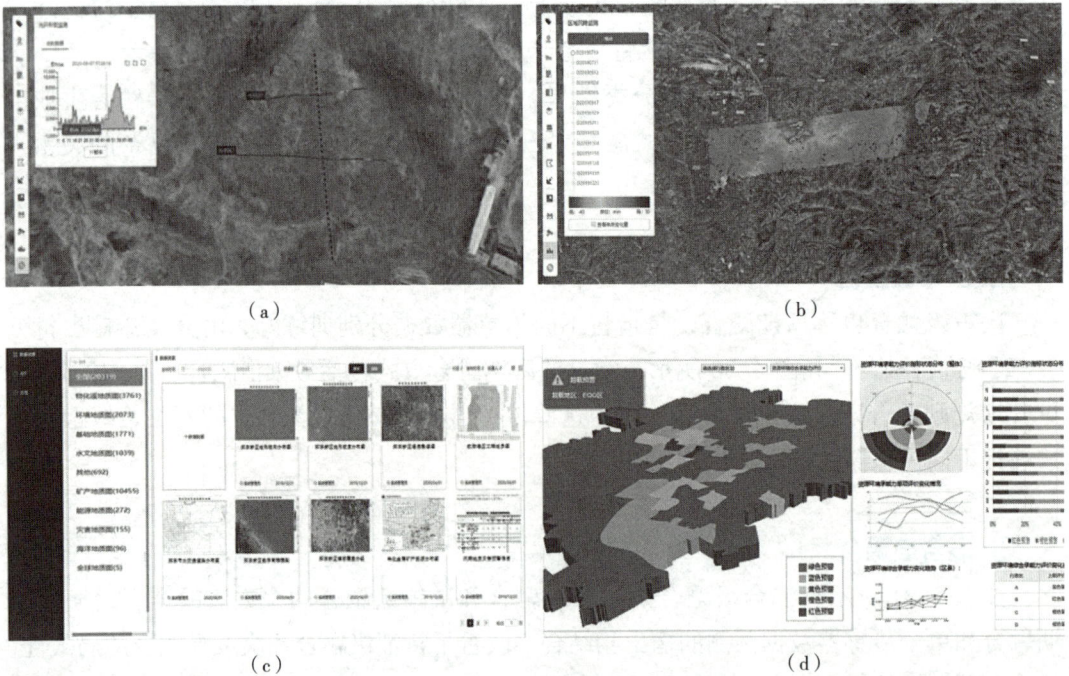

（a）

（b）

（c）

（d）

图 4-32　地质灾害数据采集与分析示意图

（a）光纤形变监测；（b）InSAR 监测；（c）多传感器数据采集与分析；（d）风险预警

　　基于采集到的数据和分析结果，进而建立地质灾害风险预警模型。常用的模型包括基于统计学方法或机器学习算法模型，如逻辑回归、支持向量机、决策树等。将建立的风险预警模型应用于实际的预警系统中，将监测到的实时数据与模型进行比对和计算，判断当前地质灾害的风险水平，并发出相应的预警信号（图 4-32d）。

　　预警信号可采用声音、短信、移动应用程序等形式传递给相关的人员或机构，提醒他们采取相应的应急措施。预警系统还可以与实时监测设备进行联动，监测灾害区域的变化。一旦预警信号发出，相关人员可以根据预警信息，调动人力和物力资源，采取适当的措施，如疏散人员、加固地质体等。

　　因此，数据采集与分析技术可以帮助实现地质灾害的及时预警，提前采取预防和救灾措施，尽可能减少地质灾害的危害。

本章小结

　　结合实际案例，介绍了三维激光扫描的外业控制和内业处理流程，总结了三维激光扫描技术的特点、组成、工作原理和误差来源；研究了三维激光点云数据的获取和预处理技术，分析了点云数据的分割、基于点云数据的几何特征识别和提取，以及建筑物模型的构建等技术。

　　本章对地面三维激光扫描系统的组成和工作原理进行了详细地介绍，根据不同的运行平台对三维激光扫描系统进行分类，对点云数据处理进行了比较详细介绍；同时将点云数据的处理理论和方法应用到建筑物精细建模、工程土方量计算和变形监测等工程领域。

　　传感网络技术通过在结构物和周边环境中部署大量传感器，并通过无线通信网络将数据传输到中心节点，实现了对结构和环境状态的实时和连续监测，该技术已经成为改善土木工程监测和管理的重要手段。

　　本章介绍了传感器的组成、传感网络的组网和通信协议、数据采集与处理方法以及结构监测与灾害预警等关键内容。同时涵盖传感网络技术在各个土木工程领域中的具体应用案例，如桥梁、地质灾害。

二维码 4-2
拓展阅读 1

思考与习题

4-1 简述激光测距的原理。

4-2 三维激光扫描技术相对于传统测绘技术有什么优势？

4-3 简述点云数据处理的基本步骤。

4-4 三维扫描技术的应用领域有哪些？

4-5 传感网络技术的技术特点和功能是什么？

二维码 4-3
拓展阅读 2

二维码 4-4
拓展阅读 3

4-6 设计应用多种传感器进行一种土木工程结构的健康监测。

4-7 传感器数据分析的一般步骤是什么？

4-8 多传感器数据融合方法有哪些？如何区分？

参考文献

[1] 李德仁，王树良，李德毅．空间数据挖掘理论与应用 [M]．北京：科学出版社，2019．

[2] 陈翰新，向泽君．智能测绘技术 [M]．北京：中国建筑工业出版社，2023．

[3] 龚剑，左自波．三维扫描数字建造 [M]．北京：中国建筑工业出版社，2020．

[4] 廉旭刚，胡海峰，蔡音飞，等．三维激光扫描技术工程应用实践 [M]．北京：测绘出版社，2021．

[5] 黄绪勇，黄俊波，沈志，等．输电线路三维激光扫描作业及数据处理 [M]．北京：科学出版社，
2021．

[6] 吴青华，屈家奎，周保兴．三维激光扫描数据处理技术及其工程应用 [M]．济南：山东大学出版社，
2020．

[7] 李明磊．计算机视觉三维测量与建模 [M]．北京：电子工业出版社，2022．

[8] 韦斯利·E. 斯奈德（Wesley E. Snyder），戚海蓉．计算机视觉基础 [M]．张岩，等．译．北京：机械
工业出版社，2020．

[9] 涂铭，刘树春，李鹏．深度学习与图像识别原理与实践 [M]．北京：机械工业出版社，2020．

[10] 王晏民，黄明，王国利，等．地面激光雷达与摄影测量三维重建 [M]．北京：科学出版社，2018．

[11] 杨敏．泥石流沟谷地面三维激光扫描监测技术 [M]．武汉：中国地质大学出版社，2022．

[12] 谢宏全．地面三维激光扫描技术与工程应用 [M]．武汉：武汉大学出版社，2013．

[13] 李必军．现代测绘技术与智能驾驶 [M]．北京：科学出版社，2021．

[14] 王金虎．车载激光雷达点云数据处理及应用 [M]．北京：科学出版社，2022．

[15] 陈雯柏．智能传感器技术 [M]．北京：清华大学出版社，2022．

[16] 方新秋．开采环境智能感知 [M]．徐州：中国矿业大学出版社，2019．

[17] 赵小虎．物联网与智能矿山 [M]．北京：科学出版社，2016．

[18] 蒋田勇．在役桥梁结构智能监测 [M]．北京：人民交通出版社，2021．

[19] 范茂军．物联网与传感器技术 [M]．北京：机械工业出版社，2014．

[20] 朱明，马洪连．物联网与传感器技术 [M]．北京：机械工业出版社，2020．

[21] 戴亚平．多传感器数据智能融合理论与应用 [M]．北京：机械工业出版社，2021．

[22] 张红莉．无线传感器网络数据融合技术研究 [M]．哈尔滨：黑龙江教育出版社，2021．

本章要点 📖

1. GIS 的定义和发展历程。
2. GIS 数据模型与数据结构。
3. GIS 空间分析与空间查询。
4. GIS 的发展趋势与挑战。

教学目标

知识目标： 学习和理解地理信息系统（GIS）技术的基本概念和原理，以及它在土木工程中设计和分析中的应用。重点掌握空间数据获取、查询和可视化与空间分析。通过大量的计算机实验课程，培养学生熟练使用 ArcGIS 10.1 软件，了解 GIS 在各工程领域的应用。

能力目标： 培养学生查阅地理信息系统的能力，并能结合实际工程正确选用。

素质目标： 培养学生适应野外工作环境、吃苦耐劳精神。

案例引入

盾构施工过程中的智能监管系统

盾构施工过程为了实现远程实时监控功能，北京昌平线南延段项目将传感器布设于盾构机械、施工场地和周边环境等关键位置，实时采集地质信息、盾构机状态、施工进度等数据。这些数据与 GIS 和 BIM 平台进行集成，实现监控数据和模型数据的实时同步，使监理人员和管理团队能够远程观察施工进程。通过 GIS 和 BIM 的空间数据展示能力，监理人员实时观察盾构施工现场的三维虚拟展示，随时发现问题，并做出相应调整，实现盾构施工过程中的安全管理和应急响应。

在这个案例中 GIS 技术作为关键的空间数据系统，能够集成化地形图视觉冲击与地理信息的剖析，对地域分布数据信息展开一系列的智能化统计监管；并且 GIS 能够辅助 BIM 实体模型构建附近地形地貌的大情景，提升 BIM 实体模型的建筑性能参数信息内容完备性。由此看出 BIM 和 GIS 的结合有益于工程基本建设的信息内容管控，是未来工程基本建设信息化管理的发展前景之一。

思考题：

1. 为何 GIS 和 BIM 的结合在土木工程领域变得如此关键？这种结合带来了哪些创新的测绘方法和技术？

2. GIS 如何为盾构施工过程提供实时监控？这种实时数据如何改变了测绘和施工的传统方法？

5.1　GIS 的基本原理

　　地理信息系统（GIS）技术起源于 20 世纪 60 年代，如今已经深入渗透到我们日常生活的许多方面，从城市规划、交通管理，到环境保护、灾害响应等领域。作为一种跨学科的科技，GIS 不仅连接了地理空间与数字信息，而且促进了对地理现象和过程的理解和解释。在一个日益全球化和复杂的世界里，GIS 技术的重要性愈发凸显，它不仅改变了我们观察世界的方式，而且提供了全新的解决问题和促进发展的工具。

　　GIS 是对空间数据进行捕获、存储、分析和展示的复杂工具。随着地图制作和地理分析的需求增加，GIS 逐渐演变成一个多学科交叉的领域，结合了地理学、计算机科学、数学和工程学等多个领域的知识。GIS 技术的核心在于它能够整合不同来源和类型的地理数据，提供对空间和地理过程的深入分析。通过使用 GIS，决策者和分析师能够理解复杂的空间关系、识别模式和趋势，并通过地图和其他可视化工具将这些信息传达给广泛的受众。这一技术已经被广泛应用于各种领域，包括环境科学、城市规划、灾害管理、交通和物流等。通过整合地理和非地理信息，GIS 为政府、企业和非营利组织提供了更好地理解和解决复杂问题的能力。如图 5-1 所示，以地理信息数据库为中心，地理信息系统（GIS）的组成是多元化且互相连接的。硬件部分为 GIS 提供了必要的计算和存储能力；软件部分则包括了各种工具和应用程序，使得空间数据的捕获、管理和分析成为可能；数据部分是 GIS 的核心，它涵盖了与地理空间相关的所有信息，这些组成部分共同工作，使 GIS 成为一种强大的工具，用于分析和解释地理空间信息。

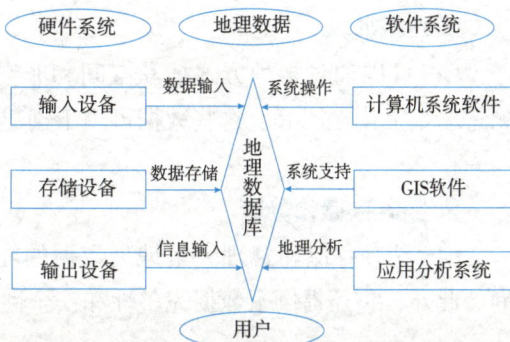

图 5-1　地理信息系统的组成示意图

5.1.1　GIS 的定义与概述

　　地理信息系统（GIS）是一种复杂的计算机系统，用于捕获、存储、分析、管理和呈现与地理位置相关的所有类型的信息。通过集成硬件、软件、数据、人员和方法，GIS 能够将地理空间数据和相关属性信息可视化地展示在地图、报告和图表中。这种信息整合和可视化的能力使得 GIS 在城市规划、环境科学、卫生保健、交通管理等多个领域中都得到了广泛的应用。GIS 的核心之一是其强大的空间分析功能，可以通过各种分析方法揭示空间数据背后的模式和趋势。除了基本的数据捕获、管理、查询和可视化功能外，GIS 还不断与其他技术和学科相结合，例如集成人工智能和大数据分析，从而持续提高其效率和精确度。总体而言，GIS 通过提供一个捕获、管理、分析和解释地理空间信息的框架，促进了对地理现象的理解，支持了决策过程，并在全球范围内推动了许多领域的创新和进展。

从计算机的角度看，地理信息系统（GIS 系统）是由计算机硬件、软件、数据和用户四大要素组成。其中，软硬件系统是 GIS 系统的核心，地理空间数据库反映了 GIS 的地理内容，而系统管理操作人员则决定 GIS 系统的工作方式和信息表示方式。硬件包括各类计算机处理机及其输入、输出和网络设备，计算机硬件是 GIS 的物理外壳。GIS 的规模、精度、速度、功能、形式、使用方法，甚至软件等都受到硬件指标的支持或制约。GIS 的硬件配置一般包括计算机主机、数据输入设备、数据存储设备和数据输出设备 4 个部分。

地理信息系统（GIS）是一项集成的多学科科学，它汇集了多个传统学科的方法和技术，以实现对地球表面现象的捕获、管理、分析和可视化。

5.1.2　GIS 的主要功能

GIS 的主要功能是通过捕获、存储、分析、可视化和共享地理数据，以便更好地理解和解释地理现象，支持决策过程，并促进各种领域的创新和进展。以下是 GIS 的主要功能：

1. 数据捕获

GIS 可以通过多种方式捕获空间和非空间数据，包括卫星图像、传感器数据、现场测量、数字化地图等。这些数据可用于创建和更新地理数据库。

2. 数据存储和管理

GIS 具有存储和管理大量地理数据的能力。它可以组织数据，使其更容易访问和查询。此外，它还提供了数据完整性和安全性的控制。

3. 数据分析和操作

GIS 可以对数据进行多种分析和操作，如叠加分析、缓冲区分析、网络分析等。这有助于揭示空间关系、模式和趋势。

4. 数据可视化

GIS 提供了强大的可视化工具，以图表、地图和三维模型的形式呈现数据。这有助于更直观、更生动地解释和理解地理现象。

5. 空间建模

GIS 可以创建空间模型来模拟和预测现实世界的地理过程。这对于规划和决策尤为重要。

6. 决策支持

GIS 作为一个强大的决策支持工具，可以通过分析和可视化技术帮助政府、企业和组织做出更明智的决策。

7. 集成和扩展

GIS 具有与其他系统和技术集成的能力，如人工智能、大数据分析等。它还可以定制和扩展以满足特定需求。

8. 协作和共享

GIS 支持多用户协作和数据共享。通过云计算和在线平台，它促进了跨组织和跨地域的合作。

5.1.3 GIS 数据采集存储与管理方法

在测绘领域，地理信息系统（GIS）已成为最核心的技术之一，为我们提供了高效、准确的方法来采集、存储和管理地理数据。通过先进的遥感技术，例如利用无人机（UAV）和卫星，我们能够获取到高分辨率的地面图像。同时，高精度的全球定位系统（GPS）设备使我们能够精确地测量特定地点的地理位置和高程，这在地形测量和建筑测量中尤为重要。此外，激光雷达（LiDAR）技术通过发射和接收激光脉冲，为我们生成高分辨率的地形图和地形模型。

而在数据存储方面，地理数据库为我们提供了集成的解决方案，能够有效地存储、查询和操作地理信息。随着大数据时代的到来，云计算也提供了强大的存储解决方案，确保了数据的可访问性并降低了存储成本。同时，多种数据格式，如 Shapefile、GeoJSON 和 KML，根据不同的需求提供了灵活的数据组织和存储选项。

在数据管理方面，元数据的创建和维护变得至关重要，因为它为用户提供了关于数据来源、质量和更新频率的关键信息。确保数据的准确性和完整性，如误差检查和空间参考验证，是数据质量控制的核心。在多用户编辑环境中，版本控制技术可以跟踪每一次的数据更改，从而确保数据的一致性。最后，为了数据的安全性，定期的数据备份和安全策略是防止数据丢失和外部威胁的关键。GIS 中的基本数据类型反映了地图上的传统数据。下面是常见的 GIS 技术使用的两种基本数据类型，即空间数据和属性数据。

1. 空间数据

空间数据描述了地理特征的绝对位置和相对位置。GIS 中的空间数据是对地理现象的数字化表示，捕捉地球上各种特征的地理位置和相关描述。这些数据可以分为矢量和栅格两种形式。矢量数据通过点、线和多边形描述离散的地理对象，例如交通节点、河流轮廓或行政边界。而栅格数据以规则的网格形式存储信息，每个单元或像素都有一个特定的值，如卫星影像或地形高度。无论哪种形式，空间数据都为 GIS 提供了对地理环境的深入洞察，从而支撑各种空间分析和模拟。现实世界中的空间特征有三种类型——点、线、面（图5-2）。

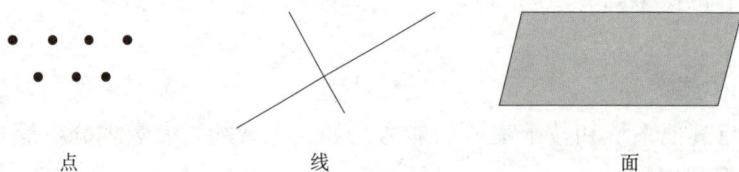

点　　　　　　　　线　　　　　　　　面

图 5-2　空间数据特征的分类

2. 属性数据

GIS 的属性数据，与空间数据相对应，是描述地理特征非空间性质的信息。简单来说，如果空间数据告诉我们"在哪里"，那么属性数据则告诉我们"是什么"。例如，当一个矢量点代表一个城市时，其属性数据可能包括城市的名称、人口、面积、经济产值等。属性数据通常存储在表格中，属性数据通常称为表格数据，其中每一行代表一个地理特征，每一列则对应一个属性或描述。在 GIS 中，这些属性表格可以与空间数据关联或链接，从而为用户提供一个完整的地理信息视图，同时也支持各种复杂的查询、分析和报告功能。

3. 其他数据类型

图像和多媒体数据随着技术的变化而变得越来越普遍。根据数据的具体内容，图像数据可以被认为是空间数据（如照片、动画和电影）或属性数据（如声音、描述和叙述）。属性又可以分为两种类型——主要属性和次要属性。许多商业 GIS 软件包将属性数据与空间数据分开存储在分割数据系统中，称为地理关系模型。空间数据存储在图形文件中并由文件管理系统管理，但属性数据存储在关系数据库中。关系数据库是表的集合，表可以通过属性相互连接，属性的值可以唯一标识表中的记录。

4. 空间数据格式

空间数据以地图的形式存储和呈现，为了数字化存储地理数据，已经发展了三种基本类型的空间数据类型，它们是矢量、栅格和图像。图5-3反映了两种主要的空间数据编码技术，它们分别是矢量和栅格。矢量数据的特征是使用连续的点或顶点来定义线性段，每个顶点由一个 x 坐标和一个 y 坐标组成。矢量线通常称为弧，由一串以节点终止的顶点组成。节点定义为开始或结束圆弧段的顶点，一对坐标和一个顶点定义点特征，多边形要素由一组闭合坐标对定义。拓扑模型是目前 GIS 技术中使用的主导矢量数据结构。如果没有拓扑向量数据结构，许多复杂的数据分析功能就无法有效地进行。

而栅格数据模型结合了网格单元数据结构的使用，其中地理区域被划分为由行和列标识的单元，这种数据结构通常称为栅格。栅格数据结构实际上是一个矩阵，如果已知原点和网格单元的大小，则可以快速计算出任何坐标。由于网格单元可以在计算机编码

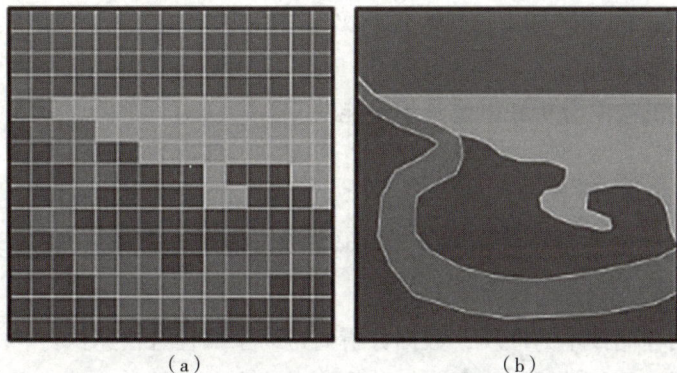

（a）   （b）

图 5-3　真实世界的实体被抽象成的基本几何图形
（a）栅格图；（b）矢量图

中作为二维数组处理，因此许多分析操作很容易编程。大多数基于栅格的 GIS 软件要求栅格单元应仅包含单个离散值。因此，数据层可以分解为一系列栅格地图，每个栅格地图代表一种属性类型，例如物种地图、高度地图和密度地图。

此外，由于大多数数据都是以矢量格式捕获的，例如数字化，必须将数据转换为栅格数据结构，这称为矢量栅格转换。大多数 GIS 软件允许用户定义矢量栅格转换的栅格网格（单元）大小。

矢量数据模型不能很好地处理连续数据（例如高程），而栅格数据模型更适合此类分析。反之，栅格结构不能很好地处理线性数据分析，例如最短路径，而矢量系统可以。对于用户来说，了解每种数据模型都有一定的优点和缺点非常重要，使用矢量或栅格数据模型来存储空间数据各有优点和缺点。

5. 矢量数据的优点

1）数据可以以其原始分辨率和形式表示，无须泛化。

2）图形输出通常更美观（传统制图表示）。

3）由于大多数数据（例如硬拷贝地图）都是矢量形式，因此不需要进行数据转换。

4）维护数据的准确地理位置。

5）它允许对拓扑进行高效编码，从而实现更高效地操作拓扑信息，例如邻近度、网络分析。

6. 矢量数据的缺点

1）每个顶点的位置需要显式存储。

2）为了进行有效的分析，必须将矢量数据转换为拓扑结构。这需要密集处理和广泛的数据清理。另外，拓扑是静态的，任何更新或者编辑矢量数据需要重新构建拓扑。

3）操作和分析功能的算法复杂，可能需要密集处理加工。通常，这本质上限制了大型数据集的功能。

4）连续数据，例如高程数据，不能有效地以矢量形式表示。通常，这些数据层需要大量的数据概括或插值。

5）多边形内的空间分析和过滤是不可能的。

7. 栅格数据的优点

1）每个单元格的地理位置由其在单元格矩阵中的位置暗示。因此，除了原点（例如，左下角）之外，不存储任何地理坐标。

2）由于数据存储技术的性质，数据分析通常易于编程且快速执行。

3）栅格地图（例如单属性地图）的固有性质非常适合数学建模和定量分析。

4）离散数据（例如林分）与连续数据（例如高程数据）同样适用，并有利于两种数据类型的集成。

5）网格单元系统与基于光栅的输出设备非常兼容，例如静电绘图仪和图形终端。

8. 栅格数据的缺点

1）像元大小决定了数据表示的分辨率。

2）根据细胞分辨率，充分表示线性特征尤其困难，因此，网络连接很难建立。

3）如果存在大量数据，则关联属性数据的处理可能会很麻烦。栅格地图本质上仅反映一个区域的一个属性或特征。

4）由于大多数输入数据都是矢量形式，因此数据必须经过矢量转栅格的转换。除了增加处理要求之外，这还可能由于概括和选择不适当的单元尺寸而引入数据完整性问题。

5）大多数网格单元系统的输出地图不符合高质量制图需求。

目前，比较广泛使用的数据包括模拟地图、航空照片、卫星图像、全球定位系统（GPS）测量、数字化仪、扫描仪以及报告和出版物等数据源。另外，现场收集原始数据也可以直接输入 GIS，当所需数据以其他方式获取不到时，使用平面工作台、水准仪和经纬仪的传统手动测量技术是直接现场测量获取测绘数据的方法。使用现代数字仪器收集的数据，可以以数字格式存储，可直接输入 GIS。

地形测量将全站仪与 GPS（图 5-4）结合使用可以更准确地收集更多细节，此方法非常准确，但成本太高，无法覆盖大范围。目前一种相对较新的现场数据收集技术是使用 GPS 卫星导航系统，这些卫星将位置信息发送回地球。在商业上，可用的接收器可以同时从至少三颗卫星捕获数据，为 GPS 接收器操作员提供坐标位置。GPS 可以使用便携式背包或手持设备，使用来自 GPS 卫星的信号，通过三角学的 x、y、z 坐标计算出用户在地球表面的确切位置。民用 GPS 接收器可获得

图 5-4　实体 GPS 硬件

的精度范围为 10~30cm，具体取决于所使用的 GPS 接收器类型、观测方法和观测时间。

5.1.4　GIS 空间数据查询与分析功能

地理信息系统（GIS）越来越多地用于决策支持，这需要复杂的数据分析工具将地理空间数据转化为有用的空间知识和情报。GIS 的空间分析能力利用空间数据库中的空间和非空间数据来解决各种问题。空间数据分析的主要目标是将不同来源的数据转换和组合成有用的信息，并满足决策者的目标。规划中的问题（例如港口的最佳位置应该在哪里）或预测（例如大坝盆地的大小应该是多少）是使用 GIS 空间分析功能的典型问题。空间分析的概念和技术有助于将 GIS 的作用从地理空间数据管理转变为各种组织的特殊决策支持。GIS 中的空间分析包括基本的数据操作过程，空间分析的目的是选择、组合或重新格式化现有的地理空间数据集，以生成适合回答特定空间问题的新数据。

以下是一些常见的 GIS 空间分析方法：

1）空间查询。这是 GIS 最基本的功能之一，可以通过查询和分析空间数据来获取感兴趣的对象的信息。例如，可以查询某个区域的边界、人口、经济等数据，以便进行进一步的分析和决策。

2）地图可视化。GIS 可以将空间数据转换成地图形式，以便更好地展示和分析空间数据。地图可视化可以用来显示数据的分布情况、识别不同的地理特征和现象等。

3）空间统计。GIS 可以用来进行空间统计和分析，以便发现数据中的空间关系和趋势。例如，可以通过空间插值方法来预测某个区域内的某种现象的发展趋势。

4）地形分析。GIS 可以用来进行地形分析，包括地形高度、坡度、坡向等分析。这些分析可以帮助人们更好地了解地形特征和地貌形态，以及地形对自然环境和人类活动的影响。

5）路径分析。GIS 可以用来进行路径分析，包括最短路径、最佳路径等分析。这些分析可以帮助人们更好地了解路径长度、阻力和可达性等特征，以及路径对交通、物流和旅游等领域的影响。

在进行 GIS 空间分析时，需要注意以下事项：

1）数据的准确性和完整性。GIS 空间分析的准确性和完整性直接取决于数据的准确性和完整性。因此，需要确保数据的准确性和完整性，以便进行可靠的空间分析。

2）数据的格式和标准。GIS 空间分析需要使用特定的数据格式和标准，因此需要确保数据的格式和标准符合要求，以便进行正确的空间分析。

3）数据的保密性。GIS 空间分析需要使用敏感的数据，因此需要确保数据的保密性，以便保护数据的安全和隐私。

GIS 数据分析的原则包括：

1）必须能够表达和理解问题的数据域和功能域，GIS 产品的定义和开发工作最终是为了解决数据特别是空间数据的处理问题。对于 GIS 产品所处理的数据，其数据域应包括数据流、数据内容和数据结构。

2）必须按自顶向下、逐层分解的方式对问题进行分解和不断细化，对一个复杂的GIS的功能域和信息域都应作进一步分解，这种分解可以是同一层次的横向分解，也可以是多层次的纵向分解。

空间查询主要介绍几何参数查询、空间定位查询、空间关系查询、SQL查询，具体如下：

1）几何参数查询，包括点的位置坐标、两点间的距离、一个或一段线目标的长度、一个面状目标的周长或面积等，相关算法参看本书第5章。

2）空间定位查询，是指给定一个点或一个几何图形，检索出该图形范围内的空间对象以及相应的属性，包括按点查询、按矩形查询、按圆查询、按多边形查询。

3）空间关系查询，包括空间拓扑关系查询和缓冲区查询，包括邻接查询、包含关系查询、穿越查询、落入查询、缓冲区查询。

4）SQL查询。①查找是最简单的由属性查询图形的操作，不需要构造复杂的SQL命令，仅要选择一个属性表，给定一个属性值。②SQL查询（标准的SQL查询言语是：select，需显示的属性；form，属性表；where，条件；or，条件；and，条件。进一步还可以嵌套语句。③扩展的SQL查询，将SQL的属性条件和空间关系的图形条件组合在一起形成扩展的SQL查询语言。

5）叠置分析。主要介绍空间逻辑运算、基于栅格的叠置分析、基于矢量的叠置分析。是一项重要的空间分析功能，至少涉及两个图层，其中至少有一个图层是多边形图层称基本图层，另一图层可能是点、线或多边形。运用到逻辑交、逻辑并、逻辑差的运算。

5.1.5 GIS 数据可视化与制图功能

地理信息系统（GIS）的数据可视化与制图功能是 GIS 最直观和引人注目的方面之一。通过将复杂的空间数据转化为直观的图形和地图，用户能更好地理解和沟通地理信息，如图 5-5 所示。

图 5-5　GIS 地图数据可视化示意图

1. 可视化的概念

可视化本意即变成可被视觉所感知，在人脑中形成对某物（人）的图像，目的是促使对事物的观察力及建立概念等。科学计算可视化是指运用计算机图形学和图像处理技术，将科学计算过程中产生的数据及计算结果转换为图形和图像显示出来，并进行交互处理的理论、方法和技术。它不仅包括科学计算数据的可视化，而且包括工程计算数据的可视化。它的主要功能是从复杂的多维数据中产生图形，也可以分析和理解存入计算机的图像数据。

2. 空间信息可视化的形式

地图是空间信息的最主要和最古老的可视化形式。随着计算机图形学的诞生，空间信息开始以图形和文本的方式在计算机上呈现。尽管这种表示形式相对简单并常被视为一维，但多媒体技术的出现和进步已经开启了空间信息可视化的新纪元。如今，可视化手段日益多样和丰富，展现出多维的特点，并持续向前发展，相关方法如下：

1）地图。地图可以呈现为纸质或其他物理介质，也可以在屏幕上作为电子地图展现。随着计算机技术的进步，这两者实质上变成了数字地图在计算机上的硬拷贝与软拷贝。其中，纸质地图是硬拷贝，而屏幕上的电子地图是软拷贝。相比纸质地图，电子地图拥有更多的优势：制作流程更为灵活，展现形式多样，易于修改和制作，更新迅速，颜色选择丰富，具有高度的动态性，并能快速方便地进行查询。电子地图的这些特点使得人们可以从各种不同的视角、方式、高度和细节水平来查看和解读空间信息。

2）多媒体地学信息。空间信息可视化的关键是通过文本、表格、声音、图像、图形、动画、音频和视频等多种方式，综合地、形象地并逻辑地整合这些信息为一个统一的概念。这些多媒体形式能够生动、真实地展示空间信息的特定细节，它们都是全方位呈现空间信息的不可缺少的手段。

3）三维仿真地图。三维仿真地图是基于三维仿真和计算机三维真实图形技术而产生的三维地图，具有仿真的形状、光照、纹理等，也可以进行各种三维的量测和分析，如图 5-6 展示部分深圳市 3D 城市地图。

4）虚拟现实。虚拟现实为空间信息可视化提供了一种先进的研究和发展路径。它依赖于计算机技术和其他设备，如头盔和数据手套，形成一个高级的人机互动系统。这种系统主要基于视觉体验，但也融合了听觉、触觉、嗅觉甚至味觉，为用户创造出仿佛置身于真实地理空间的沉浸式体验，并能与该环境进行交互。

3. GIS 的制图功能

地理信息系统（GIS）在近几十年的技术进步中已成为数字地图制图的核心工具。数字地图不仅仅是传统地图的电子版本，它结合了丰富的数据、高级的分析功能和直观的可视化技术，为地理信息提供了一个全新的维度。GIS 的引入彻底改变了制图的景观，它将数据的收集、存储、查询、分析和展示整合到一个统一的平台中。这种整合意味着地

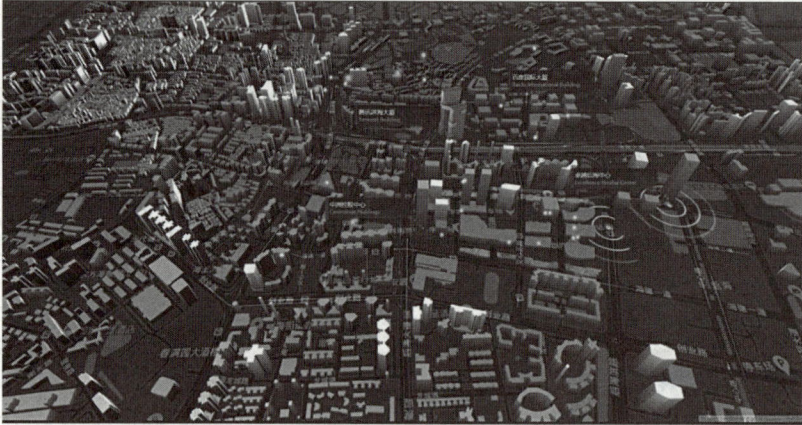

图 5-6　部分深圳市 3D 城市地图

图不再仅仅是静态的图像，而是一个动态的、可交互的工具，能够响应应用用户的查询，显示多维度的数据，并为决策者提供有力的支撑。这种融合了数据科学、地理科学和计算技术的交叉学科，使得数字地图制图变得前所未有地强大和多功能，为各种应用提供了强大的工具和资源。在数字化时代的今天，地理信息系统已成为空间信息分析应用的主要工具。在测绘领域，地图制图仍然是当前的任务之一。

数字地图具有以下特点：

1）在数字地图中引入了三维信息和时态信息，使得数字地图的内容更加具有丰富性和多样性。

2）数字地图是一个可提供查询、分析和应用的多元化模式的地图，因而，这种地图具有无缝性和高精度性。

3）在数字地图上，用户可以根据自己的需求对地图内容进行分类、整合、计算和操作，从而生成各种比例和样式的图形。这得益于数字地图背后的专门程序，它能够将遥感图像、普通图像、常规地图和专题地图等资源转换为数据格式，而这些数据正是构成数字地图的核心元素。

4）数字地图是一种结合了交互技术的现代化地图形式。相较于传统地图的单一特性，如特定的色彩和比例尺，数字地图展现出更强的实用性、适应性和广泛的用户接受度。这种地图不只易于编辑、调整和更新，还能提供快速、精确、信息丰富的内容，并带有各种创新的图形展示。更为重要的是，用户可以按照自己的需要自由地修改和补充地图内容。

基于 GIS 技术建立的地图数据库具备空间数据的大部分特点，但主要为满足地图制图而设计，其主要功能有数据获取、要素分类分层管理、要素编辑、地图整饰、居民地密度自动选取、生成里程、投影变换、生成经纬网、地图裁切、格式转换等。

1）要素编辑。地图的全数字编辑和发布首先在 GIS 地图数据库中进行，这一过程充分发挥了 GIS 软件在空间分析、数据编辑、特征分类和层级提取，以及数据检索中的能力。编图专家会根据地图的专题定位，确定所需的地理基础要素和专题内容，并进行分类和层级管理，以确保后续分层输出文件的兼容性。在 GIS 中，这些要素可以被有效地提取和管理，同时，依据制图的综合选择原则，计算机可以自动计算居民点的密度。这样，不仅确保了地图数据的方便性和准确性，还为地图集提供了可动态更新的基础数据。

2）投影变换。投影变换是将一种地图投影的坐标转化为另一种投影的坐标。由于 GIS 中的空间数据来源于多个不同的信息源，这些源的投影方式可能与地图所需的投影不同。但在 GIS 软件中，实现不同投影间的变换变得相对简单。为满足地图的特定内容、目标、地理位置、使用场景以及长度、面积和角度的变形要求，可以选择适当的地图投影以增强地图的准确性。例如，等角圆锥投影适用于中纬度且沿东西方向展开的地区，因此，它常被用于制作中国大陆或各省份的地图。在 GIS 软件中，只需设置相应的投影参数和方法，便可轻松实现这一转换，展现了 GIS 数据的巨大优势。

3）格式转换。GIS 数据的常见格式包括 E00、Shape 和 Mif 等。为了在计算机辅助制图软件中编制和发布地图，这些数据格式需要被转换为该软件可以识别和处理的格式。转换数据格式的目的是实现数据在不同软件平台之间的无缝转换和共享。其中，一种实现方法是通过特定编程语言直接读取 GIS 数据。另一种策略是利用中间数据交换格式，再通过计算机辅助制图软件来访问和处理这些中间格式的 GIS 数据。

随着信息技术的飞速进展和 3S 技术的广度扩展，测绘科学正步入其数字化时代。数字地图作为 GIS 的核心数据，经过不断的尝试、演进和成功案例，已经构建了一个规模化的生产流程。现如今，我们已经进入了一个新的时期，其中数字地图信息通过数据库技术转化为传统纸质地图，同时确立了空间数据与属性数据的紧密联系，并在这方面取得了显著的进展。

5.2 GIS 在智能测绘中的应用

智能测绘利用尖端的传感器技术、数据处理、人工智能及自动化技术对空间信息进行采集（图 5-7 无人机航测技术）、处理和解读。随技术进步与需求上升，智能测绘逐渐在多个行业中占据了核心地位，无论是城市布局、环境监控，还是交通导向与应急响应，其应用都日益广泛。基于此，地理信息系统（GIS）在智能测绘领域中起到了不可或缺的角色。GIS 不仅为智能测绘带来了管理和分析空间数据的关键平台和工具，还通过整合各类数据来源、进行实时地分析并支持决策，令测绘工作更富智慧和效率。后续章节将深入剖析 GIS 在智能测绘领域的核心应用及创新趋势，进一步证明其在推进智能测绘进步中的重要地位和巨大潜能。

图 5-7　无人机航测技术　　　　　　　　图 5-8　GIS 做地形建模效果图

5.2.1　地形建模与分析

城市规划中，地形要素起着关键作用，而对地形的理解很大程度上依赖于地形分析。随技术的进步，地形分析的方式和策略都经历了显著的革新。以下，我们将探索 GIS 技术在地形分析中的应用及其相关概念，特别关注 GIS 如何被用来进行地形分析（图 5-8）。

地形分析主要使用等高线、坡度、坡向、剖面、汇水面积、填挖量以及三维视图等衍生图形或数据，来描绘地形的多种特性。这种分析过程有助于我们深入了解地形环境。地形分析可被划分为基本地形要素计算和深入的地形分析。基本要素涵盖了高度、高度差、平均高度、坡度、坡向、粗糙度、脊谷线等信息，它们构成了地形分析的核心数据。而深入的地形分析则包括了通视度、地形特点、水系特点、水文、道路等方面的分析。从手工绘制基于纸张的地形分析，我们已经进步到基于数字地图的计算机辅助地形分析，这标志着地形分析方法和功能的巨大飞跃。数字地形分析（简称 DTA）是一个专门在 DEM（数字高程模型）上进行地形属性运算和信息提取的技术。这种基于 DEM 的技术能够捕捉到山顶、谷底、鞍部等地形特点，山脊线、山谷线等地形线条，以及地表的凹凸特性等。目前，数字地形分析技术在测绘、土地管理、水土保持和地质灾害监控等领域中都得到了广泛的应用。

以不规则三角形网络（TIN）为基础，通过 ArcGIS 软件进行地形分析的具体步骤如下：

1）地形数据整理：通过 CAD 工具从地形图中提取等高线并整理，确保图层整洁无其他多余线条，并验证等高线的高程数据准确性。

2）构建 TIN 模型：在 ArcMap 中导入经过整理的等高线文件，导入完成后，利用 ArcGIS 中的 3D Analyst 模块来生成 TIN 模型。在 ArcGIS 的界面上，不同的高程会用不同的颜色表示。

3）运用 DEM 模型进行地形分析：

（1）基于 DEM 或 TIN 数据提取坡度和坡向。通过分析坡度的变化，可以辨别潜在的滑坡、泥石流地区或受到严重侵蚀的土地，为防灾和水土保持工作提供参考。例如坡向分析可以帮助选择所有南向坡面的地区，为房地产开发选址提供有利条件。

（2）创建等值线及制作地形剖面图。在工程项目中，经常需要绘制地形剖面图。这类图形是基于 DEM 或 TIN 数据生成的。

（3）可视性分析。这是一个优化地形的分析方法。例如，为雷达站、电视发射站、道路选择、航行导航、移动通信基站选址和通信线路布设提供参考，主要包括通视性分析和可视域分析两大部分。

5.2.2　道路和交通规划

地理信息系统（GIS）在道路和交通规划领域的应用已经变得越来越普遍。图 5-9 展示了 BIM+GIS 在工程规划中的应用。通过 GIS 整合和处理各类空间和非空间数据，我们可以实现更为智能和高效的交通系统设计及管理。为了构建一个功能齐全的交通 GIS 平台并提升城市交通的智能管理能力，核心任务是创建一个详尽的地理信息数据库，这主要包括如下。

基础地理数据库：这类数据库通常基于 1∶2000 或 1∶10 000 的比例尺地图数据。对于大型城市，交通繁忙区可以使用大比例尺地图，而郊区可以使用小比例尺地图。中小型城市则建议使用统一的大比例尺地图。为了节约成本，可以采用高分辨率的卫星或航拍照片来校正地图，从而得到精确和清晰的地图数据。

交通专题数据库以及属性数据库：这些数据是基于基础地理数据加工和提炼而成的，能够全方位地展示道路的各种交通特征和基本信息。这是整个数据库的核心内容，也是交通地理数据库建设的焦点。它主要包括如下图层：政府机关、立交桥、地标建筑、第一层道路中心线、第二层道路中心线、道路中心线标注、加油站、门牌、停车场、收费

图 5-9　沿江高速 GIS+BIM 实现公路施工信息化

站、地铁线路、客货运输中心、交通信号、交通指示屏等。每一个图层都需要具备完整的属性信息。空间数据和属性数据通过一个独特的关键字段连接，方便进行数据更新、查询和修改等操作。

在道路路线的选择方面，利用 GIS 在道路路线的选择上为工程师提供了一个三维的视角。这样的视角不仅有助于协调道路的纵横布局，还能更直观地发现和修正设计中的瑕疵，使道路设计与总体规划更为一致。用户可以选择数字化地图的设计地区，交互式地标记关键点并连接它们以确定路线的走向。通过输入平滑的曲线元素，设计师便能草拟一条初步的路线。当地形高程数据充足时，系统会自动生成等高线，进一步帮助工程师绘制纵横断面并完成相应设计。此外，用户还能调用与项目相关的各类信息，如地形、规划图、航拍照片、统计数据及各类文件等，便于分析、比较并筛选出最佳路线方案。

地理信息系统凭借其空间查询、分析和制图功能，为交通工程师提供了宝贵的工具。结合专业的城市交通地图，工程师可以将交通地理数据数字化，并创建规定比例的数字地图及相应的 GIS 数据库，从而高效地进行道路交通的管理和规划。例如，国内已有多个大城市成功地利用 GIS 技术开发了交通管理信息系统。如上海市所建的交通信息管理系统，它由一个中心和 15 个分中心组成。每个分中心都实时收集和传送本区域的交通信息，同时提供可视化查询服务，包括图形显示和文本报告。主控中心收集各个分中心的数据，经过统计分析后，制作全市的交通信息表和广播稿。上海市交通信息台随后会广播这些信息，帮助驾驶员了解实时路况，使他们能够做出更明智的出行决策。

5.2.3　基础设施管理

GIS 技术也广泛应用于公用事业的规划和管理，是当前较为主流的城市基础设施管理技术，其具有高效、直观、可视化等特点，为城市管理提供了许多便利和支持。GIS 在处理规划、决策、客户服务、监管要求、方法标准化和图形显示等方面独树一帜。典型用途包括管理以下服务：电力、天然气、水、道路、电信、雨水管道、电视调频传输设施、危险分析和调度以及紧急服务。

例如以 GIS 为基础的给水管网计算机管理系统（图 5-10），包括了数据库、现状分析、管网模型、GIS、优化调度等模块。应用 GIS 功能的给水管网计算机管理系统，可实现管网信息更新、模型管理与实测数据统一，这可以有效地避免工作重复，大大提高工作效率。

基于 GIS 的城市供水管网模块为城市供水系统带来了巨大的转变。GIS 不仅为管网提供了图形数据支持，而且能对这些数据进行现场校正。此外，结合 SCADA 系统，实时数据如管网流量、水厂运行和泵站状态等可以无缝整合进数据库，为分析和决策提供强有力的支撑。当前的管网模型强调了水力学的分析，它从 GIS 中获取基础数据，并结合实测数据来进行模拟和分析。对于新建或扩展的管网，其模型分析能有效地预测水量并利用历史数据进行评估。另外，基于 GIS 的现状分析和优化设计可以与 CAD 工具无缝整合，

图 5-10　以 GIS 为基础的给水管网计算机管理系统

以产生准确的施工图。此外，综合利用多方数据，如 GIS 图形、SCADA 实测数据和水量预测，可以实现全面的供水调度并实时发布调度命令。

　　然而，现存的城市供水和排水系统在管理上仍有不足，如延后的管理手段、信息的不完备和与现实脱节。为了解决这些问题，采用 GIS 技术进行城市供水和排水的管理成为趋势。通过引入 GIS，我们可以实现自动化的管网管理，优化管线布局并节省资金。GIS 集成的模块化功能，如查询、空间分析和事故处理，都增强了这一系统的应用价值。具体而言，利用 GIS 技术的城市供水和排水系统能迅速定位数据库中的关键信息，大大提高操作效率。管理人员可以轻松地获得关于供水和排水网络运行状况的详细数据。在发生事故时，该系统可以快速提供最佳的处理方案，指出需要关闭的阀门和需要维护的检查井，从而简化了紧急修复过程。最重要的是，它为用户提供了一个直观的平台，可清晰地显示管网状况和相关位置，使原本难以观察的地下管网变得"可视"，从而实现管网的可视化管理。

5.2.4　遥感影像处理与分析

　　遥感是通过设备如卫星、飞机和地面传感器收集地球表层数据的方法。这项技术能够将地球上的物理和化学属性转化为数字信号，然后导入计算机进行深入分析。其技术种类繁多，包括光学、雷达和红外等，且按获取信息的模式分为主动和被动遥感。光学遥感依靠可见光和光谱属性来捕获地表信息，像 Landsat 和 SPOT 这样的卫星可产生 1~10m 的高清图像。雷达遥感则通过发射电磁脉冲并接收其反射信号来识别目标。虽然其分辨率可能较低，但能透视云和其他覆盖物，且不受天气影响。红外遥感技术则依赖红外能量来分析目标，可用于检测热度变化或物质的组成。地球上的物体都具有独特的光谱属性，这些属性，基于反射或发射率，在各种波长上呈现出不同的特征。物体的光谱特性，即其发射的反射率，构成了其光谱特点。这些光谱数据为遥感解读提供了基础。地理信息系统（GIS）在此领域中扮演着核心角色，不仅支持地图绘制和空间数据分析，还被应用于环境监测、城市规划和灾难响应等多个领域。

　　遥感技术在 GIS 中的应用如下：

　　1）自然资源管理。遥感技术可以用来监测土地利用、土地覆盖、森林估算和农作物生产情况等。将遥感图像与图层数据组合在一起，就可以进行专业的分析和可视化。例如，美国国家地球空间情报局发布的地表温度图可以用于预测气象变化和自然灾害等。中国林业卫星遥感项目可以用于林木覆盖率和森林资源的监测和管理。

2）城市规划和土地管理。遥感技术可以用来帮助城市规划、土地使用和公共设施的设计。它可以提供城市发展的历史和当前状态，为城市规划者提供数据支持。例如，由美国纽约市政府发布的一份遥感图表现了该市的大楼高度和用途，这可以帮助城市规划者以及商业房地产开发商合理规划。

3）气象预测和自然灾害管理。遥感技术可以被用于气象、水文和气候学等相关的气象预测。天气卫星可以通过收集所有天线所能看到的整座城市的图像并处理成气象图来进行天气预报。此外，遥感技术能够提供地震、火灾以及其他自然灾害的实时监测和评估（图 5-11）。

图 5-11　遥感与 GIS 在滑坡灾害监测与预测

遥感技术在 GIS 中的优势：遥感技术在 GIS 中的优势在于高效性、低成本、时效性和普适性。遥感技术可以获取大量和准确的数据，为 GIS 提供了更广泛、快速的数据来源。与传统地面监测相比，遥感数据获取成本更低，意味着中小型企业和政府机构也能够使用遥感技术来协助实现 GIS 的目标。在复杂或偏僻地区，遥感技术可以提供更快的数据获取和处理。由于遥感数据以数字形式存储和转换，可以通过互联网和其他通信设施方便地获取，并且不受时间、空间和区域因素的影响。

5.2.5　环境影响评估

地面摄影和航空摄影都可以为我们提供关于土地、水资源以及其他自然属性的详细数据。利用 GIS，专家们可以创建多个地图层，这在进行环境影响评估时尤为有用。此外，这些技术也助于预测自然灾害。分析图中还可以融入统计数据、未来增长预测、商业挑战等信息。对于环境研究而言，数字制图已经成为不可或缺的工具。相较于传统的手工制图，其周期较长且更新缓慢，这在现代环境保护中逐渐被视为过时。而 GIS 提供了一种更加高效的方式，通过一次建设，我们可以得到多次的输出。通过地理信息系统，我们不仅可以构建完整的地图数据库，还能根据需求输出不同的专题地图层。与手工绘图相比，GIS 创建的地图层更为灵活，可以在基础地图上添加或调整专题数据，进而生成高质量的专题图，更好地突显其特色和重点。

1. GIS 应用于环境监测

在环境监测开展的过程中，使用地理信息系统可以对一些数据进行实时的处理，从而可以更好地为环境决策提供必要的辅助手段。例如在流域的自然环境地理信息数据采集过程当中，通过对监测数据的存储和处理，然后利用地理信息系统技术进行归纳、演绎并分析，从而可以对流域的水环境现状和污染情况进行直观地显示，从而帮助相应的人员更好地开展数据的分析和空间分析工作，在决策上起到辅助和帮助的作用。

2. GIS 应用于环境应急预警预报

对国家的发展来说，如果能够建立起一个比较重大的环境污染事故区域预警系统，就可以在环境的应急预警预报方面发挥非常重大的作用，对一些事故的敏感区域开展相关针对性的监测工作。例如大连市的重大污染事故区域的预警系统，将重大污染事故的多种预测模型和 GIS 处理模块结合，要有一个风险源出现了事故，就可以立刻采取应急的措施和报警的信息，并科学地提供一些人员及物资调度的建议，从而在重大污染事故的应急指挥当中提供了帮助的作用。

3. GIS 应用于环境质量评价和环境影响评价

由于地理信息科学系统可以集成管理和场地密切相关的环境数据，因此它在信息综合分析方面是非常有利的一个工具。环境影响评价工作的目的是对建设项目有可能对环境产生的环境影响进行预测和分析，从而帮助人们采取防治环境污染、减轻环境影响的措施，避免在项目建成后万一发生环境事故的时候，产生更大的环境影响及经济损失、社会影响。利用地理科学信息系统的空间分析功能，可以对一些建设项目的各种数据进行综合分析，从而帮助人们确定一个更为科学的环境影响评价模型。

5.3　GIS 的技术挑战和未来趋势

地理信息系统（GIS）是一个强大且多功能的工具，主要用于处理、储存、分析及呈现各种地理和空间数据。尽管 GIS 已广泛应用于多个领域，但仍然存在一些挑战。其中，一些挑战关乎数据的准确性和完整性，而有些则更涉及技术和分析方面的问题。首当其冲的是数据的质量和准确性问题。确切无误的空间数据对于 GIS 的成功至关重要，但获取、验证及维护这些数据常常代价高昂并消耗大量时间。不准确的数据有可能导致误差的分析，进而影响关键决策。接下来，随着新技术如遥感、社交媒体和物联网的涌现，数据的来源和种类日益丰富，如何整合这些多元化的数据，使其能够在 GIS 中流畅地运作，也成为一个重大挑战。

此外，GIS 技术的不断进化也带来了更高的分析和处理复杂度。新兴的技术，如虚拟现实（VR）、增强现实（AR）和人工智能（AI）的结合为 GIS 带来了前所未有的机会，但同时也使得系统的开发和维护变得更为复杂和成本增加。图 5-12 给出了对新一代三维 GIS 应用技术的概述。

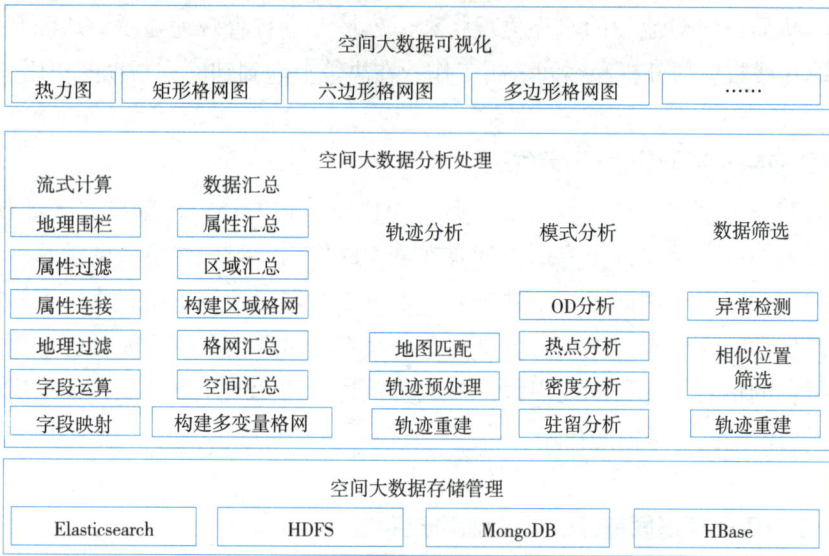

空间大数据可视化				
热力图	矩形格网图	六边形格网图	多边形格网图	……

空间大数据分析处理

流式计算	数据汇总	轨迹分析	模式分析	数据筛选
地理围栏	属性汇总			
属性过滤	区域汇总		OD分析	异常检测
属性连接	构建区域格网	地图匹配	热点分析	相似位置筛选
地理过滤	格网汇总	轨迹预处理	密度分析	
字段运算	空间汇总	轨迹重建	驻留分析	轨迹重建
字段映射	构建多变量格网			

空间大数据存储管理			
Elasticsearch	HDFS	MongoDB	HBase

图 5-12 结合大数据与云计算的 GIS 技术示意图

尽管存在挑战，但 GIS 的未来充满了机遇。随着技术的进步和新应用的出现，我们可以预见 GIS 将朝以下方向发展。第一，我们可以期待 GIS 将变得更加普及和易于使用。随着云计算和开源软件的兴起，许多先进的 GIS 功能现在变得更加易于访问和负担得起。这意味着更多的组织和个人可以利用 GIS 来支持他们的工作，无论他们的规模、预算或技术能力如何。第二，GIS 预计将更紧密地与其他先进技术和平台集成。例如，AI 和机器学习可以用于更智能的空间分析，而 VR 和 AR 可以用于更沉浸式的空间数据可视化。物联网（IoT）技术也可能使实时空间数据监测和分析变得更为普遍。

GIS 也可能将在新领域和新应用中发挥作用。随着地球气候变化和城市化等全球挑战的加剧，GIS 在环境保护、城市规划、公共卫生等领域的作用可能会进一步增加。同样，GIS 也可能在教育、娱乐和社交媒体等更广泛的领域中找到新的应用。

5.3.1 数据整合与集成挑战

地理信息系统（GIS）已经成为许多行业中用于分析和可视化地理空间数据的强大工具，图 5-13 展示大数据 GIS 技术体系示意图。然而，随着数据来源的多样化和数据量的不断增加，数据整合与集成成为 GIS 领域中的一项重大挑战。

1. 数据多样性的挑战

1）数据格式的不兼容性。现代 GIS 系统必须处理各种格式的数据，包括矢量、栅格、文本和多媒体等。各种数据格式的存在使得数据整合变得复杂和耗时。许多

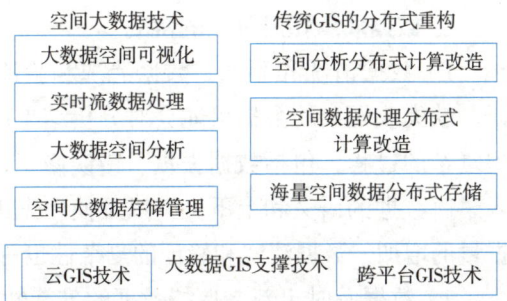

图5-13　大数据 GIS 技术体系示意图

现有的 GIS 工具可能只针对特定的数据格式进行了优化，导致格式之间的转换困难。例如，将 CAD 数据与标准 GIS 格式整合可能会遇到层次结构、属性数据和几何形状的不一致问题。针对不同数据格式的定制解决方案可能会导致开发和维护成本的增加，同时也增加了整合过程中出错的风险。

2）空间和时间分辨率的差异。空间和时间分辨率的差异也是 GIS 数据整合的重大挑战。不同的数据源可能在空间分辨率和时间分辨率方面存在显著差异。例如，一些卫星图像可能每几米有一个像素，而地面测量数据可能精确到厘米。同时，有些数据可能每天更新，而其他数据可能每年只更新一次。协调这些差异可能需要复杂的插值、重采样和时间序列分析技术。同时，这样的处理可能导致精度损失和分析结果的不确定性增加。

3）测量单位和数据质量的不一致性。不同的数据源可能使用不同的测量单位和标准。例如，有些数据可能使用米作为测量单位，而其他数据可能使用英尺。这种不一致性可能会导致整合过程中的混乱和错误。同时，不同数据源的质量也可能有所不同。有些数据可能经过严格的质量控制和验证，而其他数据可能质量较差。整合不同质量的数据可能导致整体分析结果的可靠性下降。因此，可能需要进行详细的数据质量评估和质量控制，以确保整合过程的准确性和可靠性。

2. 大数据和实时数据的挑战

1）大数据的存储和处理。随着无人机、卫星和传感器等设备的广泛应用，GIS 系统现在必须处理大量的数据。这些数据不仅在数量上巨大，而且结构复杂，涉及多维空间和时间信息。传统的数据库和分析工具可能无法有效处理这种数据规模。因此，可能需要开发新的存储、检索和分析方法。例如，可能需要使用分布式数据库和并行计算技术来实现大数据的高效处理。这不仅需要高性能的硬件支持，还需要开发新的算法和软件框架。

2）实时数据的分析。随着实时和近实时数据在 GIS 分析中的应用越来越广泛，如何快速分析和可视化这些数据成了一个重要问题。实时数据分析要求系统能够即时响应，处理大量连续输入的数据流。这可能需要实时数据挖掘和机器学习技术，以及高性能计算资源。传统的批量处理方法可能不再适用，可能需要开发新的流处理技术和实时分析方法。同时，如何将实时分析结果有效地呈现给用户，也是一个挑战。

3. 数据质量和准确性的挑战

1）数据清洗和验证。数据清洗和验证是确保数据整合和集成成功的关键步骤。错误、缺失或冗余的数据可能会对分析结果产生显著影响。数据清洗和验证可能需要一系列复杂的过程，包括数据去重、错误修正、缺失值填充和异常值检测等。这可能需要深入了解数据的语义和上下文，以及使用先进的数据挖掘和机器学习方法；而且，随着数据量的增加，数据清洗和验证的复杂性也可能相应增加。

2）数据及时更新。保持数据的准确性和及时更新是 GIS 数据整合的一个重要挑战。随着数据源的增加和变化，确保所有数据始终是最新和最准确的可能变得非常困难。需要有效的数据管理和监控策略，以及自动化的更新和验证工具。此外，数据的变化可能还会影响分析结果和业务流程，可能需要持续监控和适时调整。

5.3.2 数据安全和隐私挑战

1）数据泄露的风险。GIS 数据泄露可能会带来灾难性的后果，敏感信息如人口分布、基础设施位置、军事设施等。数据泄露可能是由于人为错误、系统漏洞或者是恶意黑客攻击。对于政府和企业来说，任何一个泄露的数据可能会引发公众恐慌、商业损失或者国家安全风险。防止数据泄露需要一套完整的安全措施，包括强密码、防火墙、加密、访问控制和持续的安全监控。尽管如此，随着攻击者技能的提高和新漏洞的不断出现，保持数据安全将是一个永无止境的挑战。

2）系统攻击和破坏的危险。GIS 系统可能受到多种攻击，包括拒绝服务攻击（DoS）、恶意软件感染、数据篡改等。攻击者可能试图瘫痪整个 GIS 服务，或者更加隐蔽地修改数据，导致错误地分析和决策。这可能对城市运营、紧急响应、军事行动等产生直接和严重的影响。保护系统免受攻击需要综合应用各种安全技术，例如入侵检测系统、实时监控、定期安全审计等。同时，组织还需要制定和练习应急响应计划，以便在攻击发生时迅速恢复。

3）内部威胁和滥用。内部威胁可能来自员工、合作伙伴或其他内部人员。他们可能滥用访问权限，窃取或泄露敏感信息，甚至破坏系统。内部威胁的挑战在于攻击者通常比外部攻击者更了解系统和组织。防止内部威胁需要一套精心设计的访问控制和审计机制。这包括最小权限原则、二因素身份验证、访问日志审计等。同时，还需要强调安全文化和培训，确保每个人都明白自己的责任和义务。

4）个人信息的收集和使用。随着 GIS 的广泛应用，涉及人们日常生活的信息被广泛收集和分析。这包括人们的家庭地址、消费习惯、健康状况等敏感信息。组织在收集和使用这些信息时，必须非常谨慎，以确保它们不被滥用或用于不正当目的。不透明的数据收集和使用可能引起公众不满和法律风险。因此，组织必须明确收集什么信息，为什么收集，以及如何使用和保护，确保符合隐私法规和公众期望。

5）位置隐私的威胁。位置信息在 GIS 中起着关键作用，但也引发了新的隐私挑战。人们的位置轨迹揭示了许多私人习惯和偏好。而这些信息可能被商家、政府或其他组织用于分析和推断。例如，通过分析人们的移动轨迹，可能推断出人们的工作地点、娱乐场所、医疗访问记录等。虽然这些信息可能有合法和有益的用途，但如果没有适当的保护和透明度，也可能被滥用和侵犯隐私。保护位置隐私可能需要特殊的技术和政策，例如位置模糊化和用户同意机制。

6）跨边界数据传输的复杂性。在全球化时代，数据通常跨越多个国家和地区流动。不同的地方可能有不同的隐私法律和文化期望。例如，欧洲的隐私法可能比其他地方更严格。因此，组织在收集、存储和处理跨境数据时，必须了解和遵循所有相关法规。否则，可能会遇到法律风险和声誉损失。这可能需要与多个司法管辖区的法律专家合作，以确保全球范围内的隐私合规。

7）公共与私人利益的平衡。随着 GIS 技术在城市规划、交通管理、公共卫生等领域的广泛使用，政府和公共机构可能需要收集和分析大量个人数据。这可能引发公共利益与个人隐私之间的紧张。一方面，使用这些数据可以提高公共服务的效率和针对性，从而造福社会。另一方面，过度的数据收集和分析可能侵犯个人隐私和自由。找到适当的平衡点可能需要仔细的伦理考虑，明确的法规指导，以及与社区的积极沟通和合作。

5.3.3 实时与移动 GIS 挑战

1）数据的实时获取。实时 GIS 的一大挑战是如何快速捕获大量流动数据。例如，交通监控系统需要实时捕获数千辆车的位置和速度。这样的任务需要精密的时间同步、大量的传感器网络和大带宽的数据通信。同步和集成来自不同源的数据也可能是一个技术挑战，因为不同的设备可能使用不同的标准和协议。另外，实时数据获取也对数据质量提出了高要求。即使小小的错误或丢失都可能导致分析的偏差和错误决策。

2）移动设备的数据连接。移动 GIS 依赖于无线网络，使用户能够在路上访问地理信息。然而，无线连接可能不稳定、速度变化，特别是在偏远或信号覆盖不足的地区。数据的延迟和丢失不仅降低了用户体验，还可能影响关键任务，如紧急响应和现场决策。设计鲁棒的连接和恢复机制，以及优化数据传输和本地缓存可能是必需的。图 5-14 展示移动 GIS 技术流程示意图。

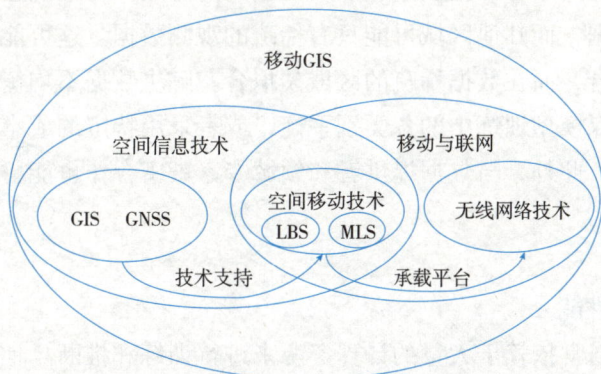

图 5-14　移动 GIS 技术流程示意图

3）实时分析的复杂性。实时 GIS 分析是一项复杂的计算任务。从风暴追踪到股市分析，许多应用都需要大量的计算资源来实时地分析大量的输入数据。高性能计算、分布式处理和高效算法可能是必要的。但即使有了这些，保持实时性能，特别是在数据量剧增时，也可能是一项挑战。这可能需要灵活的资源分配、负载平衡和自动扩展等先进技术。

4）移动设备的限制。与台式机相比，移动设备如智能手机和平板电脑通常有更少的处理能力、更小的屏幕尺寸和更短的电池寿命。这些限制使得移动 GIS 的设计和开发更加复杂。必须考虑如何在有限的资源上提供丰富的 GIS 功能，同时保持响应速度和电池效率。这可能涉及用户界面的特殊设计、后端计算的优化和数据传输的压缩等多个方面。

5）数据的所有权和控制。在许多实时和移动 GIS 应用中，数据可能由多个组织和个人共同产生和使用。这可能导致数据所有权和控制的复杂问题。谁对数据负责？谁有权访问和修改数据？如何解决冲突和滥用？这些问题可能需要详细的法律协议、技术控制和透明流程。在全球化背景下，这个问题可能更加复杂，因为不同的国家和地区可能有不同的法律和文化。

5.3.4　人工智能与机器学习在 GIS 中的应用

1. 数据质量和准确性

在 GIS 领域，数据质量和准确性是至关重要的因素。地理信息通常是复杂和多样化的，涉及空间、时间和属性等不同的维度。数据可能来源于不同的机构和平台，因此，可能存在格式不一致、分辨率不匹配、缺失值和错误数据等问题。这些问题对机器学习模型的训练和预测准确性产生深远影响。例如，一个包含错误位置信息的数据点可能会严重偏离实际地理特征，导致模型产生误导性的结果。同样，不一致的时间戳和单位可能使时间序列分析变得非常困难。解决这些问题需要多个步骤和多方参与。首先，需要识别和理解数据来源和采集过程中可能的问题和局限性。其次，可以使用自动化工具来识别和纠正一些常见的数据错误。但是，某些问题可能需要人工干预和专业知识来解决。

数据不均衡是另一个与数据质量和准确性相关的挑战。在地理空间分析中，某些区域可能有丰富的数据，而其他区域可能只有稀疏的观测数据。这可能会导致模型在丰富数据的区域过度拟合，而在数据稀疏的区域欠拟合。解决数据不均衡的方法可能包括重新采样技术，以确保模型训练中的各类别平衡，或者采用特定的成本函数来惩罚模型在少数类别上的错误。此外，与数据提供者和领域专家紧密合作也能更好地理解和解决数据质量问题。

2. 计算资源和性能

机器学习模型通常依赖于大量的计算资源来进行训练和推断。地理信息数据通常体量庞大，不仅涵盖了广阔的地理范围，还可能包括多个时间段。处理这样的大规模数据需要强大的计算能力。硬件限制可能成为一大挑战。对于需要实时响应的应用（例如交通监控或灾害管理），延迟和性能问题可能会严重影响服务质量。优化算法和硬件加速，例如使用 GPU 进行并行计算，可能有助于缓解这些问题。

此外，云计算和分布式计算可以提供更灵活和可扩展的解决方案。通过使用集群和大规模并行处理，可以在合理的时间内处理和分析大量的 GIS 数据。然而，这也带来了复杂的工程挑战，如数据传输、任务调度和资源管理等。

3. 模型的可解释性

在 GIS 应用中，尤其是涉及重要决策的场景，模型的可解释性是一个关键因素。许多先进的机器学习模型（例如深度学习）可能非常有效，但其工作原理可能难以解释和理解。这可能会影响决策者和利益相关方对模型结果的信任和接受度。解决这个挑战可能需要开发和使用更加可解释的模型和技术。例如，决策树和线性模型通常更容易理解，因为它们的预测可以直接与输入特征关联起来。同时，可解释性工具和可视化方法也可以帮助解释复杂模型的行为。与领域专家合作也是提高模型可解释性的重要途径。专家的知识和直觉可以用来指导模型的设计和验证，确保模型的逻辑与现实世界的地理和社会过程相一致。

5.3.5 云计算在 GIS 领域的挑战

1. 数据安全和隐私

数据安全和隐私是云计算在 GIS 领域的一项主要挑战。由于 GIS 系统涉及个人隐私和敏感信息，因此在第三方云服务提供商的数据中心中存储这些数据可能引发许多问题。访问控制在云环境中变得复杂，需要精细划分角色和权限，以便正确限制对敏感地理信息的访问。与此同时，数据加密必须在整个生命周期中实施，不仅需要选择适当的加密算法和密钥管理方案，还需要平衡保护数据和资源消耗之间的关系。全球范围内的不同法规可能对地理数据的保护提出不同要求，组织必须与法律专家紧密合作来确保合规。此外，选择和管理云供应商也是一项重要任务，可能需要对供应商进行全面的安全评估，并在合同中明确责任和义务。

2. 数据传输和带宽

在 GIS 领域，大规模地理数据的传输和存储在云环境中提出了特殊挑战。带宽可能成为瓶颈，尤其是在网络连接有限的地区，从而影响数据分析的速度和效率。与此相关的传输成本也可能成为问题，频繁的大数据传输可能导致昂贵的网络费用。此外，某些 GIS 应用需要实时或接近实时的数据分析，而数据传输的延迟可能会限制这些功能。在复杂的云环境中，确保数据的完整性和一致性可能也是一项挑战，特别是当涉及跨区域或跨供应商的数据传输时。

3. 成本

成本管理在 GIS 领域的云计算应用中是一项重要挑战。GIS 分析常常计算密集，特别是对于复杂的模拟和预测，这可能迅速积累成本。与此同时，大量的地理数据存储可能也涉及昂贵的费用，包括原始数据、备份、归档和处理后的数据存储。还有可能被忽略的隐藏成本，如安全、合规性、数据迁移和培训等。此外，云计算的按需付费模式虽然灵活，但也可能导致成本的可预测性降低，为有限预算的项目带来风险。

这三个挑战反映了云计算在 GIS 领域的复杂性。克服这些挑战可能需要多学科的合作和细致的规划，但成功实现这一目标将使组织能够充分利用云计算在 GIS 分析和数据管理方面的潜能。

本章小结 📖

1. GIS 的基础知识

1）概念和组成：介绍 GIS 的定义、核心组成部分（硬件、软件、数据、人员、流程），以及 GIS 的多层次、多尺度的数据分析方式。

2）空间数据模型：详述矢量和栅格模型的比较，以及他们在地理数据存储和分析中的应用。

3）地理分析工具与技术：解释基本的地理分析方法如叠加、缓冲、查询等，以及这些工具如何辅助决策。

2. GIS 在智能测绘中的应用

1）数据集成与分析

（1）数据源：包括卫星图像、无人机、地形数据等的融合和分析。

（2）分析工具：例如地理统计、网络分析、水文分析等。

2）实时测绘与监测

（1）集成技术：如何与传感器、GPS 等实时数据源集成。

（2）应用实例：例如灾难监测、交通流量监控等。

3）三维建模与可视化

（1）三维建模方法：从 2D 到 3D 的转换，复杂地形和建筑物的建模。

（2）可视化工具和技术：包括虚拟现实（VR）和增强现实（AR）等。

3. GIS 与人工智能的结合

1）地物识别和分类：通过机器学习的模式识别进行自动化地物识别和分类。

2）预测和模拟：使用人工智能进行复杂的地理事件预测，如气候变化、地震等。

3）优化与决策支持：应用算法例如遗传算法来优化路线选择、资源分配等。

4. 挑战与前景

1）挑战

（1）数据质量：如何确保数据的准确性、一致性和完整性。

（2）隐私和安全：数据保护和合规性问题。

（3）技术难题：例如大数据处理、复杂模型的计算效率等。

2）前景

（1）新技术的发展方向：例如云 GIS、物联网 GIS 等。

（2）应用领域的扩展：从传统领域到新兴领域如自动驾驶、精准农业等。

通过更深入的解读，这个章节揭示了 GIS 在智能测绘中的复杂性和多样性。从基础概念到先进的人工智能结合，再到未来的挑战和前景，全方位地探讨了 GIS 在智能测绘领域的关键作用和潜在影响。

思考与习题

5-1 怎样整合不同来源和格式的地理数据，例如卫星图像、无人机拍摄的图像、地形数据等，在 GIS 中进行统一分析？这其中可能遇到哪些挑战？

5-2 在智能测绘中，如何利用 GIS 进行复杂地理分析，例如水文分析和网络分析？这些分析如何影响城市规划和环境保护？

5-3 GIS 如何与现场的传感器和监测设备相结合，实现实时测绘？这种实时数据的采集和处理有哪些技术挑战？

5-4 考虑一个特定应用场景（例如交通监控、灾难响应等），如何设计一个基于 GIS 的实时监测系统？

5-5 描述一下基于 GIS 的三维城市建模的过程，包括所需的数据、技术和工具。这样的模型可以应用在哪些方面？

5-6 如何利用 GIS 实现虚拟现实（VR）或增强现实（AR）的地理可视化？这种技术可以在哪些领域中得到应用？

5-7 在智能测绘中，如何运用人工智能增强 GIS 的地物识别能力？举一个实际例子来说明。

5-8 怎样使用 GIS 和人工智能技术来进行环境或气候变化的预测和模拟？这些模型的建立需要哪些数据和方法？

5-9 在推动 GIS 在智能测绘中的应用过程中，你认为最大的技术挑战和社会伦理挑战分别是什么？如何可能克服这些挑战？

5-10 想象一下 GIS 和智能测绘技术的未来发展方向，你认为未来 5 到 10 年内，哪些新技术或新应用可能会出现？

二维码 5-2
拓展阅读

参考文献

[1] 金蕾. GIS 技术在土木工程测绘中的应用 [J]. 工业建筑，2021，51（8）：260.

[2] 彭旺泉 . 工程测绘中地理信息系统的应用研究 [J]. 工程技术研究，2019，4（20）：27-28.

[3] 蔡志文，王伟 . 土建工程测量中的测绘新技术应用 [J]. 居业，2019（9）：9-10.

[4] 张祥 . 地理信息系统在工程测绘中的应用 [J]. 中国新技术新产品，2020（15）：99-100.

[5] 刘占省，孙啸涛，史国梁 . 智能建造在土木工程施工中的应用综述 [J]. 施工技术（中英文），2021，50（13）：40-53.

[6] 张玲玲 . 基于 GIS 技术的房产测绘信息管理系统的数据组织与管理研究 [J]. 资源信息与工程，2018，33（5）：129-130.

[7] 王新朝，薄志卿 . 测绘新技术在工程测量中的应用 [J]. 资源信息与工程，2017，32（6）：134-135.

[8] 张武琪，张持健 . 智能无人机 +GIS实现大数据下旅游资源行为特征采集[J].安徽师范大学学报（自然科学版），2023，46（3）：211-216.

第6章
智能测绘与BIM建模

无人机与 BIM 建模
无人机的航迹规划与数据获取
无人机测绘的数据处理
无人机测绘与 BIM 建模的数据交互
三维扫描与 BIM 建模
非接触式三维扫描的数据采集
点云数据处理及数字成图
三维扫描与 BIM 建模的数据交互
传感器网络与 BIM 建模
传感节点的布置与信号采集
传感数据的实时大数据分析
传感器网络与 BIM 建模的数据交互

二维码 6-1
第 6 章 教学课件

本章要点

1. 无人机测绘与 BIM 建模的融合。
2. 三维扫描与 BIM 建模的交互。
3. 传感器网络与 BIM 建模的协同。

教学目标

知识目标： 通过本章知识内容学习，使学生能够了解无人机测绘、三维扫描、传感器网络与 BIM 建模的交互、行业应用现状以及原理与技术，了解在结合以上技术后 BIM 建模的轻量化及智能化发展趋势。

能力目标： 使学生可以熟练使用 BIM 建模软件；掌握经过处理的数据在 BIM 建模阶段，数据的导入以及处理使用方法。

素养目标： 使学生具备把握数字模型结构、新兴技术拓展三维思维方式的技术与学习素养。

案例引入

"智能测绘＋数字建模"推动矿山健康开采

在当前经济新常态下，社会对于露天矿山矿产资源的需求量呈现出不断上升的趋势，在这样的时代背景下，露天矿山开采测量人员需要将智能测绘技术充分应用到露天矿山开采测量中，实现对露天矿山的数字化、系统化测量，并不断提高对矿山开采环节地质信息数据的高效整合从而推动矿山开采企业的健康发展。

智能测绘技术可以在开采影像数据获取、开采位置地理坐标定位、规划开采路线等方面发挥自己的优势特点，结合点云数据生成三维模型导入 BIM 建模软件中，更加直观地体现出露天矿山的模型情况，从而更好地规划开采。

该任务的工作流程是：

（1）现场踏勘，布设像控点。采用 RTK 设备及 PPK 设备，利用 GPS 技术进行像控点的现场精确定位。

（2）采用纵横无人机地面指挥中心规划飞行路线，利用纵横 CW-15 固定翼无人机进行倾斜摄影，采用无人机载激光雷达收集平面数据。

（3）粘贴传感器节点，组织成网并通过多跳的方式连接至 Sink（基站节点），Sink 节点收到数据后，通过网关（Gateway）完成和公用 Internet 网络的连接。

（4）通过激光跟踪式三维扫描获得现场三维数据，处理整合将实物的立体信息转换为计算机能直接处理的数字信号。

（5）基于点云数据预处理进行测绘自然智能的数据解析与处理，将数字化的数据进一步处理整合，并导入 BIM 软件中进行建模。

（6）基于"互联网+"的数字化网络信息系统的建立与 BIM 建模的数据上传。

由以上案例可以看出，传统的 BIM 建模技术在和新兴的智能测绘理念结合后，产生了新面貌、新挑战、新机遇，在工程设计中占有更关键的地位以及给工程实际带来更大便利。

思考题：

1. 根据本案例的内容，采用发散性的思维，思考在智能测绘及 BIM 数字建模的背景下可以攻克哪些类似的工程实际难题？

2. 现今存在的数字孪生过程中实际测量与数字建模过程中的主要信息交互重难点有哪些，未来发展过程中应如何应对？

6.1　无人机与 BIM 建模

6.1.1　无人机的航迹规划与数据获取

无人机航测（图 6-1）是传统航空摄影测量手段的有力补充，具有机动灵活、高效快速、精细准确、作业成本低、适用范围广、生产周期短等特点，在小区域和飞行困难地区高分辨率影像快速获取方面具有明显优势，随着无人机与数码相机技术的发展，基于无人机平台的数字航摄技术已显示出其独特的优势，无人机与航空摄影测量相结合使得"无人机数字低空遥感"成为航空遥感领域的一个崭新发展方向，无人机航拍可广泛应用

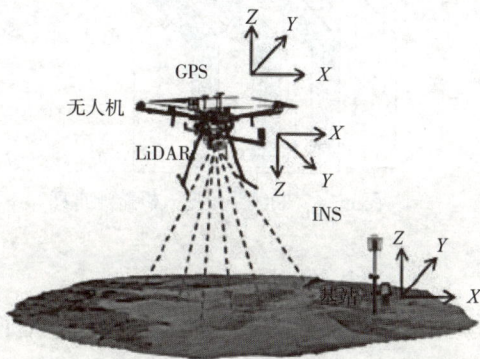

图 6-1　无人机测绘原理示意图

于国家重大工程建设、灾害应急与处理、国土监察、资源开发、新农村和小城镇建设等方面，尤其在基础测绘、土地资源调查监测、土地利用动态监测、数字城市建设和应急救灾测绘数据获取等方面具有广阔前景。

1. 航迹规划

无人机航迹规划是任务规划的核心内容，需要综合应用导航技术、地图信息技术以及远程感知技术，以获得全面详细的无人机飞行现状以及环境信息，结合无人机自身技术指标点，按照一定的航迹规划方法，制定最优或次优路径。因此，航迹规划需要充分

考虑电子比图的选取、标会、航线预定规划以及在线调整时机。

航迹规划一般分为两步：一是飞行前预规划，即根据既定任务，结合环境限制与约束条件，从整体上制定最优参考路径；二是飞行过程中的重规划，即根据飞行过程中到的突发情况，如地形、气象变化、未知限飞禁飞因素等，局部动态地调整飞行路径或改变动作任务。常用的航迹规划方案有两种：一种是S形航迹，另一种是直线形航迹（图6-2~图6-5）。

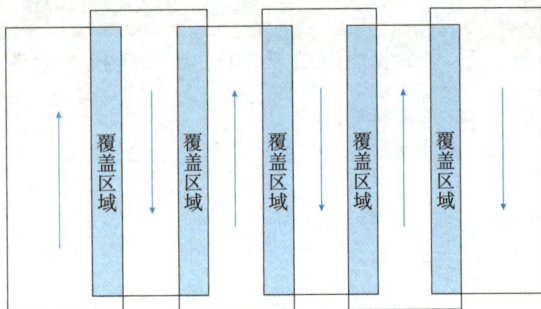

图6-2　直线路段无人机航测方案

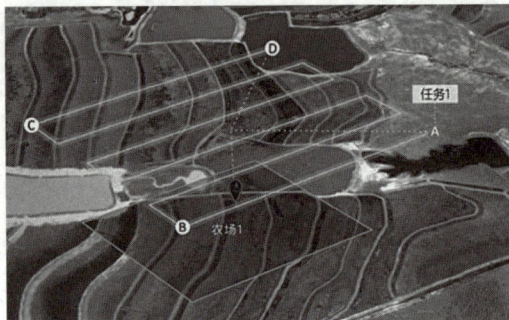

图6-3　直线形航迹规划

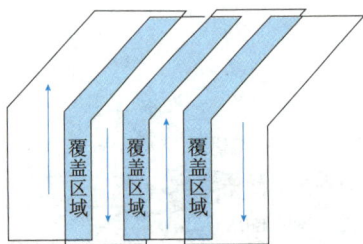

图6-4　曲线路段无人机航测方案

图6-5　S形航迹规划

2. 像控点布设

根据测区地形环境的不同，一般有两种布设方案，分别是在航飞之前布设像控点和在航飞之后布设像控点。对于山区或者地面标志物较少的地区，没有明显的特征点，所以需要在航飞之前布设像控点。对于建筑密集的城市，有明显的特征点，则可以在飞行之后布设像控点（图6-6）。

外业像控点的选择和布设直接关系到影像的最终影像匹配精度，所以遵从像控点的布设原则，保证像控点的布设密度，选择合适的像控点位是外业控制点布设的几个基本要求。

1）布设原则

（1）像控点一般按航线全区统一布设，像控点在测区内构成一定的几何强度。像控点布设要在整个测区均匀分布，选点要尽量选择固定、平整、清晰易识别、无阴影、无遮挡区域，如斑马线角点、如房屋顶角点，方便内业数据处理人员查找（如无明显地标

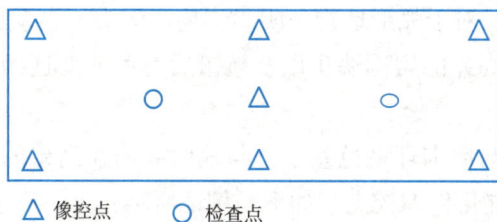

△ 像控点　　〇 检查点

图 6-6　像控点布设

可人工喷油漆或撒白灰的方式设置地标)。

如果是大面积规整区域，像控可按照品字形布点。如果面积很大区域，且精度要求较低时，可适当抽稀测区内部像控。如果是带状测区，布点需要在带状的左右侧布点，可以按照"S"或"Z"字形路线布点。

（2）像控点需选择较为尖锐的标志物，尽量选择平坦地方，避免树下、房角等容易被遮挡的地方，如果没有的话可以人工打点，人工像控点应该选择能够持久存在的东西，如果喷漆宽度不得低于 30cm，并且棱角分明。

（3）像控点标志物尺寸应大于 70cm，并且不易出现方向性错误，显示是标志物的哪一部分。

（4）像控点和周边的色彩需要形成鲜明对比，如果周边是深色，则标志以浅色为主，如果地面周边以白色为主，则可喷红色油漆为主。

（5）如果选择地物作为特征点，应该选择比较大的地物，并且提供现场照片 2~4 张说明像控点的位置至少包含一张点的近景位置和一张周边景物位置。

（6）布设完成像控点后需要生产像控点的 GoogleEarth 支持的 KML 文件。

（7）像控点布设的密度。像控点布设首先要考虑测区地形和精度要求，如地形起伏较大，地貌复杂需增加像控点的布设数量（10%~20%）。很多飞机有 RTK 或者 PPK 后差分系统，理论上可以减少地面控制点的数量，可以根据项目测试经验自行调整，参见表 6-1。

像控点布设密度及项目类型　　　　　　　　　　　　　　　表6-1

影像分辨率	像控点密度	项目类型
1.5cm	100~200m/ 个	地籍高精度测量
2cm	200~300m/ 个	1：500 地形图测量
3cm	300~500m/ 个	1：1000 地形图测量
5cm	500m	常规规划测量设计

2）像控点选择

像控点应该选择在航摄像片上影像清晰、目标明显的像点，实地选点时，也应考虑侧视相机是否会被遮挡。对于弧形地物、阴影、狭窄沟头、水系、高程急剧变化的斜坡、圆山顶、跟地面有明显高差的房围墙角以及航摄后有可能变迁的地方，均不应当作选择目标。

目标成像不清晰，与周围环境色差小、与地面有明显高差的目标，会影响空三内业的刺点误差，因此均不能用作像控点，如下面例证所示：

（1）与水面有高差，不能作为像控点。

（2）颜色相近，航片上不易辨认，不能作为像控点。

（3）与地面有高差，不能作为像控点。

因实际情况中航摄区域未必都有合适的像控点，为提高测点精度，保证成图精度，应在航摄前采用刷油漆的方式提前布置像控点标志。标志可刷成"L"形或"十"形。布置成"十"形时，应在十字中心加喷直径为4cm的圆点，以提高刺点精度，见图6-7、图6-8。

图6-7　L形像控点图示　　　　图6-8　十字形像控点图示

3. 像控点采集

像控点采集（图6-9）无论平面控制点，还是高程控制点，其测量工作必须遵循"从整体到局部，先控制后碎部"的原则，即先进行整个测区的控制测量，再进行碎部测量。

目前GNSS已广泛作用，利用GNSS可极大提高像控点外业测量工作效率。采用GNSS网、CORS站（连续运行卫星定位服务系统）、双基准站、RTK等方法，可迅速获取像控点平面位置与高程。使用RTK方式已经可以满足大部分

图6-9　像控点采集示意图

的测绘作业需求。

像控点坐标的采集采用 RTK 的方法。为保证像控点和航测像片 POS 坐标系处于同一坐标系内，使用 RTK 网络差分的方式采集数据的时候，需要保证无人机连接的网络 CORS 接入点、端口要和 RTK 接收机连接一致。

6.1.2 无人机测绘的数据处理

1. 数据检查

在设计无人机的飞行路线时，遵循安全性高、成本低、覆盖率广、效率高的原则，通常采用专业航线设计软件规划飞行路线。一般在进行航迹规划时，需综合考虑测区环境、硬件设备参数设计、现场条件、航向或旁向重叠度及测区宽度等因素，最终得出满足精度要求的航行路线（图 6-10）。

主要检查航空摄影的飞行质量以及航拍影像质量，如实际影像重叠度、像片倾角和旋角、航线弯曲度、摄区覆盖范围、影像的清晰度、像点位移等。如果检查内容不满足内业规范和作业任务要求，则应根据实际情况重新拟定飞行计划对局部区域补飞或重飞。

2. 数据处理

倾斜摄影测量技术（图 6-11）是通过在同一飞行平台上搭载多台传感器，同时从一个垂直、四个倾斜共五个不同的角度采集影像，从而快速、高效获取研究区域的测量数据和客观丰富的地面数据信息，再通过相应软件分析处理所获得的影像资料，构建区域内高分辨率三维模型。其关键技术有多视影像联合平差、多视影像联合平差、数字表面模型生成和正射影像纠正。

此外，倾斜摄影测量技术在应用时还是存在一些问题，如：

1）数据影像匹配时，因倾斜影像的摄影比例尺不一致、分辨率差异、地物遮挡等因素导致获取的数据中含有较多的粗差，严重影响后续影像的空三精度。

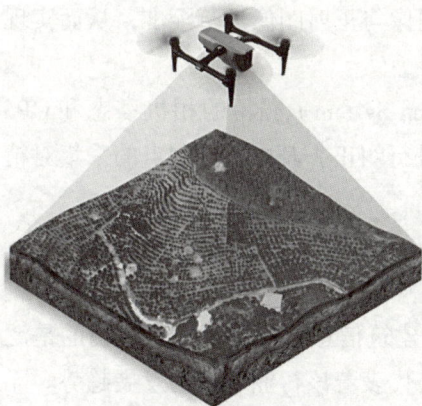

图 6-10 无人机航拍

图 6-11 以无人机为载体的倾斜摄影测量技术

2）倾斜摄影测量所形成的三维模型在表达整体的同时，某些地方存在模型缺失或失真等问题。

利用无人机获取影像数据后，后续的数据处理流程（图6-12）如下：

1）将倾斜影像进行空中三角测量，获得所有影像的高精度外方位元素。

2）基于畸变校正后的倾斜影像和高精度的外方位元素通过多视影像密集匹配，获得高密度三维点云，构建城市3DTIN模型。

3）根据3DTIN每个三角形面片的法线方程与二维图像之间的夹角选择相对应的最佳纹理信息，实现纹理的自动关联。

4）输出并获得真三维模型成果。

上述流程可以在倾斜摄影软件中自动计算，最后生成三维场景。需要注意的是其中的无人机影像需要进行几何纠正。几何纠正主要集中于两个方面：数码相机镜头非线性畸变的纠正和针对成像时由于飞行器姿态变化引起的图像旋转和投影变形的纠正。在焦距确定的情况下，镜头畸变属于系统误差，它对每幅图像产生的影响都是相同的，可以用数学公式或模型加以模拟预测，进行统一纠正。但由于飞行的不稳定造成的图像旋转和投影形变却是每一幅都不一样，需要逐幅进行纠正（图6-13）。

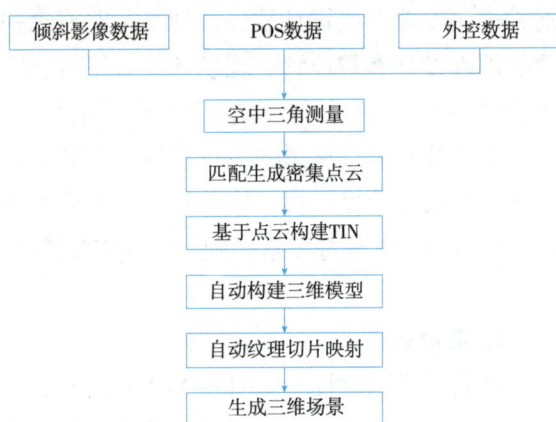

图6-12 倾斜摄影软件数据处理流程

通常可以通过裁剪影像和后续纠正来进行纠正。裁剪即裁去边缘畸变较大的部分，保留中心投影部分畸变较小的部分。后续纠正时理论上处理方式：

1）利用野外可测控制点求解摄像机的外参数，进行图像单幅纠正。

2）利用目标区域的大比例尺地形图，选择合适的控制点，然后按照摄影测量的方法进行几何纠正。

3）在目标区域有正射影像的基础上，将采集的图像与正射图像进行配准，从而实现纠正。

4）基于机载惯性导航系统INS（Inertial Navigation System）测得的相机姿态和GPS（Global Position System）定位系统获得的相机位置，进行纠正。其中，控制点的采集对精度控制很重要，它大大影响着几何纠正的效果好坏。

6.1.3 无人机测绘与BIM建模的数据交互

用一个略为以偏概全的词语来阐释BIM，那便是建筑信息化（这里的建筑指的是泛建设领域）。与很多行业一样，只要被冠以信息化都会代表着该行业未来的发展趋势。无人机和BIM都在近几年被大量地普及和布道，不同的是，无人机在行业巨头大疆的推动

（a）

（b）

（c）

图 6-13　某岩石信息提取过程

（a）灰岩裸露体积获取过程；（b）闪长玢岩裸露体积获取过程；（c）辉绿岩裸露体积获取过程

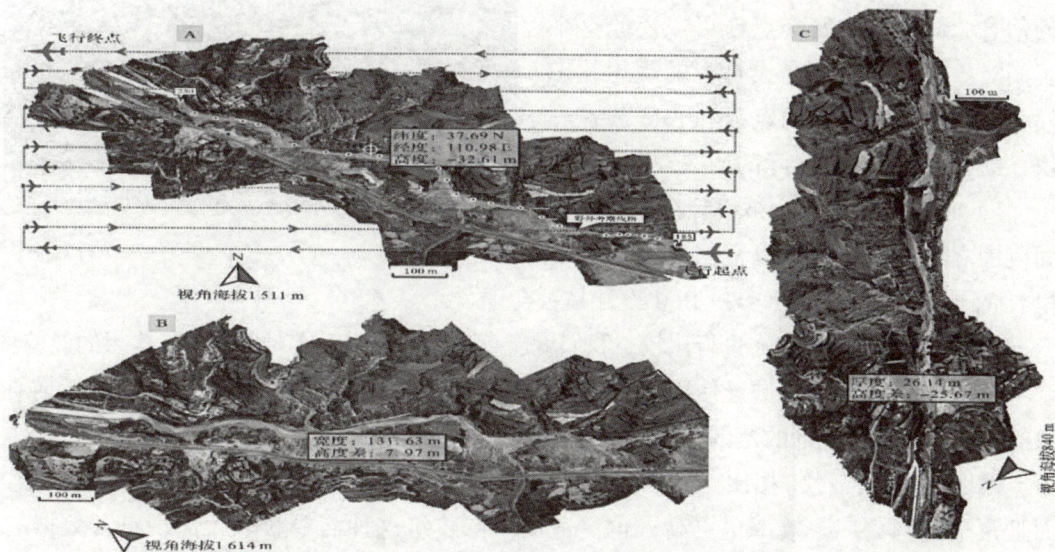

图 6-14　某无人机倾斜摄影三维信息模型

下，已广泛应用在电力、地信、建筑等领域，并起到了有效补充和更新传统数据收集方式的作用，满足各领域信息化技术发展的需求。而同样鼓励信息化的 BIM 在国内建筑业仍然处于起步阶段，那这看上去志同道合的两者在未来会有哪些合作的可能性呢？

BIM（Building Information Modeling），建筑信息模型，被定义成由完全和充足信息构成以支持生命周期管理，并可由电脑应用程序直接解释的建筑或建筑工程信息模型。简言之，即数字技术支撑的对建筑环境的生命周期管理。

如果仅从空间模型信息化的维度来看，无人机与 BIM 确实有相通之处，它们的作业现场都是基于三维坐标系统的。前者作为硬件产品，充当着空中载具的角色，配合成熟的飞控技术，协助高清摄像头或激光雷达高效获取到真实环境的空间数据，再通过算法校正和处理，最终得到点云数据或三维模型，代表的是实景模型技术。后者作为建筑学、土木工程的新工具，设计师们可以通过软件把自己大脑里的创意以三维模型的形式重现出来，再往模型里添加大量的设计参数和项目相关信息，来模拟建筑空间所具备的真实信息，代表的是数字模型技术（图 6-14）。

正如上面所说，无人机只起到空中载具的作用，是其中一个能获取到实景数据的高效工具。在无人机普及之前或在一些室内（专业级无人机无法飞行）的场景中，BIM 可以借助一些手持或车载的地面扫描设备实现与实景模型技术的结合，而在结合中一项关键数据，便是点云了。

点云在三维坐标系统中表示的是一组向量的集合，这些向量通常以 (X, Y, Z) 三维坐标的形式表示。此外，点云中每个点还包括了 RGB 颜色、灰度值、深度、分割结果等信息（图 6-15）。

点云能反映被扫描对象表面大量的点的信息，高精度的密集点云可以还原这个真实对象，而 BIM 则是设计时的理想状态模型。所以真实对象的点云和 BIM 放在一块，也会延伸出一些实际的用途：

图 6-15　某无人机航测建筑点云处理模型

1）如果 BIM 预计会被设计在点云的空间范围之内，我们也可以根据 BIM 在点云里与周边空间的协调性来分析 BIM 设计是否合理。

2）如果把点云与 BIM 进行比较，我们就能直观地分析出真实对象与设计构想的误差。

3）如果此前项目里缺乏使用 BIM 进行管理，我们也可以通过点云逆向生成被扫描对象的 BIM（在误差允许的范围内）。

跟地面的扫描设备相比，我们操作无人机也能获得某个实景空间大量的点云数据，而且覆盖范围更广，效率也更高，也更适用于像建筑这种需要获取大面积点云数据的行业。

在 BIM 设计阶段，我们需要精确地知道设计区域周边环境的现状模型，以分析设计模型与周边环境的协调性，从而对设计方案的合理性及方案潜在风险作出评估。但出于场地的规划图纸欠缺、时间周期较长、人力成本过高等问题，我们无法通过传统的方式来获得周边环境的信息，此时我们可以借助无人机，通过激光扫描或倾斜摄影等方式，获取周边环境的图像数据，然后将数据导入到软件中，处理后软件可以输出稠密点云，或生成三维模型。此时再基于高精度的实景点云模型进行 BIM 设计，便能有效减少设计预期与实际施工不符所产生的改动成本。

在施工过程中，项目人员可以通过无人机对项目现场进行整体测绘，采集项目数据，形成三维点云模型，与 BIM 制成的完成面模型进行比对，可得到土方开挖回填的工程量，这时项目团队可以基于这些数据和模型对比，优化出减少运输距离和倒运放量的平衡方案，从而有效缩短工期和提高经济效益（图 6-16）。

图 6-16 航测模型与拆除及新建部分 BIM 应用

在项目开始动工后，项目人员还可以定期使用无人机对工地实况进行数据采集，然后将采集到的数据（点云或航拍图像）与 BIM 或 CAD 平面设计图进行对比，这样就可以定期监测项目的施工质量，提早发现并解决问题（图 6-17）。

图 6-17 航测模型与现场施工实时管控与处理

6.2 三维扫描与 BIM 建模

6.2.1 非接触式三维扫描的数据采集

三维激光扫描作为数字建造领域应用较为成熟的重要技术之一，通过扫描系统可以精确地显示出被测物体的尺寸形状特征，因此又被称为"实景复制技术"（图 6-18）。三维激光扫描可将各种不规则复杂实体或实景的三维元素数据完整地采集并进行快速储存，进而快速描构出目标的三维模型及点、线、面、体、空间等多维度数据。三维激光扫描是集计算机、机电和激光波于一体的新技术，主要用于快速获得物体表面点的三维坐标、色彩、反射强度等信息。扫描时通过向被测目标发射激光束和接受反射的激光信号获取被测对象点的空间坐标数据。

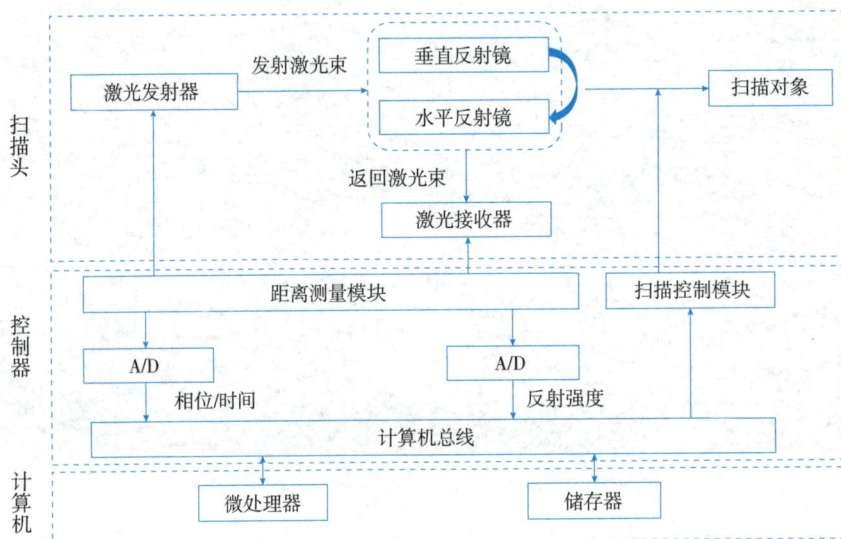

图 6-18　三维激光扫描系统基本原理流程图

三维激光扫描获取对象每个扫描点的空间坐标后，以点云进行基本数据表达和存储。采集到的数据按矩阵的方式逐行逐列组织成像素，每个像素的显示值由两个角度值和一个距离值构成，即矩阵式排布的像素。每个矩阵单元值为采样点的三维坐标，三维坐标可直接反应点与点的距离。通过整体扫描，最终获得整体空间三维坐标（X、Y、Z）、颜色数据信息（RGB）、扫描对象影像、激光反射强度（Itensity）。点云数据具有数据量大、高密度、立体化、携带光学信息等特点。

三维激光扫描得到的数据结果可以点云模型的形式呈现，通过三维操作满足不同角度的模型查看，这为许多数据分析及误差检测提供了直观显示的功能（图 6-19）。点云数据可进行后处理分析，在分专业处理时，还可进行测绘、模拟、计量、监测、虚拟现实等多用途处理，结合使用各种激光扫描仪扩展应用目标和领域。三维数据输出支持

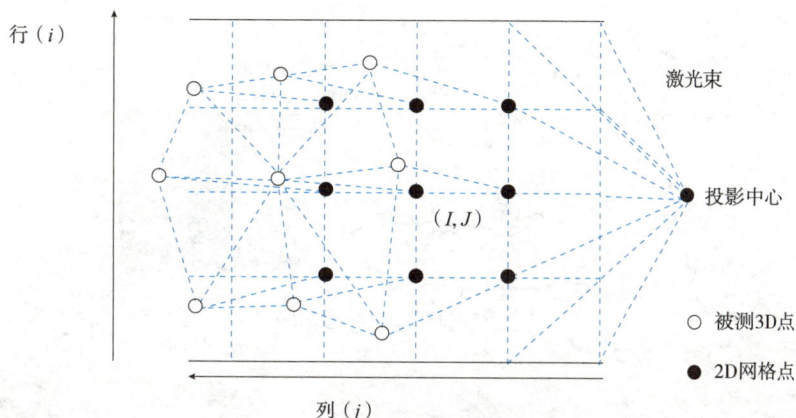

图 6-19 三维激光扫描原理示意图

CAD、动画、BIM 等软件识别，从而帮助精确还原现场真实信息情况。多种数据输出格式，满足大体量点云数据快速查看以及数据对比分析等功能。

三维激光扫描技术的应用包括外业数据采集到处理点云生成对比模型，其中具体工作的开展需建立在明确的任务线之上。

1. 数据采集的准备工作

三维激光扫描准备工作包含仪器检查、站点规划校核、周围环境疏导等方面。

在站点规划校核方面，三维激光扫描时数据的完整性是至关重要的，扫描前应进行站点规划校核，和最初制定的扫描方案有无出入，在站点布置最少的情况下保证点云全覆盖以及覆盖的有效性。点云覆盖有效性要满足扫描对象细节的反应，构件安装误差扫描时由于借助更高精度的棱镜作为靶标，相邻测站的相对位置坐标可通过自动探测记录相邻站点，扫描完后点云可依据相对坐标自动识别拼接。

2. 测点布设的规划原则

在周围环境影响方面，应注意周围环境对仪器工作的影响，特别是要避免移人、物碰撞仪器，为扫描工作做好充分的准备工作。此外，还要规划好扫描站点的架设位置和具体扫描时间，并充分考虑光照、气压等各种情况，扫描对象表面应无遮挡，扫描前有必要清理现场杂物堆积以及折射激光的光滑物体。

三维激光扫描的数据质量直接影响点云模型的质量。因此，有必要在数据采集之前进行扫描规划，确定测站布设原则，以确定满足所需数据质量和最小化数据收集时间的最佳扫描位置和参数。

扫描站点的数量应按照扫描仪的扫描范围确定，扫描仪在预制构件的扫描范围主要受水平角和垂直角两个因素影响，应确保相邻站点间的点云重复率在 40% 以上，保证复杂环境下点云的拼接。

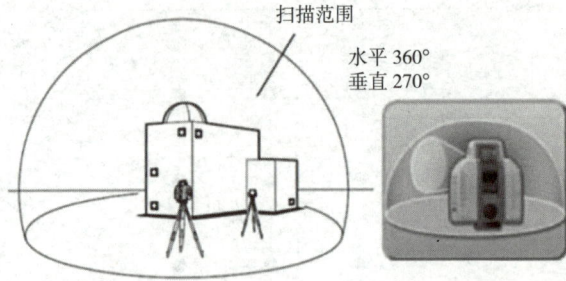

图 6-20　360°环向扫描

图 6-21　最末次回波示意

3. 外业扫描流程

扫描范围的参数设定选为 360° 扫描，从而避免选定角度范围扫描的数据遗漏，影响后续点云拼接。图像数据采集为 360° 拍照，对周围环境进行环绕一周拍照，通过 4 张照片合成 360° 环影，为点云模型的构建及后期碰撞分析提供参照。扫描设定采用最末次回波，避免遮挡对实际点云的替代，三维激光扫描仪发射脉冲信号遇到非目标物体的反射形成第一次回波信号，但另一部分脉冲信号继续前行，仍可遇到后方物体反射进而形成第二次回波信号，直至遇到目标物形成最后一次回波信号，几次复杂混乱的回波信号均会被扫描仪接收到。通过选定最末次回波，可以最大化地提高扫描精度，避免扫描对象前方有间隙物体遮挡而使点云错误覆盖的现象（图 6-20~ 图 6-22）。

开始扫描后，逐一扫描各站，一站扫描完成后应充分检查点云图像的有效性，检查扫描范围的完整性，如不符合要求应重新进行扫描。

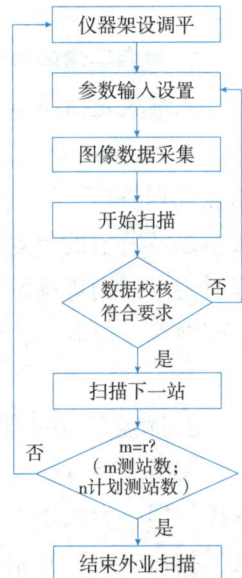

图 6-22　扫描工作流程图

6.2.2　点云数据处理及数字成图

内业点云数据处理主要包括点云导入、降噪、拼接、剔除、导出等步骤，最终目标是点云模型精确。考虑到会有细小的变动影响，三维扫描仪器将进行自动配准。点云配准是将两个数据集合并为一个数据集的技术，它首先为每个数据集选择匹配点，然后以该点为标准进行必要的调整。外业扫描的点云数据在处理过程中，要尽可能地减少误差，为后续碰撞试验中将误差精度控制在毫米做好准备。

1. 点云配准

点云配准是从不同站点扫描获取的空间表面信息的点坐标以某种计算方式转换为统一、指定坐标系下的计算过程（图 6-23）。

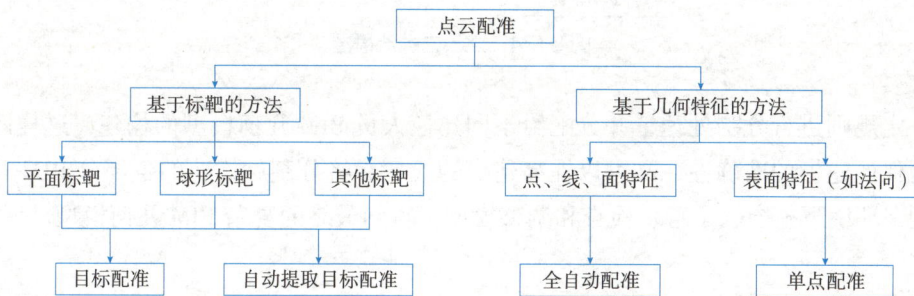

图 6-23　点云配准方法

在各类点云后处理软件中对点云的配准方法包括全自动配准（基于面）、自动提取目标配准、目标配准、用扫描精化配准以及单点配准等，点云配准的方法归结为基于几何特征的方法和基于标靶的方法。

内业数据处理的配准方式主要采用的是全自动配准和目标配准两种。针对测站点数量较多（多于 15 站）、质量较高点云数据，一般采用全自动配准；对于测站点数量较少（一般不多于 15 站）或各测站点点云质量较差的数据，会首先考虑目标配准。宜采用软件进行各站点的点云配准以全自动配准的方式可以分为先抽取点云再配准和先配准再抽取点云两种方式，这两种方式达到的效果是相同的。基于标靶的配准（目标配准）与其他软件中的方法类似。

2. 点云去噪

在对所有测站点点云进行配准后，由于扫描对象的复杂性，在不同角度下对同一物体的扫描，经过配准后转换到统一坐标下会产生大量冗长数据，而这些数据是多余的、无用的，需对其进行精减去噪处理。利用"裁剪盒子"先进行整体点云去噪处理，主要去除较为明显的、肉眼可见的无效点云数据。通过手动精简进行细部或局部的噪点处理，对于某些局部点云数据过于冗长或密度过大，不易进行噪点处理时可对该部分点云进行"抽稀"处理（取样），抽稀的方式可按照随机输入百分比抽稀/取样和空间抽稀/取样。之后再手动精简去噪，得到最终的成果点云模型（图 6-24）。

6.2.3　三维扫描与 BIM 建模的数据交互

成果点云模型细部结构较为复杂，在构建复杂 BIM 几何模型前需要将成果点云模型

173

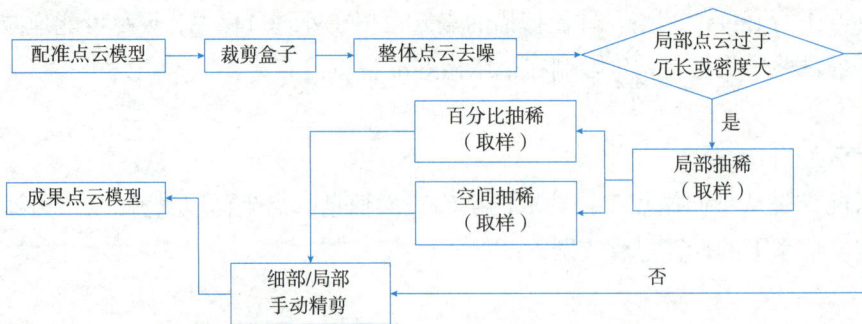

图 6-24 点云去噪流程图

按照一定规则进行分割处理，并分配给不同建模人员 BIM 几何模型的构建，这样既可以较好地保证建模的准确性，又可以提高建模的效率。将分割后构建的各部分 BIM 几何模型在同一环境下整合、丰富、检查和调整模型，得到最终的复杂 BIM 几何模型。

1. 分割点云模型

成果点云模型按照基本构件类型进行点云分割，将分割后的点云构件按照管线构成归类，依次分配给不同建模组分工建模作业，避免重复建模。扫描空间内其他点云模型归为一类，如墙体、结构柱、桥架等点云模型划分区域是在点云模型的"俯视"视角下，以设备间隔的一般位置划分为区域。

2. 构建三维扫描 BIM 几何模型

在各部分 BIM 几何模型构建完成后，由于软件间的输出格式的限制，需要支持上述建模软件的格式的情况下，选择通用性较好的软件进行各部分 BIM 几何模型的整合。

3. 模型偏差分析

模型偏差分析是指将原有的 BIM 模型与逆向构建的 BIM 模型进行对比分析，找出偏差部位，以观测设计及实际现状之间的偏差，并根据偏差情况进行调整。将参数模型（即设计 BIM 模型）与测试模型（即通过三维激光扫描逆向构建的 BIM 几何模型）导入到分析软件中，通过将两者放置到相同坐标下的相同位置进行对齐，对齐的方式包括基准/特征对齐、最佳拟合对齐以及 3-2-1 对齐等。需注意的是如果进行的是 3D 比较，采用基准/特征对齐应至少选择 3 个特征点。

将参数模型与测试模型进行误差分析，如 3D 比较、2D 比较、特征比较以及边界比较等。其中，3D 比较通过彩色结果图形显示测试模型与参数模型之间的偏差范围或情况，依据彩色结果图形的显示，通过直观的整体测评分析，从不同角度将两模型各横切面进行对比，找出管道的明显偏移量；通过精确的细节分析，针对某些部位实施多次切片并编号，寻找偏差部位并进行定量分析，可以得到各构件的偏差值、上公差以及下公差等偏差数据报告，以提供真实的数据参考。

6.3 传感器网络与 BIM 建模

6.3.1 传感节点的布置与信号采集

"物联网"（Internet of Things）的概念是从 1999 年首次提出的，它是指将安装在各种物体上的传感器、电子标签（RFID）、二维码标签和全球定位系统通过与无线网络相连接，赋予物体电子信息，再通过相应的识别装置，以实现对物体的自动识别和追踪管理（图 6-25）。物联网最鲜明的特征是：全面感知、可靠传递和智能处理。相应的，其技术体系包括感知层技术、网络层技术、应用层技术。物联网可以广泛地应用于生活的方方面面，如物料追踪、工业与自动化控制、信息管理和安全监控等，运用在工程项目的物料追踪中可大大提高现场信息的采集速度，本书主要对物联网技术中的二维码技术和 RFID 技术进行研究。

1. 二维码技术研究

二维码是按一定规律使用二维方向上分布的黑白相间的图形来记录数据信息的符号，相比于传统的一维条码技术，它具有信息容量大、抗损能力强、编码范围广、译码可靠性高、成本低制作简单等优点，能够存储字符、数字、声音和图像等信息。二维码的应用主要包括两种：一种是二维码可以作为数据载体，本身存储大量数据信息；另一种是将二维码作为链接，成为数据库的入口。二维码的生成很简单，对印刷要求不高，打印

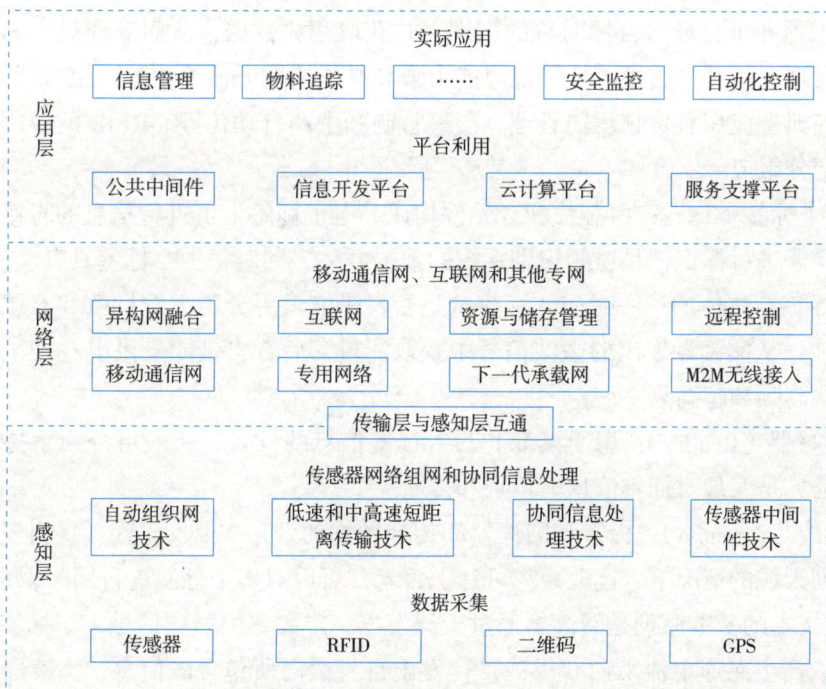

图 6-25 物联网技术体系架构图

机即可直接打印。随着移动互联网的兴起，各种移动终端即可对二维码进行扫描识别，进行电子信息的传递，大大提高了信息的传递速度。在工程项目中，通过相关软件生成构件的二维码，并粘贴到构件表面，现场工作人员可直接扫描构件二维码来读取构件的信息并在移动终端上完成相关工作，实现信息的及时录入和读取，改变了传统的工作方式（图6-26、图6-27）。

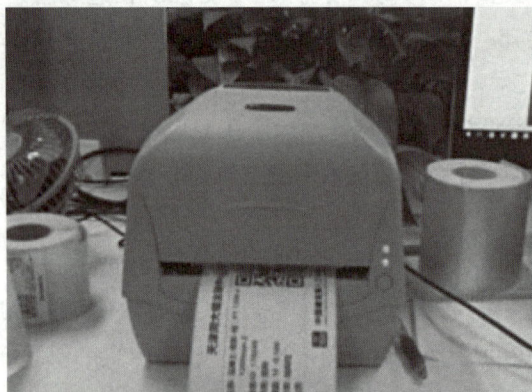

图6-26　二维码的打印

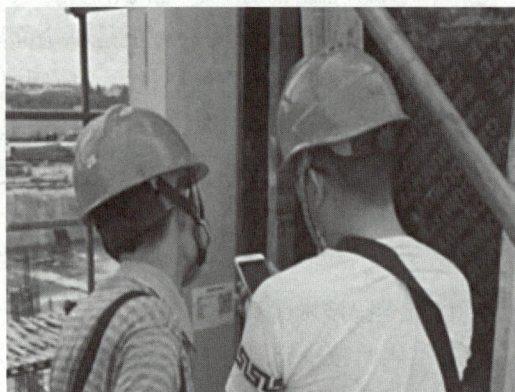

图6-27　二维码的扫描

2. RFID 技术研究

RFID（无线射频识别）是一种非接触式的自动识别技术，通过与互联网技术相结合，无须人工干预即可完成对目标对象的识别，并获取相关数据，从而实现对目标物体的跟踪和信息管理，具有穿透性、环境适应能力强和操作快捷方便等优势。RFID 的应用非常广泛，目前典型应用有货物运输管理、门禁管制和生产自动化等。RFID 的应用体系基本上是由 3 部分组成。

1）电子标签（Tag）：由芯片和合元件构成，电子标签上可进行信息的直接打印，附着在目标物体进行标识，是射频识别系统的数据载体，同时每一个标签具有唯一的编码，可以实现标签与物体的一一对应。标签按是否自带能量可分为无源标签和有源标签，前者不用电池，从阅读器发出的微波信号中获取能量，后者自带能量供电；按工作频率可分为低频、高频和超高频。

2）读写器（Reader）：用于读取和写入标签信息的设备，一般可分为手持式和固定式，主要任务是实现对标签信息的识别和传递。

3）天线（Antenna）：标签和阅读器间传递数据的发射/接收装置，我国现有读写器在选择不同天线的情况下，读取距离可达上百米，可以对多个标签进行同时识别。

RFID 技术的基本原理是阅读器通过天线发出一定频率的射频信号，当标签进入天线辐射场时，产生感应电流从而获得能量，发出自身编码所包含的信息，阅读器读取并解码后发送至电脑主机中的应用程序进行有关处理。

6.3.2 传感数据的实时大数据分析

物联网技术的应用涉及生产到吊装全过程,借助物联技术可以实现信息快速采集和及时上传,有助于提升信息的管理水平。随着移动互联网的兴起,二维码技术以其成本低、使用方便的特点,可以作为主要的信息采集和上传的媒介,由于装配式构件在外形上差别小,单纯使用二维码技术逐个扫描难以实现构件的快速查找和精准定位,可以将二维技术和 RFID 技术相结合,再通过打印机将构件的二维码信息打印在 RFID 标签纸上,后续物料跟踪过程既可以通过 RFID 读写器实现构件快速查找和信息上传,也可以通过手机移动端扫描标签的二维码信息,进行信息的查看和上传,方便其他非责任人员了解构件信息。对于车辆的跟踪管理,可以在每辆运输车上装载 GPS 定位器实现车辆运输过程的实时定位和路线轨迹查询。

二维码技术是 BIM 信息管理平台中的重要应用技术之一,二维码能与构件一对应,是连接现实与模型的媒介。通过移动终端扫描二维码可以定位构件模型,各参与方管理人员要能清楚地查询和更新与构件有关的基本属性、扩展属性、构件状态和相关任务。基本属性应包括构件的名称、ID、名称类别、楼层、位置、尺寸、重量、钢筋数量及规格、预埋件种类及个数、材质等。扩展属性应包括构件生产到过程信息的构件厂商、生产人员、堆放区、出厂日期、运输方、运输车车牌、司机姓名、进场时间、施工单位、施工班组、施工日期、检验人员、相关表单和资料附件等。构件状态应能反映构件从发送订单、生产堆放、运输和吊装验收全过程的跟踪记录,包括构件状态、跟踪时间、跟踪人员跟踪位置和相关照片等,实现全过程的可追溯。相关任务应包括构件所属的任务名称、工期、计划开始、计划完成、实际开始、实际完成、责任人、相关人等。构件生产完成后要进行 RFID 标签上的二维码样式设计,标签上打印的信息应有助于各参与方管理人员迅速了解构件的基本信息,对于标签上需要打印的内容应包括构件名称、订单号、构件 ID、楼层、位置、重量和生产日期(图 6-28~ 图 6-32)。

物料跟踪的管理在于依托 BIM 模型并借助物联网中的二维码和 RFID 技术对关键流程节点进行跟踪,动态更新构件所处的状态和各个状态下的扩展属性、资料附件、相关任务等,从而使管理者能够了解任务进度的实施状况和更好地开展后续任务。构件从生

图 6-28 RFID 纸质标签　　　　图 6-29 二维码打印机　　　　图 6-30 GPS 定位器

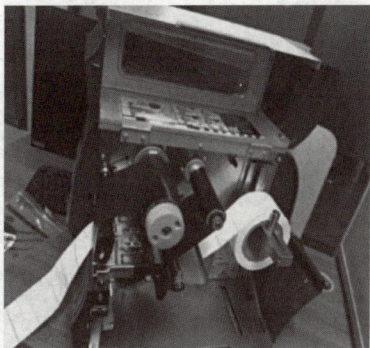

177

图 6-31　RFID 标签的应用过程

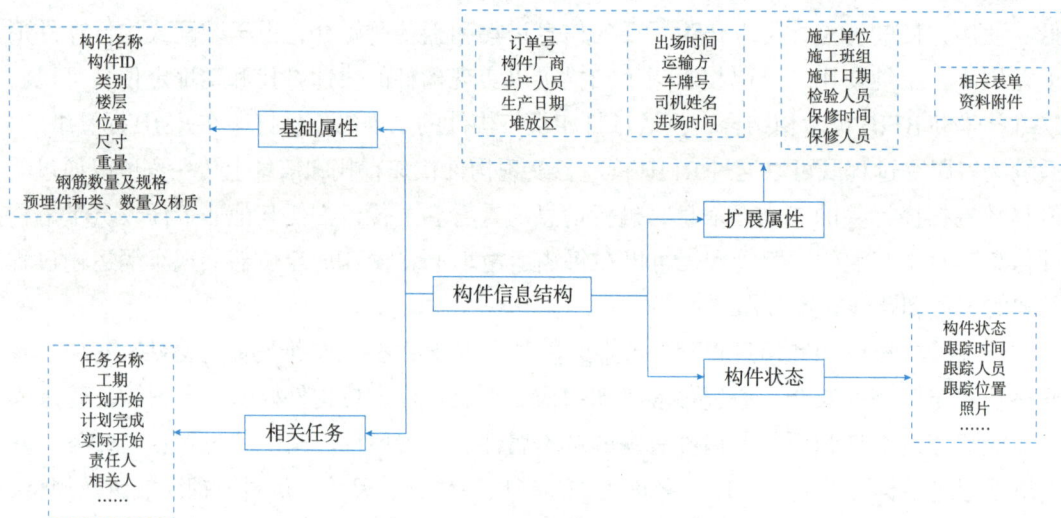

图 6-32　构件信息结构

产到安装过程要经历生产、运输和安装三个环节，主要涉及的参与方就是构件厂、运输方和施工方。比如，构件厂的生产环节设置物料跟踪可将状态设置为模具试拼、钢筋绑扎、模具拼装、预埋件安装、混凝土浇捣养护窑养护、成品脱模和堆场存放等阶段。运输方的运输环节状态可设置为装车中、准备运输、运输中、构件检验和卸车中等。施工现场的安装环节状态可设置为现场堆放、出库中、吊装中、构件吊装完成和验收合格等。借助协同平台，管理人员对构件进度状态进行实时跟踪和上传，将构件所处的状态录入到平台数据库中，其他项目参与人员再借助平台的不同应用端对构件的状态信息进行查看和后续状态的跟踪。平台通过赋予不同状态、不同的颜色可以了解相应构件所处的状态，同时能在 BIM 模型中定位该构件，协同平台指导现场施工。

1. 构件生产管理

生产一个构件要经历从原材料生产、钢筋绑扎、混凝土浇筑、养护、脱模和存放一系列工艺流程，各方管理人员想精确了解构件厂的实际生产进度可以对构件生产的重要工艺流程节点进行跟踪。在构件的生产过程中，现场驻守的生产管理人员实时录入构件的生产状态的信息，通过移动终端将构件所处状态、跟踪人员、跟踪时间、位置信息（如生产过程中所在的加工台、养护时的养护仓以及生产完成后堆放的场地编号）、扩展属性中的附件信息以及相关任务等关联构件后同步到协同管理平台中，方便各方从各个应用端实现对构件状态信息的查看与管理，并在构件生产过程中不断更新相应的状态信息。构件脱模完成后，粘贴印有构件二维码信息的 RFID 标签，管理人员通过 RFID 读写器扫描标签二维码，连接到协同管理平台后获取构件信息，将构件的信息写入到 RFID 标签的芯片中，并更新构件入场的状态信息、堆放位置、入库时间、记录人员和附件等（图 6-33、图 6-34）。

图6-33 现场人员录入构件状态

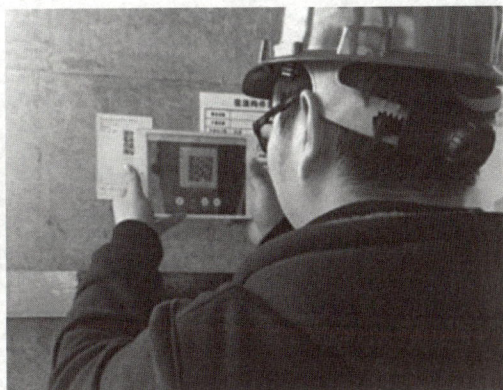

图6-34 构件出场扫码信息

2. 构件运输管理

在构件的运输管理阶段，责任人员通过 RFID 读写器或智能手机的扫描 RFID 标签实现对构件的识别，找出需要运输的构件，记录构件所处的状态信息，并将需要运输的构件出厂时间、出厂验收人员、运输车辆车牌号、司机姓名、联系方式以及与过程相关的附件等信息输入到构件的扩展属性中，然后上传到协同管理平台数据库中。对发车运输的车辆，通过车上安装的 GPS 定位器，实时跟踪车辆所处的位置信息，通过构件与车辆的一一对应实现对构件运输过程的全程定位，施工现场可以提前做好相应的准备工作。

3. 构件现场堆放与安装管理

运输车辆到达施工现场后，相应的责任人员完成对进场构件的检验和入库，记录构件到达施工现场检验时间和入库的时间，在施工吊装阶段，管理人员记录构件的出库时间、吊装准备时间、吊装完成时间、验收合格时间实现构件从入场到吊装合格的时间追踪及相应的责任人员等状态信息。同时记录构件安装过程中的施工单位、施工班组、施工日期、保修时间、保修人员等扩展属性以及相关资料的上传（图 6-35~ 图 6-37）。

6.3.3 传感器网络与 BIM 建模的数据交互

各方协同管理的计划制定后，要确保计划能够顺利实施就需要建立一个供各参与方协同管理的平台，各方能够通过平台发布任务和计划，了解各方的实际进度状态，对出现的问题能够及时沟通处理，同时协同平台还应该能与各企业自身的管理系统进行连接，使各参与方能够直接将平台上获取的信息纳入到各自的企业管理系统中，然后完成各自任务计划（图 6-38）。

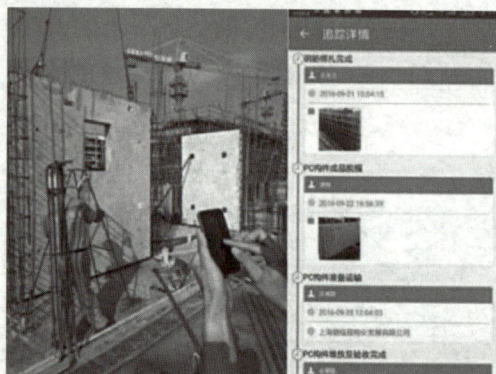

图 6-35　构件吊装阶段状态跟踪及相关属性汇入

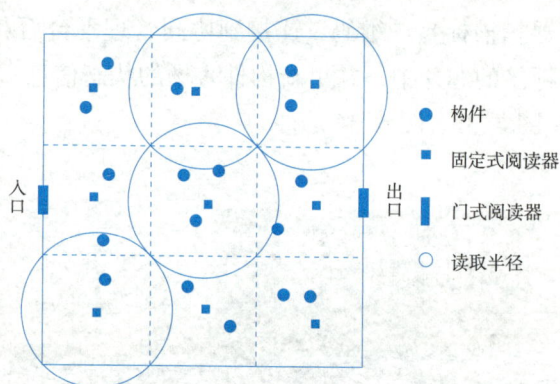

● 构件
■ 固定式阅读器
▮ 门式阅读器
○ 读取半径

图 6-36　构件堆场阅读器布置

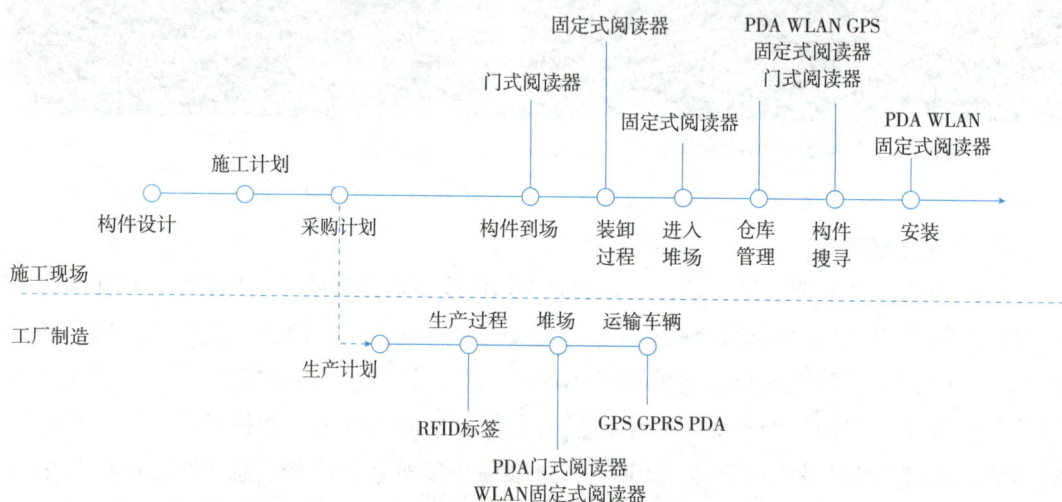

图 6-37　读写器布置与工作流程

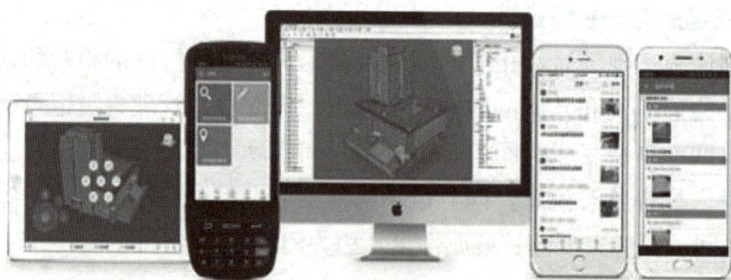

图 6-38　协同平台的多端协同应用体系

1. 基本体系

虽然现有的 BIM 软件也可实现模型和信息的记录查找，但对构件的生产、运输、入场、安装及验收等环节的信息管理难以实现实时跟踪，因此需要与物联网技术相结合，开发有针对性的协同管理平台实现各方数据的实时采集和集中管理。

协同平台应采用云 + 端的模式，将 BIM 模型数据、现场采集的数据以及协同的数据等存储在云端数据库，然后平台各应用端调用数据。平台分为移动端、PC 端和 WEB 端，移动端通过手机、ipad 和 RFID 手持机等设备扫描 RFID 标签与协同平台数据库相连接，进行模型浏览、数据采集、表单填写和现场协同，PC 端作为管理端口进行模型剖切漫游、现场数据的集中展示分析以及 4D 进度模拟，WEB 端作为平台项目设置、权限设置、资料管理、数据展示和图表分析。

2. 基本工作方法

在 BIM 与 RFID 数据交换的设想中，构件在生产阶段植入 RFID 标签，并在运输阶段、装配施工阶段等关键时间点扫描读取之前阶段所存储的数据。之后根据不同阶段的管理需求补充数据。扫描后的数据将会传输到不同的软件应用程序中进行处理，以此来管理构件相关的活动。相关应用软件通过 API 接口实现 BIM 数据库与 RFID 标签之间的信息读写，RFID 的标签信息在设计阶段作为产品信息的一部分将添加到 BIM 数据库中（图 6-39）。

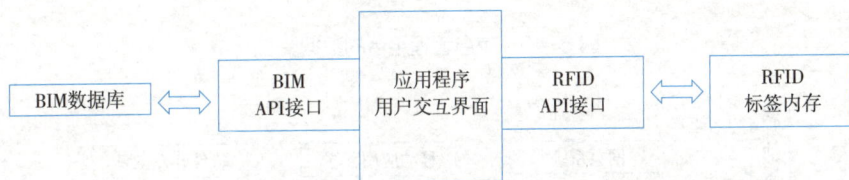

图 6-39　BIM 与 RFID 信息交互

BIM 协同管理平台是利用物联网中的 RFID/ 二维码技术和 BIM 技术对信息进行实时采集、存储管理和应用，并与生产、运输和安装过程结合，实现对构成生产到安装全过程的信息管理。其基本原理是在信息采集层面采集构件的状态信息、时间信息、位置信息、责任人员信息和表单信息等，然后输入到协同管理平台的数据库中进行保存，平台通过数据分析与处理后，相关参与方再利用平台数据进行相应计划的制定与调整、建造过程的任务管理和问题的沟通交流，最终实现三方的生产安装协同。

3. 物联网信息交互架构

为了实现装配式建筑设计与施工管理平台，需要通过云计算来为 BIM 与物联网集成提供相应的信息基础设施。通过物联网技术将装配式建筑的构件、运输车辆、吊装设备等变成具有识别、传感、通信能力的资产。参建各方利用在建造过程中实时收集的数据，通过信息管理平台（图 6-40）来共享装配式建筑构件等资产。基于这一目标，本文建立了信息基础设施的技术框架，其包括基础架构即服务、平台即服务、软件即服务三个层次（图 6-41）。

1）基础架构即服务

基础架构即服务主要包含两个部分：智能建造资产和物联网网关。智能建造资产是

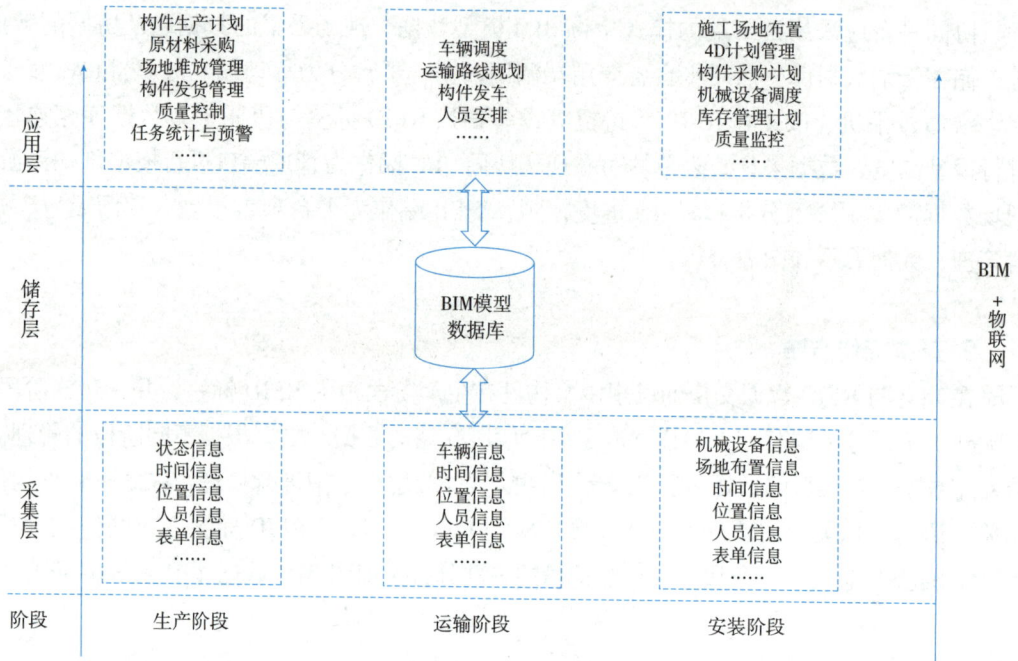

图 6-40 信息管理平台的数据交互

应用层 / 储存层 / 采集层 / 阶段

构件生产计划 / 原材料采购 / 场地堆放管理 / 构件发货管理 / 质量控制 / 任务统计与预警 / ……

车辆调度 / 运输路线规划 / 构件发车 / 人员安排 / ……

施工场地布置 / 4D计划管理 / 构件采购计划 / 机械设备调度 / 库存管理计划 / 质量监控 / ……

BIM模型数据库

状态信息 / 时间信息 / 位置信息 / 人员信息 / 表单信息 / ……

车辆信息 / 时间信息 / 位置信息 / 人员信息 / 表单信息 / ……

机械设备信息 / 场地布置信息 / 时间信息 / 位置信息 / 人员信息 / 表单信息 / ……

生产阶段　运输阶段　安装阶段

BIM + 物联网

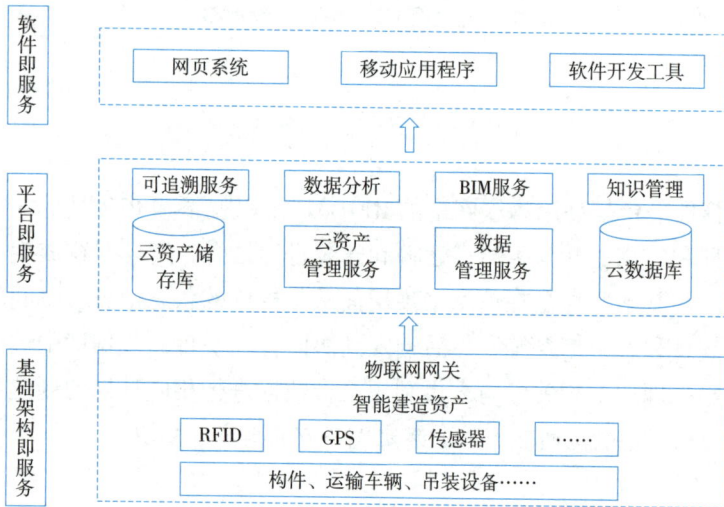

图 6-41 信息基础设施技术架构

软件即服务：网页系统 / 移动应用程序 / 软件开发工具

平台即服务：可追溯服务 / 数据分析 / BIM服务 / 知识管理 / 云资产储存库 / 云资产管理服务 / 数据管理服务 / 云数据库

基础架构即服务：物联网网关 / 智能建造资产 / RFID / GPS / 传感器 / …… / 构件、运输车辆、吊装设备……

指安装了物联网设备的所有建筑资产，例如 RFID 标签、GPS 模块、传感器。这些智能建造资产可以被识别，并对实时数据进行收集，与其他资产进行通信。物联网网关充当智能建筑资产和上层之间的桥梁。它有三个主要功能：

（1）对附近连接的智能建造资产进行现场控制。

（2）将收集的数据预处理并解码控制命令从上层发出。

（3）将这些智能建造资产进行云存储、控制和共享。针对装配式建筑的情况，建议平台采用固定和移动物联网网关。

2）平台即服务

根据基础架构即服务层收集的实时数据，平台即服务层为装配式构件提供了广泛的与场景无关的服务。在平台即服务层的底部，所有装配式建筑云资产将根据统一的云资产数据模型存储在存储库中，然后由云资产管理服务进行管理。其他管理数据将存储在云数据库中，并由数据管理服务进行管理。平台即服务层的中间部分提供各种服务，包括可追溯服务、数据分析、BIM 服务、知识管理等，这些服务为装配式建筑的各方面的运营计划、调度和优化提供支持。

3）软件即服务

软件即服务层提供了三种应用方式：网页系统、移动应用程序和软件开发工具。网页系统提供通用管理服务，可以通过不同方式轻松访问。各参建方可以通过访问系统、定义方案和配置基本工作参数来使用服务。移动应用程序可以安装在移动设备上，作为访问服务的云客户端，主要用于装配式建筑建造期间的操作控制。在某些情况下，它还可以用作移动网关从智能建造资产中收集实时数据。软件开发工具一般应用于部署自己的信息系统的建筑公司。

本章小结

本章通过介绍无人机测绘、三维扫描等数据获取方式，结合数据筛选及点云处理技术的进一步完善，明确了 BIM 建模与新兴技术交互的便利性，智能测绘在多样性中向良性发展。

物联网技术的革新推动了建筑行业更加轻量化、智能化的发展；传感器网络的构建使数据与数据、数据与平台之间的交互更加频繁，实时的数据反馈便于建立更加高效的数据处理系统，促进 BIM 技术的革新与发展。

思考与习题

6-1 无人机技术与传统 BIM 数据获取有什么不同？

6-2 无人机航线的规划有哪些原则？

6-3 请简述三维扫描站点规划和测点选择原则。

6-4 三维扫描点云处理技术有哪些要点？

6-5 物联网的现代化为 BIM 技术的应用带来了哪些便利？

二维码 6-2
拓展阅读

参考文献

[1] 孙仲健 .BIM 技术应用——Revit 建模基础 [M]. 北京：清华大学出版社，2022.

[2] 姜曦，王君峰，程帅，等 .BIM 导论 [M]. 北京：清华大学出版社，2017.

[3] 周信 . 土木工程图学与 BIM[M]. 北京：清华大学出版社，2020.

[4] 李益，常莉 .BIM 技术概论 [M]. 北京：清华大学出版社，2019.

[5] 胡兴福 . 建筑构造与 BIM 施工图识读 [M]. 北京：清华大学出版社，2019.

[6] 李井永 . 建筑工程测量 [M]. 北京：北京交通大学出版社，2010.

[7] 王霞 . 工程测量 [M]. 北京：北京交通大学出版社，2010.

[8] 王天佐 . 建筑工程测量 [M]. 北京：清华大学出版社，2020.

[9] 胡伍生 . 土木工程测量 [M]. 6 版 . 江苏：东南大学出版社，2022.

[10] 胡开心 . 基于 BIM 与点云的钢管混凝土拱桥拱肋虚拟预拼装技术 [D]. 重庆：重庆交通大学，2023.

[11] 孙唯晗 . 基于建筑信息模型的激光检测无人机系统设计与仿真 [D]. 天津：天津大学，2023.

[12] 杨帆 . 基于 BIM 与物联网的装配式建筑设计与施工管理 [D]. 西安：西安科技大学，2023.

[13] 崔秀锋 . 无线传感器网络中基于 RSSI 的三维定位改进算法研究 [D]. 太原：太原理工大学，2023.

智能测绘的综合应用

本章要点 📖

1. 智能测绘技术的应用场景。
2. 智能测绘技术的应用案例。
3. 智能测绘技术的应用展望。

教学目标 📄

知识目标： 学习和了解智能测绘技术的应用场景，培养学生的发散思维能力，提高对智能测绘技术的学习兴趣。

能力目标： 掌握智能测绘技术的融合应用，培养丰富学生的工程案例经验，能基本掌握智能测绘技术的适用场景。结合实际工程环境，提高学生的分析和解决问题能力，能举例描述智能测绘技术的应用。

素质目标： 培养学生工程哲学思维，结合智能测绘知识，综合考虑效益、成本，正确应用于工程实际。

案例引入 📄

上海中心大厦施工与运维管理中的 BIM 技术应用

在此章节中，我们将探讨智能测绘技术在建筑工程领域中的应用。其中一个案例是 BIM 技术应用于上海中心大厦，通过设计阶段、施工阶段、运营阶段的应用，实现建筑全生命周期、全方位管理。在工程设计阶段，通过多专业协同设计以提高工作效能，提升管理效率。在工程施工阶段，通过可视化预演提升施工组织实施的效率，多专业协调施工计划，缩短工期，提升施工效率。在项目运营阶段，利用数据模型提升物业管理信息化水平，提升灾害预警应急水平（图 7-1）。

9区：3层景观、其余设备层
8区：10层酒店、5层办公
7区：15层酒店
6区：14层办公
5区：14层办公
4区：13层办公
3区：13层办公
2区：12层办公
1区：5层商业、会议
0区：5层商业停车

主楼地上 127 层，地下室 5 层功能区分布
图 7-1　上海中心大厦功能区分布图

思考题：

1. 建筑信息模型（BIM）技术对于建筑工程领域有何重要意义？

2. 请分析 BIM 技术在精细化管理方面的潜在益处，并探讨如何推广和应用 BIM 技术，以实现经济效益和社会效益的全面提升？

7.1 建筑工程中的智能测绘应用

智能建造是实现建筑产业数字化转型升级的方向，数字技术的蓬勃发展给建筑业数字化转型带来广阔的创新空间。利用数字孪生技术，通过整合智能测绘技术，如 BIM 技术、北斗定位系统、AI 人脸识别等，基于物联网技术、无线传输手段，以全新的数字化建造模式，汇聚设计、建造、运营全过程的数据，建立起数据共享和交互的平台，形成智能建造大数据。

7.1.1 上海中心大厦智能测绘应用

1. 项目概况

上海中心大厦位于上海市浦东陆家嘴金融贸易区银城中路 501 号，是一幢集办公、酒店、商业、娱乐、观光等功能的超高层建筑，主体建筑结构高度 580m，建筑总高度 632m，地上 127 层，地下 5 层，总建筑面积 57.8 万 m^2，其中地上 41 万 m^2，地下 16.8 万 m^2，基地面积 30 368m^2，绿地率 33%，是目前已建成项目中中国第一高楼。项目于 2008 年 11 月 29 日开工建设，2014 年底土建工程竣工，2017 年 1 月投入试运营。作为陆家嘴核心区超高层建筑群的收官之作，大厦已成为上海金融服务业的重要载体。在优化陆家嘴地区整体规划、完善城市空间、提升上海金融中心综合配套功能、促进现代服务业集聚等方面发挥了重要作用。

项目建设历程如图 7-2 所示。

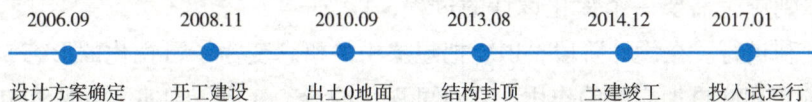

| 2006.09 | 2008.11 | 2010.09 | 2013.08 | 2014.12 | 2017.01 |
| 设计方案确定 | 开工建设 | 出土0地面 | 结构封顶 | 土建竣工 | 投入试运行 |

图 7-2 项目建设历程

上海中心大厦是一座楼中之城，它包括 9 个垂直社区，除顶部观光区域外，其余各区的高度都在 12~15 层之间。每一个社区都由双层幕墙之间的公共区域所环绕。它们能为人们提供日常生活所需的服务。直达该区的电梯系统载着客人们在大楼内上下穿梭。同时，地下公共通道和停车区域连接着附近超高层建筑（图 7-3）。

2. BIM 技术应用

1）设计阶段

上海中心大厦的设计灵感来源于历史和未来，旨在将历史与未来有机结合在一起。大厦有两个玻璃正面，一内一外，主体形状为内圆外三角，这种设计降低了大楼的能耗且有利于环境保护，同时也让这种大型建筑项目更具有经济可行性。从顶层看，大厦的外形好像一个吉他拨片，随着高度的升高，每层扭曲近一度，这种设计能够延缓风流，使建筑经得起台风的考验。

对于异形建筑而言，常规的设计手段无法准确定位这些异形的点位。而 BIM 平台可以完美地解决这个问题，采用数字化平台来描述异形建筑各个细部的衔接。由于结构的原因，大厦的设备层和避难层，有很多杆件穿插在设备层中间，通过二维设计基本上是没有办法解决这个设计难题的，所以就运用 BIM 通过三维设计完成了整个设备层的设计工作，有效地避免了杆件之间的相互碰撞。三维模型结构与钢筋一体，能快速计算钢筋工程量，降低了工程计算难度，提高了计算精度。利用碰撞检查和管线综合功能，其三维模型可以完成建筑、机电、幕墙等之间的碰撞检查。模型同时完成机电复杂的管线优化设计，对幕墙、机电等结构的预留预埋进行模拟设计。因此，在精确计算、快速出量方面 BIM 充分发挥了其关键作用。BIM 所带来的无处不在的高精确度运算和高灵活度适应的能力，在设计阶段，通过数字化设计的新语境完成了建筑的新范式。

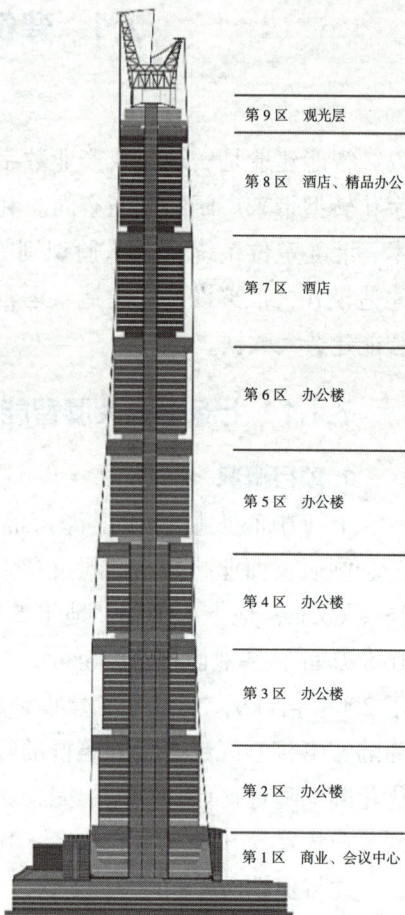

第 9 区　观光层

第 8 区　酒店、精品办公

第 7 区　酒店

第 6 区　办公楼

第 5 区　办公楼

第 4 区　办公楼

第 3 区　办公楼

第 2 区　办公楼

第 1 区　商业、会议中心

图 7-3　功能分布图

2）施工阶段

从方案到施工需要一个深化设计的过程，以支撑施工的顺利进行。在设计阶段，BIM 把想象中的概念变为了可视化的形态，在施工阶段，则看到了 BIM 更加实际的作用，它将可视化的形态变成了现实，可见 BIM 是整个施工阶段的重要筹码。

通过 BIM 实现预制加工设计，是以深化设计阶段所拥有的 BIM 模型为基础，导入 Autodesk Inventor 软件，通过必要的数据转换、机械设计以及归类标注、材料统计等工作，将 BIM 模型转换为预制加工设计图纸，指导工厂生产加工，在保证高品质管道制作的前提下，减少现场加工的工作量。利用 BIM 模型进行工作面划分，再通过 BIM 的材料统计功能，对单个工作区域的材料进行归类统计，要求材料供应商按统计结果将管道、配件分装后送到材料配送中心。BIM 模型的精确归类统计大幅减少了材料发放审核的管理工作，有效控制了领用的误差，减少了不必要的人员与材料的运输成本。

3）运营阶段

上海中心大厦是已建成投入运营的中国第一高度绿色摩天高楼。大厦集成了不计其数的建筑技术与智能化技术、信息化技术，它不仅是一幢智能建筑，而且是一个"垂直城市"，包括国际标准的甲级办公、超五星级酒店和配套设施、主题精品商业、观光和文化休闲娱乐、特色会议设施五大功能，体量庞大，设备众多，系统复杂；管理和运营人员数量庞大；各种图纸、文档堆积如山。面对这样的超高层建筑，现有的物业和运营管理方式表现出效率低、难度大、成本上升等问题，亟需新的管理方式和管理工具来解决。

（1）基于 BIM 技术实现精细化管控

上海中心大厦基于 BIM 的精细化运营管理平台以绿色建筑和以人为本作为目标，通过引入 BIM 全生命期信息化理念和方法，并与物联网、大数据、移动互联、AI 等高新技术的融合，实现大楼精细化管控。

运营管理平台以运营数据为数据支撑，通过三维场景展示建筑 BIM 模型，同时将 BIM 模型管理、流程管理、设备资产管理、BIM 运营维护管理、能源管理、物业管理、应急管理等功能模块叠加在 BIM 模型上，通过三维可视化的方式向管理人员提供直观的管理手段。将静态资料数据、业务流程数据、动态监测数据与 BIM 模型进行关联，通过 BIM 模型可调取某一设备当前监测数据，或查询该设备相关的技术参数文档、维修保养记录等信息。在智能化系统发出报警或用户提交故障后，平台可通过三维场景进行故障定位，并通过 BIM 模型的运维逻辑展示故障的上下游关联及可能影响的范围。

平台采用目前流行的 B/S 架构结合 App 的方式，通过大屏联动、手机端、网页端使用等方式，满足了建筑不同管理角色的用户使用，同时保证平台的易用性，及便于平台的升级和维护。各类岗位的运维管理人员在允许范围内随时随地可访问平台，对不同工作岗位的应用权限、数据权限、模型权限进行了合理、严密地划分，为每个用户提供其岗位对应的功能应用及负责区域的数据访问，充分保证平台的数据安全。

（2）集成管理应用模块实现智慧运营

上海中心大厦基于 BIM 的精细化运营管理平台设置模型管理、节能管理、应急管理、资产管理、设施设备维护管理、安全管理等模块，各模块集成多个常用应用（图 7-4）。所有应用均在同一界面进行操作，便于用户使用。各应用均基于 BIM 模型，结合各类业务数据，包括静态资料及动态监测数据，实现智慧、直观、便捷的运营管理应用。

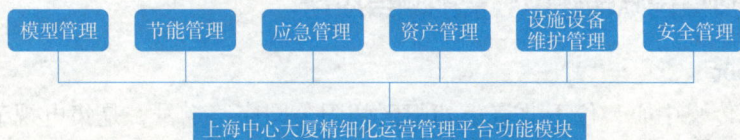

| 模型管理 | 节能管理 | 应急管理 | 资产管理 | 设施设备维护管理 | 安全管理 |

上海中心大厦精细化运营管理平台功能模块

图 7-4 功能模块

3. 北斗定位技术应用

摩天高楼，也就是超高层建筑，兴起于 19 世纪末的美国芝加哥，是城市化发展的产物。我国规范规定，100m 以上高度的建筑属于超高层建筑。我国的超高层建筑，始于 20 世纪 90 年代，经过几十年的发展建设，已经形成了比较完善的超高层建筑结构设计、施工的规范和标准体系。全国各地的超高层建筑，如雨后春笋般落地建成，成为一个个地标性建筑。

超高层建筑施工监测及建成后的建筑物运营监测，属于特高等级精密工程测量范畴，高质量、高精度测量基准、精确施工控制点和快速高精度获取监测点位，是施工测量和监测的关键。过去，超高层建筑施工测量高程控制法，为钢尺直接丈量或悬吊钢尺法，耗费大量人力物力，存在累积误差。平面控制法采用激光铅直投点法，随着建筑总高度的升高，激光发散角变大，需分段传递，存在误差积累，且高空复杂多变的环境影响结构的稳定性。当建筑物高度达 500m 以上，超高层建筑测量产生轴线竖向传递困难、高程控制不准、塔楼的垂直度难以控制、超高异形建筑外形独特等问题，以传统测量方法很难解决。

针对超高层建筑工程的特点与难点，灵活采用近年来出现的多项高新技术，建立了一套新型超高层建筑工程测量系统。

利用北斗兼容 GNSS+GLONASS 卫星定位的超高层建筑竖向传递技术、超高层高程精密控制测量技术、北斗 +GNSS 高精度摆动归心测量技术，快速提供超高异形结构延迟构件设计预调数据变形测量，确保超高层建筑的顺利施工和工程结构的安全验证（图 7-5）。

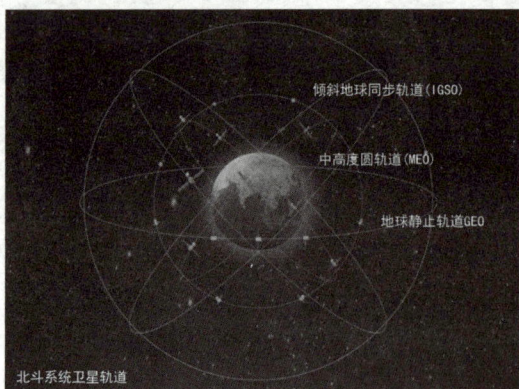

图 7-5　北斗系统卫星轨道示意图

在上海中心大厦的 126 层，放置着一个重达 1000t 的阻尼器。阻尼器的作用是减轻高楼的实时摇晃，提升大楼的安全性和舒适性，除此之外，还能提供更精确的指标来确保大楼的安全，比如楼体内部应力、动力特性、加速度特性、沉降、位移、裂缝、挠度、倾斜等，这些指标的精确测定和临界点判别，就需要精密测量技术。多种形态的传感器动态获取数据，智能化实时信息处理，高速低延时信息传输，融合的集成技术为超高层建筑的全方位健康监测提供了可靠的解决方案。

7.1.2　凤凰国际传媒中心智能测绘应用

1. 项目概况

凤凰国际传媒中心，位于北京市朝阳区朝阳公园南路 3 号，是集电视节目制作、办公、商业等多种功能于一体的综合型建筑。该中心于 2013 年 7 月 31 日竣工，占地面积 18 821.83m²，总建筑面积 72 478m²，建筑总高度 54m，地上 10 层，地下 3 层；南侧办公楼 2~8 层为办公区；北侧演播楼为媒体制作中心，分别为 100m²、200m²、600m²、1200m² 4 个演播厅；中间为凤凰文化广场，供大型活动使用，办公楼及演播楼外围包裹空间弯扭钢结构外壳，分内外两层，各自采用大小不等的梯形截面的弯扭箱形构件，相互交叉编织而成。用钢量约 1.2 万 t，表面覆盖 3180 块不同尺寸的直面幕墙，通过鱼鳞式的组合方式，形成连续曲面，空间角度、位置连续非线性变化，建筑造型复杂（图 7-6）。

凤凰国际传媒中心除媒体办公和演播制作功能之外，还安排了大量对公众开放的互动体验空间，以体现凤凰传媒开放经营的理念。建筑的整体设计逻辑是用一个具有生态功能的外壳将具有独立维护使用的空间包裹在里面，体现了楼中楼的概念，两者之间形成许多共享公共空间。在东西两个共享空间内，设置了连续的台阶、景观平台、空中环廊和通天的自动扶梯，使得整个建筑充满着动感和活力。此外，建筑造型取意于"莫比乌斯环"（图 7-7），这一造型与不规则的道路方向、转角以及和朝阳公园形成和谐的关系。连续的整体感和柔和的建筑界面和表皮，体现了凤凰传媒的企业文化形象的拓扑关系，而南高北低的体量关系，既为办公空间创造了良好的日照、通风、景观条件，避免演播空间的光照与噪声问题，又巧妙地避开了对北侧居民住宅的日照遮挡的影响。

图 7-6 凤凰国际传媒中心   图 7-7 莫比乌斯环

由于建筑外形为复杂空间曲面，设计中利用空间三维建模软件建立了钢结构精确三维空间几何模型与计算模型，为更好地表现建筑效果，曲面网格主要构件全部为空间弯扭构件。钢结构各个单体的复杂性，混凝土作为钢结构的支撑体，不仅需进行全程空间加载计算，及调整混凝土的体型以满足钢结构的连接，还需精确地设计出空间钢结构埋件。工程采取了一系列的措施用以保证在现有计算机水平和施工水平的条件下达到足够的计算精度、设计效率以及保证较高的施工可实施性。

2. BIM 技术应用

凤凰国际传媒中心工程是国内建筑最早应用 BIM 技术的项目之一。项目团队建立了高精度的全信息模型，并实现了信息的集成管理与模拟测算，进行形体、生态、遮阳、热力学等方面的评估。对设计图纸和钢结构安装方案进行复核、深化、构建 BIM 模型，生成剖面详图及对应的三维大样图，保证了系统参数合理，确定了合理的分段、分层、施工工序。

对于复杂形体建筑中存在的众多二维表达所不能描述的复杂空间及复杂几何信息，利用 BIM 三维可视的特点，可以对其效果进行先期验证。因此，项目的 BIM 模型是与项目的设计，甚至建筑构件的建造、生产同步更新的，使得所有建筑构件的完成效果与模型控制效果一致。此外，BIM 模型中所有建筑系统及其所包含的建筑构件的数据信息均严格依据一套复杂的几何定义规则建立，使得这些数据信息具有可描述、可调控、可传递的特征，为后续设计优化调控和设计信息的准确传达奠定了基础。

7.2 城市规划中的智能测绘应用

城市规划测绘作为政府公共服务的一种重要表现形式，是政府保证城市规划有效性的重要措施，也是促进城市经济发展的有效途径。测绘技术的应用贯穿于城市规划方案的编制、城市规划的管理实施，为城市规划和建设提供较为精确的数据资料，使城市规划方案更加科学化与合理化。编制科学合理的城市规划方案是城市建设的关键内容，而城市测绘得到的图纸和数据资料正是城市规划编制的基础信息。测绘技术在城市规划管理中的作用主要体现在城市建设项目的规划验收方面。城市测绘从始至终地贯穿于建设项目的开始阶段、进行阶段、完成阶段三个阶段。每个阶段都要按照规划审批部门对建设项目的规划审批图纸与实际实施情况进行对比测量，通过对比及时地反映出施工与报建的不符情况，以达到规划行政主管部门对建设项目实时进行跟踪及规划监督的目的。

7.2.1 北京大兴国际机场智能测绘应用

1. 项目概况

北京大兴国际机场，场址位于北京市大兴区榆垡镇、礼贤镇和河北省廊坊市广阳区之间，北距天安门46km、北距北京首都国际机场67km、南距雄安新区55km、西距北京南郊机场约640m，距廊坊市约26km，为4F级国际机场、世界级航空枢纽、国家发展新动力源。

机场于2014年12月26日正式开工建设，2019年6月彻底竣工，耗资800亿元，在2019年9月25日正式启用。机场规划用地面积约45km²，共有"三纵一横"4条跑道、70万m²的航站楼，远期旅客年吞吐量预计达到1亿人次，年货邮吞吐量400万t，飞机起降88万架次，被英国《卫报》评为"现代世界七大奇迹"之首（图7-8）。

图7-8 北京大兴国际机场

2. 三维扫描技术应用

北京大兴国际机场主体建筑包括航站楼、管制塔楼、配套物流等设施，基本都采用了钢结构。航站楼是机场的中心，占地面积约 71 万 m^2，具有极强的现代感和未来感，钢结构主要由三部分构成：屋盖结构、立柱和跨度大的主体幕墙结构。其中屋盖结构采用了大跨度前臂状拱壳结构，拱棒不少于 12 根，采用先进的双杆 – 拉桥桁架模式，螺旋式管加劲，能极大地承受风力荷载。而立柱采用了高度为 30m 的 H 形钢柱，具有极高的强度和刚度，能够有效地支撑整个屋体。此外，幕墙结构也选用了大跨度的钢梁，采用透明和亚透明的玻璃材料，让整个建筑更具透明感和良好采光性。

项目实施过程中需对已建成的钢结构进行扫描，建立三维点云数据模型，与前期依靠 BIM 设计的建筑模型进行三维偏差分析，从而分析出零部件与设计模型的偏差，检测施工质量。主要难点是测量面积大，空间高度高且定位要求精度高，现场焊接数据多且高空焊接多，要求展示出全部焊接点，钢网屋架盖跨度大，要求精密测量变形控制程度。复杂程度远远超出传统人工测量的能力范畴，是典型的大型复杂工程测量。

三维扫描技术可以高效、完整记录施工现场的复杂情况，与设计 BIM 模型进行对比，为工程质量检查、工程验收带来巨大帮助。通过 BIM 模型与三维激光扫描设备结合进行正向或者逆向应用配合，达到现场高精度测量放线、精度把控、现场复核等工作。无论是在项目设计、施工、运维管理全生命周期的任何阶段，三维激光扫描技术都可以高效、完整地记录施工现场的复杂情况，并与 BIM 模型集成，为工程质量检查、工程验收带来巨大帮助（见图 7-9、图 7-10）。

图 7-9 北京大兴国际机场航站楼施工效果图　　图 7-10 北京大兴国际机场航站楼三维扫描点云图

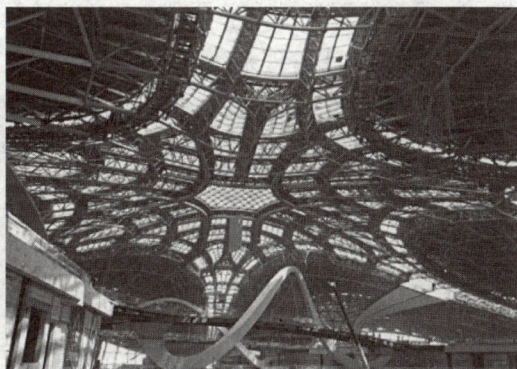

3. 物联感知技术应用

智慧民航建设是助力民航高质量发展、打造机场建设品质工程的客观要求，也是创新机场建设管理模式、加强工程要素精准管控的内在需要。在机场建设过程中基于北斗卫星、物联网、BIM、GIS 等先进技术，将传统的施工管理过渡到运用数字化装备、智慧施工管理等手段，不断提升施工精细化管理水平和效率，达到数字化、信息化、智慧化施工是必然趋势。

施工管理过程实质上是一个信息流转的过程，通过信息在不同方向、层次之间的流动，达到对施工过程管理和控制的目的。数字化施工就是将施工管理过程中的信息进行数字化、网格化、可视化、智能化，充分运用物联网、大数据等技术手段，解决施工过程中的产生的问题，最大程度提升施工过程信息化的利用价值和效率最大化。

数字化施工主要应用于机场建设中的场道工程。场道工程作为机场最重要的基础设施，良好的地基施工是为飞机的起飞和着陆提供坚实的地面结构的基础，使得飞机能够安全运行。采用智能化测绘技术可以做到强夯、碾压、振捣等现场实时监控，通过将实际施工情况与施工进度计划同时在 GIS 中进行可视化展示，可以及时发现问题，提升施工质量，促进施工进度。

数字化施工是指机械系统依托北斗高精度定位导航（定位 / 测向 / 姿态）、5G 高带宽低延时，多传感器数据融合及算法，实现工程机械的自动引导、自动控制、精准作业、实时进度和质量的监管。可以辅助机械操作人员按照施工要求进行施工，GIS 管理平台可以实时显示设备的运行轨迹及施工质量数据，并生成施工图形报告作为验收的依据与质量验评系统相连接。数字化施工包含数字化强夯、数字化桩基、数字化挖掘、数字化推土、数字化平地、数字化碾压及智能摊铺模块（图 7-11）。

图 7-11　机械设备安装分布图

1）强夯施工管理系统

该系统是一个包含了内外业一体化的整体解决方案。系统采用北斗高精度定位技术，结合传感器和控制模块等装置，在施工过程中对夯击遍数、夯锤落距、夯点位置、沉降量变化等进行记录和计算，并对数据存储、分析及上传，业主、监理单位、施工单位等工程各参与方都可以通过登录数字化施工管理平台实时进行数据共享，及时掌握施工质量、工程计量、施工进度等信息。

2）桩基智能施工系统

桩基智能施工系统采用北斗高精度实时定位技术获取桩头精准的三维位置信息，融合安装于桩机上的角度传感器等实时数据，以数字、图像的方式实时记录显示打桩坐标、倾斜角度、钻进和提钻速度、桩深、入岩深度等信息，引导操作手精准施工，同时记录施工过程数据，对基础工程施工进行有效监管。

3）挖掘机智能施工系统

挖掘机智能施工系统综合微电子技术、无线通信技术、GNSS 厘米级高精度定位等现代化技术于一体。通过在挖掘机上的各种传感器数据，解算校准枢轴尺寸，获得铲斗实时、精确的三维位置。系统可以实现无桩化施工，无须测量放样施工基准线，减少对测量的依赖，以数值、图形等方式指示铲斗与目标工作面的相对位置，精准引导，保证施工快速成型。

4）推土机智能引导系统

推土机智能引导系统采用北斗高精度定位技术，结合传感器等装置，实时对推土机铲刀位置姿态进行三维引导。系统应用三维数据文件作为施工基准，在无测量、无放样的环境中快速精确地实现施工要求。

5）平地机智能引导系统

平地机智能引导系统，采用北斗高精度定位定向技术，结合传感器等装置，实时对平地机刮刀位置姿态进行三维显示。系统应用三维数据文件为基准，在无测量、放样的环境中快速实现施工要求。

通过以上系统在相关机械设备上的应用，实现施工无桩化、引导智能化和管理信息化，解决了传统施工方式下的人力资源消耗大、质量难保证等问题，显著提高了施工效率和管理水平，大大减少返工，降低成本，保障作业安全及工期。不仅如此，所有的施工过程经过数据电子化、数字化后，机场完工之日，在交付一个物理机场的同时，交付一个孪生的线上数字机场。

7.2.2 上海迪士尼乐园智能测绘应用

1. 项目概况

上海迪士尼乐园，位于上海市浦东新区川沙镇黄赵路 310 号，于 2016 年 6 月 16 日正式开园。上海迪士尼乐园占地 1.16km²，以奇幻童话城堡为中心，四周分布着七个主题园区，分别为米奇大街、奇想花园、探险岛、宝藏湾、明日世界、梦幻世界、迪士尼·皮克斯玩具总动员。主入口正对着一片中心湖，两旁是商业娱乐设施和酒店。迪士尼创意团队为上海迪士尼乐园设计了"米奇大街"作为迎宾入口，由此取代了迪士尼近 70 年的以美国小镇为主题的设计传统。在上海迪士尼的各个景点设计中，处处可见中国元素，标志性的景点"奇幻童话城堡"高处尖顶缀有传统中国祥云、牡丹、莲花及上海市花白玉兰等元素；中式餐厅漫月轩更是继承了传统中式建筑风格，向游历中国大地、充满艺术创作情怀的文人墨客致敬，选择了高山、海洋、沙漠、森林和河流五大元素为主题；而在"奇想花园"，迪士尼标志性的旋转木马全由中国手工艺匠精心打造，72 种绚烂颜色美妙地交织。

2. 无人机技术应用

近年来，伴随经济高速发展，各种基础设施建设项目越来越多，土石方量计算是工程项目核心环节之一。为了能合理安排项目进度，准确计算工程量大小与费用，通常需要高效、准确地计算土石方量。传统的土石方测量方法有水准仪测量法、全站仪测量法和 GPS 测量法。水准仪测量法是通过使用水准仪测量事先在测区布设方格网的每个角点高程来计算土石方量的。该方法适用性单一，若测区不适合布设方格网，该方法就不适用了，且费时费力。全站仪测量法具有操作简单，仪器要求低等优点，适合测量面积较小和通视良好的区域，反之，则会非常繁琐，且效率低下。GPS测量法是目前土石方测量中应用较多的一种方法，它不受距离和通视限制，且测量速度和精度较全站仪测量有所提高，但当测区有一些建筑、树木、电磁场等影响GPS信号时，该方法就不太适用了。因此传统方法受场地影响大、效率低下、人工成本高。无人机航测技术为解决上述难题开辟了一条崭新途径，将无人机应用到土方测量上，将改变传统测量方案，带来更为高效、精准的测量方法，将摆脱地形和主观因素影响，利用无人机土方测量来得到更准确客观的数据，并将其应用于规划设计、施工进度管理等场景实现降本增效。

通过无人机实时相位差分技术，能够帮助土方工程领域快速采集原始地形信息，输出高质量的原地面点云数据，通过对点云数据处理加工，可以导入到相关软件中，进行场地平整、路基开挖及填筑土方量的快速计算，避免了大量人工现场作业，内业自动化程度高，成果可靠并且具有可视化效果。

采用无人机航测技术，对测区改造前后的地形分别进行航空摄影测量，获取场地变化前后三维地形及影像数据，再将数据导入处理软件中，快速生成前后两次三维地形模型，以对改造前后土石方量的计算进行分析。

上海迪士尼乐园包括四个单体项目，在一期设计领域的BIM应用处于国际领先，BIM+技术在不同阶段、不同领域也开展了应用，其中就有BIM+GPS+无人机土方算量技术。

3. 三维扫描技术应用

上海迪士尼乐园有70%的建筑依靠BIM进行电脑设计、文件制作、分析，借助BIM技术，工程人员不用手拿纸质图纸，带个PAD就可以进行现场管理，三维视图让施工错漏一目了然，避免了返工浪费。

在乐园的现场施工进行到一定阶段，可以配合激光扫描设备、GPS设备、移动通信手持设备、RFID和互联网技术，取得现场的施工模型数据，通过和原始的BIM模型数据对比，可以提供准确直观的BIM数据库，及时调整施工误差，节约施工时间和提高施工效率，并实现建筑的设计和施工的全数据化控制。

通过对艺术构件进行三维扫描、收集构件数据，建立质量验收体系，利用三维扫描数据进行精度控制（图7-12）。

图7-12　艺术构件扫描图

7.3 环境与资源管理中的智能测绘应用

桥梁、大坝、滑坡等工程灾害虽然不像地震、洪水、海啸那样一发生就造成巨大人员伤亡和财产损失，但地震、洪水、海啸一般都是十几年，乃至几十年一遇，而工程灾害发生非常频繁，几乎每周一遇。从这个意义上讲，工程灾害的危害比地震灾害、洪水、海啸灾害等有过之而无不及。

尾矿库是非煤矿山安全生产的重要环节，也是该领域的重大危险源之一，作为具有高势能的人造泥石流危险源，一旦发生事故，将会给下游人民生命和财产安全造成巨大损失，给当地环境造成严重污染，给当地的经济发展和社会稳定带来严重的负面影响，因此，对尾矿库进行在线安全监测就显得尤为重要。

7.3.1 矿区智能测绘应用

1. 项目概况

某属矿区是主要的铁矿石原料基地之一，设计岩石运输采用自卸汽车运输，排土方式为自卸汽车配合推土机堆排，自开采至今已 30 多年。矿山排土场位于露天采场的南部，汽车翻卸后的废石大部分滚落至沟底堆存，小部分残留于开采水平台阶前缘，通过推土机进行推排。

长期以来，固定棒坍塌与排土场水平台阶前缘松散堆积体宽度逐步变大，堆积体常有裂缝出现（裂缝最长 60m，裂缝宽度最大 0.3m），堆积体前缘时常发生塌陷及小规模滑坡现象，大量松散物质堆积于南沟沟道，为大规模泥石流的形成提供了大量的松散物源，在爆破震动、地震、降雨、冻融等诱发因素下，潜在有灾变风险——以顶部频繁而周期性发生突然沉降、塌陷为典型表象。矿场总平面关系示意图见图 7-13。

项目要求是将历史资料、补充勘探、监测、反馈分析、预测预报相结合；历史资料及现场勘探是测点布置、结果分析和判断的基础；监测方法及测点布置必须建立在不良地质条件的充分认识基础之上，监测系统应涵盖所有排土场关键位置；对于监测结果应进行及时分析，以便及时发现隐患，调整设计；应研究安全预警标准，建立适当的响应机制；经济适用性，在保证长期可靠有效的前提下，采用最经济的方案，操作功能使用方法简洁、直观方便、性能稳定和维护简单；本次投入的软硬件要预留接口，能够满足其他指定测量监测工作要求。

预期效果为在充分利用现有资料和现有资源的基础上，建立高精度的 GNSS 监测系统控制网，在排土场

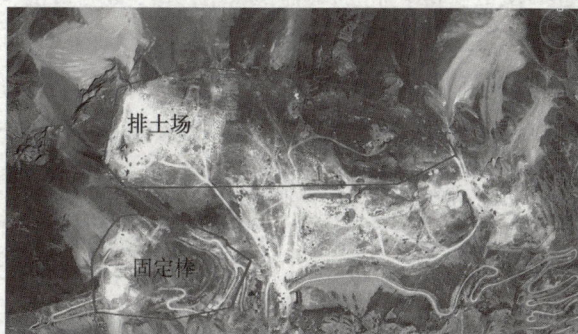

图 7-13 矿场总平面关系示意图

区域建设 7 个 GNSS 监测观测点，在矿办公楼区域建设 1 个基准站和数据处理中心。该 GNSS 自动化监测系统具备完全自动化、数据采集稳定可靠，综合分析评价科学快捷，所得到的监测数据及结果能够为排土场安全预测预报提供依据，指导安全生产。另外，该系统兼顾矿区测量 CORS。

做好地质灾害监测和预警，特别是滑坡体的监测和预警，对于有效减少直接经济损失和人员伤亡显得尤为重要。坍塌、滑坡、泥石流等地质灾害之所以能造成严重损害，是因为难以事先准确预报发生的地点、时间和强度。滑坡灾害预防，重在监测。为防患于未然，必须对滑坡进行监测，实现滑坡危害的早期预报。

发生地质坍塌、滑坡、泥石流等灾害，灾害体地表位移的变化是灾害演化过程的最直观反应指标，因此对于灾害体地表位移的掌握，可以及时发现灾害体的稳定情况，有利于企业或政府的有关部门进行科学的应急决策，并及时采取应急措施，从而避免灾害的发生或者减少灾害发生造成的危害。

2. 应用总体设计

1）方案设计原则

分析监测数据，预测发展趋势，评估安全性。其目标是，通过排土场监测及预警服务，确保矿山安全生产。基于矿山工程特征，考虑经济需求，工作部署中遵循以下原则：

（1）安全经济的原则——满足监测要求（精度及耐久性）前提下，减少人员、资金支出；

（2）核心指标（位移）与一般指标（裂缝）兼顾原则；

（3）关键区域（排土场）与拓展区（东端边坡、采场生产测量）可无缝衔接便于后期拓展需求，充分发挥仪器的最大性能；

（4）机制揭露 – 诱因调查 – 响应监测系统介绍。

2）总体架构设计

为了确保固定棒、排土作业安全、排土场废石边坡的稳定，验证设计合理性以及实施险情预报，有必要采取适合本排土场与固定棒特点的监测措施。鉴于现场高海拔及交通不便的实际，特别是监测点位所处场地目前尚处于生产阶段，其状态呈周期性变化，有效地解决监测模式在供电、仪器安全保护及通信等问题。根据西沟矿排土场稳定性分析和潜在危害特征，排土场主要为高阶段排土的本体滑坡，特别是台阶坍塌对作业安全的影响，因此，排土体坡顶位移监测是核心。在充分利用现有资料和现有资源的基础上，建立高精度的监测网，以高精度监测网作为基准，在关键位置建设监测观测点。基于崩塌或滑坡的历史监测数据，在数据反演和试验模拟基础上，预测变化并反馈修正，达到预警预报目的。一旦发生险情，可启动应急预案，采取必要的措施避免或减少可能造成的损失（图 7–14）。

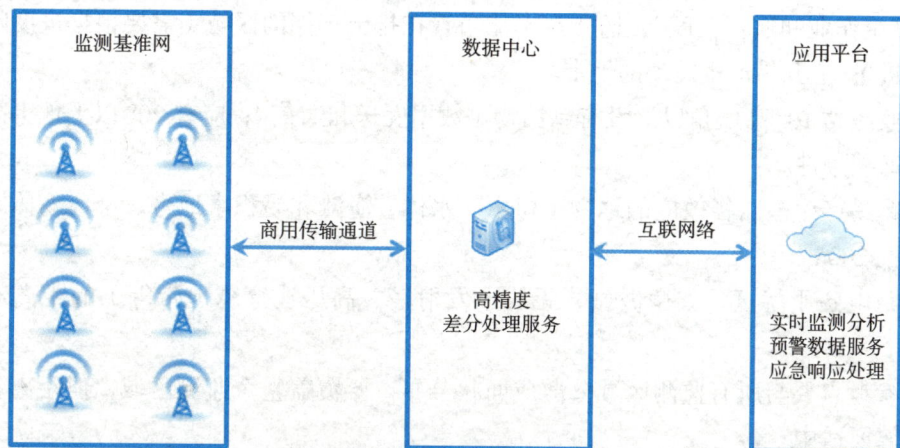

图 7-14 预警监测系统总体构架设计

3. 应用专项设计

1）设计原则

（1）满足项目监测的技术要求；

（2）有利于工程总体目标的实现以及未来系统的分步建设升级；

（3）系统结构应该体现设计简洁、实用、操作简便和低成本运行的概念，建立可靠性高，能够满足将来需求增长的系统；

（4）监测站设计为无人值守，有人照看、自动连续运行，设备尽可能少，连接可靠，年运行可靠率 95% 以上；

（5）为设备提供稳定的市电，并配备 UPS 电源，在断电情况下，监测站能够靠自身的 UPS 支持运行，并向管理中心报警；

（6）各监测站能够按照设定的时间间隔自动将观测数据等信息通过网络准确、稳定地传输给数据中心；

（7）监测站具备设备完好性检测功能，出现问题时，可以自动处理，自身无法解决时，能向数据中心或现场报警；

（8）监测站具有一定的安全性，如防雷、防火、防盗、防破坏以及网络安全性；

（9）立足于现有通信技术的利用，统一标准、统一管理、提高效率、兼顾目前及今后的发展。

2）数据采集子系统设计

（1）站点选址原则

①有限的自动化监测站，根据经济考虑，将在该区域建立 8 个 GPS 的监测站。

②最灵敏的监测数据和最长的使用寿命，这两个条件是相互冲突的。如果期望能够获取到变形最大的数据，肯定是需要越接近坡肩塌陷区（变形数据最大）；监测站越接近坡肩，随着山体的不断塌陷（或快速沉降，或局部崩塌），监测站将很快破坏掉。

③根据开拓系统布置的要求进行监测点的设计。监测点不能布置在陡坎和道路上

（影响排土作业和通行调度）；监测点不能布置在排土车挡的区域（需要根据进度随时调整和推进）；避开易产生震动的地带。

④监测站 10° 高度角以上没有遮挡物（数据发送和通信）；应有 20° 以上地平高度角的卫星通视条件。

⑤距易产生多路径效应的地物（树木、水体、海滩和易积水地带、金属物体）的距离不小于 200m。

⑥距电磁干扰区（如微波站、无线电发射塔、高压线穿越地带等）的距离不小于 200m。

⑦参考点要与所有监测区域分散成面状分布，要覆盖整个监测区域，但距离各监测点的距离要适中。

⑧实地进行卫星定位观测，以 5s 采样间隔记录不小于连续 4h 的观测数据。当载波相位数据利用率低于 95% 时，应变更站址。

⑨有稳定可靠的交流电供应。

⑩ 设备防护的影响区域。

（2）站点概略布设

基于矿区实际现状，考虑实际需求和变形特征及可能的破坏形式，西沟排土场监控平面见图 7-15，共 1 个基准点 7 个监测点，其中，该基准点设立在办公区附近。

（3）站点选址标准化分析

站点初步选择后应进行如下标准化数据测试分析：

①确定 GNSS 站址概略坐标和该站址接收 GNSS 卫星信号的状况；

② GNSS 测试中设置卫星截至高度角为 0°；

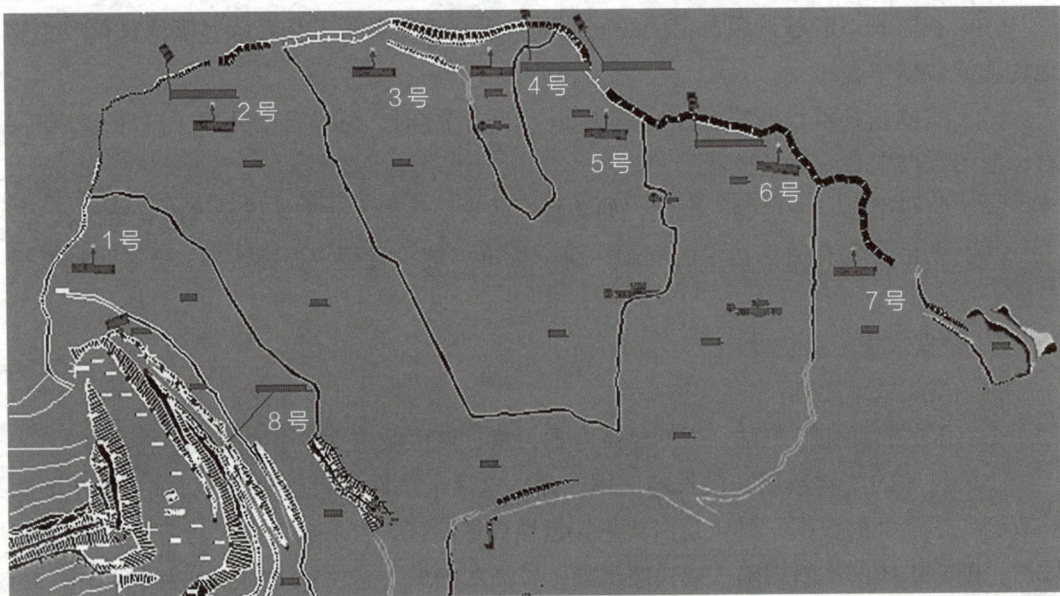

图 7-15　西沟排土场监控平面

③数据采样率 1s；

④对接收机进行相应的修正；

⑤连续测试时间应不少于 24h；

⑥测试的观测数据应下载并转换为标准的 RINEX 格式文件；

⑦采用 TEQC 软件对测试的观测数据（RINEX 文件）进行处理分析；

⑧测试结果要求有效观测量应不少于 85%（注：在特殊地理环境下可适当放宽该限值）；测距观测质量 MP1 和 MP2 应小于 0.5m；CSR 小于 5；

⑨记录测量站址周围障碍物位置与类型。

确定站点环境可用的技术指标为观测值完好性的百分比需要大于 85%（注：在特殊地理环境下可适当放宽该限值），MP1 ≤ 0.50m，MP2 ≤ 0.50m。不满足该要求的建议更换站点位置再次进行测试。

3）数据传输子系统设计

结合现场站点环境及分布情况，地质灾害自动化监测系统可以选择无线通信方式，技术成熟稳定，目前已经广泛应用于各种工业生产中，提供安全、透明的传输信道。实际观测中，监测站安装无线网络设备，使数据可以直接传输至办公区数据处理中心。基站需要固定 IP 地址及 2 兆以上带宽外网进行 CORS 服务。

（1）站点供电子系统设计

所有的站点上尽可能使用两路交流电供电，无论是双路交流电还是单路交流电供电统一先接入 UPS，由 UPS 统一为站点上的所有设备的供电。由于站点设备总功耗较小，根据经验 1kW 的 UPS 可满足项目要求。

（2）站点雷电防护子系统设计

雷电防护主要分两部分：直击雷的防护和感应雷的防护。首先，需要测定该站的地阻情况，依据地阻的大小决定该站的地网的建设规模，要求地网建成后，接地电阻小于 4Ω。将地网和避雷针有效连接。具体设计方法如下：

①直击雷防护：在天线墩相距 3m 处安装一根 5m 的标准避雷针，将避雷针与地网连接，没有地网的在基站周围建设地网。

②电源线路的感应雷防护：根据电源线路防感应雷措施应采取逐级防护的原则，在机柜电源进线处安装一台电源 SPD 作为基站电源线路的第一级防护，而 UPS 本身也可以作为电源的第二级防雷，所有的接地端与地网有效连接。

③天馈线线路的感应雷防护：在接收机端安装一台 SPD 作为卫星天线和接收机天馈线感应雷防护，并将天馈线的接地端和地网进行连接。

④接收机主机防雷：将接收机控制面板端的螺栓用铜线进行连接，铜线与地网直接相连。

⑤等电位接地：根据建筑物电子信息防雷设计规范要求，电子设备的接地系统宜采用联合接地方式，接地装置的接地电阻值必须按接入设备中要求的最小值确定。

⑥机柜接地：机房利用已有的地网，使用 50mm² 胶皮铜线将机柜与该地网有效地

201

连接，并进行测试确保地网的接地电阻，接地电阻不大于 4Ω，机柜的所有设备与地网连接。

（3）控制中心子系统设计

控制中心主要由机柜、服务器、路由器、交换机、UPS 服务器器、电池组等物理设备组成。

①机房采用市电及 UPS。安装分为电池组安装和 UPS 主机安装，配备 4 块电池，电池安置在机柜底层隔板，采用串联方式组合在一起，然后接入 UPS 主机，基站安装在控制中心。

②监测服务器和监控终端包含服务器 1 台，屏幕显示器 2 台，可实时显示边坡区域监测情况以及视频监控情况。

③机柜依现场实际情况而定，功能上满足结构坚固，方便拆卸。

④机房消防报警及灭火系统，机房全区域选用无污染的气体灭火系统，采用环保型气溶胶自动灭火装置。

⑤机房接地防雷系统，完备系统防雷方案包括外部防雷和内部防雷两个方面。外部防雷包括避雷针、避雷带、引下线、接地极等，其主要的功能是为了确保建筑物本体免受直击雷的侵袭，将可能击中建筑物的雷电通过避雷针、避雷带、引下线等，泄放入大地。

在监测软件中实现观测数据采集、数据解算处理、整编分析、预警、报警、数据库管理、报表图形输出、设备管理等功能的自动化。其中，实时数据处理模块可以实现对检测点的实时高效的监测；网络处理模块能处理所有站点的网络解，累积所有观测值以提高精确度；快速监测模块可以实现对物体的瞬间突变进行快速反应。通过对相应的设置，可以实现图表化分析监测点的实时或历史的形变图。其用户化定制的页面使得复杂的变形监测系统变得简单化，即使不是专业的技术人员也可以快速了解现场的状况。同时，其先进的预报警设置可根据现场状况个性化设置，以及支持邮件或自定义事件的方式，使选择更加灵活自如。

7.3.2　精准探伤、建筑机器人等测绘应用

1. 精准探伤应用

土木结构现已进入建养并重的新时代，如何在精准诊断评估基础上实现其安全与长寿命服役已成为重大的需求。无损检测是维系工程项目运营安全最为关键的基础工艺，常见的精准无损探伤方法主要有：超声波检测、磁粉无损检测、射线无损检测、涡流无损检测、渗透检测。

1）超声波检测

超声波检测简称 UT（Ultrasonic Testing），也叫超声检测，是利用超声波技术进行检测工作的，五种常规无损检测方法的一种。它是在不破坏加工表面的基础上，应用超声波仪器或设备来进行检测，既可以检查肉眼不能检查的工件内部缺陷，也可以大大提高

检测的准确性和可靠性。

该方法主要利用了超声波的强穿透性，较好的方向性，收集超声波在不同介质中的反射，干涉波转化为电子数字信号于屏幕上，实现无损探伤。优点是不损害，不影响被检对象使用性能，能对不透明材料内部结构精准成像，检测适用范围广，适用于金属、非金属、复合材料等材料；缺陷定位较准确；对面积型缺陷敏感，灵敏度高，成本低、速度快、对人体、环境无害。局限性是超声波必须依靠介质，无法在真空中传播，超声波在空气中易损耗散射，一般检测需要借助连接检测对象的耦合剂，常见的还有去离子水等介质。

2）磁粉无损检测

磁粉无损检测属于无损探伤五大常用方法之一，简称 MT（Magnetic Particle Testing），对检测材料内部施加磁场使其磁化，然后在工件表面撒上磁粉观察磁粉分布变化进而达到对材料缺陷分析判断的方法。磁粉无损检测的优点是简单直观，成本低。局限性是要求检测材料具有铁磁性，表面光滑，且只能检测物体表面，近表面进行检测，检测范围小，速度慢，对于材料内部缺陷无法精准判断；有些材料有毒，对人体有危害。

3）射线无损检测

射线无损检测简称 RT（Radiographic Testing），五大常用无损检测受手段之一。X 射线是一种频率极高、波长极短、能量很大的电磁波，它能够穿透可见光不能穿透的物体，而且在穿透物体的同时将和物质发生复杂的物理和化学作用，可以使原子发生电离辐射，使某些物质产生反应，如果工件局部区域存在缺陷，它将改变物体对射线的衰减，引起透射射线强度的变化，这样，采用一定的检测方法，比如利用胶片感光，来检测透射线强度，就可以判断工件中是否存在缺陷以及缺陷的位置、大小。

该方法优点是精准成像直观的俯视透视图，检测成像快，可以在工件内部进行无损检测成像，射线可以穿透较薄的工件检测，通过穿透射线的衰减观察图像的局部差异。局限性是受制于材料本身需具备密度差异，密度差异不明显的材料则分析成像不精准，比如一些复合型材料金刚石复合片等，还受限于内部的影像相互重叠和隐藏，有时需要多次、多角度拍摄和专业分析。检测成本高，对人体有电离辐射危害。

4）涡流无损检测

涡流无损检测简称 ET（Eddy Current Testing），利用电磁感应原理，检测导电材料表面及近表面的缺陷方法。其原理是利用激磁线圈使导电材料结构内部产生涡流电，用探测线圈测涡流电变化量，获得材料缺陷信息。

该方法优点是无须介质，检测线圈不需要接触检测材料本身，检测金属工件表面反应快，灵敏度高，检测环境要求低。局限性是材料本身必须具有导电性，只适用于检测金属表面缺陷，需要专业人员分析判断，定制检测方案，检测成本高。

5）渗透检测

渗透检测简称 Pt（Penetrant Testing）。渗透检测原理是以液体的毛细现象，以及固体染料在一定条件下的发光现象为基础，进而进行对检测工件表面缺陷分析判断。在毛细作用下，经过一定时间，渗透剂可以渗入表面开口缺陷中，去除工件表面多余的渗透剂，经过干燥后，再在工件表面施涂吸附介质显像剂，测出缺陷的形貌及分布状态。

该方法的优点是方便、便宜，对检测环境要求低，对材料物理化学性质无要求，对材料表面缺陷敏感。缺点是成像不直观，对材料内部缺陷无法判定。

2. 建筑机器人应用

随着信息技术和机器人技术的迅速发展，建筑行业也逐渐引入了建筑机器人这一自动化设备。建筑机器人是一种能够模仿人类动作，执行各种有关建筑施工任务的机器人。它能够自主完成多种施工操作，提高工作效率和质量。通过在示范项目上应用，对比机器人和工人的效率，可以发现机器人能够有效地替代人工完成苦脏累险的工作，解决劳务短缺、老龄化的问题，降低劳动力成本，降本增效，切实提高企业利润。

建筑机器人从发明到现今已经历了一百多年的历史，先后经历了机械传动和液压传动两代。现机器人化的工程机械被称为第三代，成为工程机械发展的里程碑。建筑机器人能遥控、自动和半自动控制，可以在自然环境中进行多种作业，其中以自然作业为最大特征。建筑机器人的机种很多，按其共性技术可归纳为三种：操作高技术、节能高技术和故障自行诊断技术。其研究内容丰富，技术覆盖面广，随着机器人技术的发展，高可靠性、高效率的建筑机器人已经进入市场，并且具备广阔的发展和应用前景。

近年来，机器代人、智能化设备等字眼频繁地出现在我们眼前，而事实上，也确实有一批又一批的建筑机器人面世，并正式入场上岗（图7-16）。

1）四轮激光地面整平机器人

四轮激光整平机器人的使用场景主要是在混凝土摊铺后对混凝土振捣和整平。该机器人能够通过红外线发射器精准控制板面标高，以最小压强对地面进

图7-16 地面抹平机器人

行无痕施工，激光自动调整刮平和振捣机构，确保地面平整度达到最佳状态；使用电力作为能源，节能环保，操作简单、简单易学，平整度误差小；最大限度保证施工后地面的平整度，减少人工施工的误差，地面密实均匀；在操作熟练的情况下，每小时施工效率能达到 $400\sim600m^2$。

2）清拆机器人

在建筑工程施工中，涉及土方挖掘、废旧物拆卸改造、土方清运等施工内容，增加了建筑施工难度以及危险性，而且在土方开挖会产生出大量的扬尘，对周围空气环境造成了破坏，在建筑物拆卸时仅依靠人工操控机器，其拆卸危险度也相对较高，很容易出现拆卸失误，对现场施工技术人员构成生命安全威胁，严重消耗了大量人力资源与物理资源，与绿色环保节能施工理念背道而驰。为了有效解决该施工问题，相关部门通过对

现代化信息技术的有效运用，研发了清拆机器人，转变了传统人工驾驶清拆设备工作模式，实现了机器人冲击破碎作业模式。机器人在冲击破碎作业工作开展中，主要是利用摇杆自动操控，对机器人进行有效控制，使施工人员远离拆卸施工现场，可以保障清拆现场施工安全。此外，清拆机器人小巧灵活，可以在室内或者小型建筑清拆工作中加以运用。清拆机器人在救援工作中应用较为广泛。

3）喷涂机器人

喷涂机器人也被称为喷漆机器人，在运行时可以完成自动喷漆或者自动喷涂。喷漆机器人主要是以机器人为主体，内部结合了计算机信息技术以及控制系统，其中还包含了油箱与电极等，在液压设备的驱动下，可自动完成喷漆工作。喷涂机器人在建筑工程中可以自动完成涂覆工作，具备一定的环保性、效率性，满足了当前时代的喷漆需求，而且也能够代替人工完成喷漆工作。

当前在建筑业发展规划中已明确，要积极推进建筑机器人在生产、施工、维保等环节的典型应用，重点推进与装配式建筑相配套的建筑机器人应用，辅助和替代"危、繁、脏、重"施工作业。因此，建筑机器人还会在机器人技术不断发展的基础上，不断升级和创新，成为建筑自动化领域中的重要组成部分，在多个领域得到广泛的应用。

思考与习题

7-1 请描述智能测绘技术包含哪些应用场景？以杭州亚运会棒（垒）球体育文化中心为例进行说明。

7-2 请说明三维扫描技术的潜在益处，并探讨如何将三维扫描技术进行推广和应用。

7-3 设计一个智能测绘的应用场景，提出实施方案。

二维码 7-2
案例 1

二维码 7-3
案例 2

参考文献

[1] 丁烈云.数字建造导论[M].北京：中国建筑工业出版，2020.

[2] 龚剑，朱毅敏.上海中心大厦数字建造技术应用[M].北京：中国建筑工业出版社，2020.

[3] 王亦知，门小牛，田晶.北京大兴国际机场数字设计[M].北京：中国建筑工业出版社，2020.

[4] 邵韦平.凤凰中心数字建造技术应用[M].北京：中国建筑工业出版社，2020.

[5] 张铭，张云超.上海主题乐园数字建造技术应用[M].北京：中国建筑工业出版社，2020.

[6] 张建，吴刚.长大跨桥梁健康检测与大数据分析：方法与应用[M].北京：中国建筑工业出版社，2020.

[7] 龚剑，房霆宸.数字化施工[M].北京：中国建筑工业出版社，2020.

[8] 郑展鹏，窦强，陈伟伟.数字化运维[M].北京：中国建筑工业出版社，2020.

[9]   袁烽，[德] 阿希姆·门格斯 . 建筑机器人——技术、工艺与方法 [M]. 北京：中国建筑工业出版社，
      2020.

[10] 朱宏平，罗辉，翁顺，等 . 结构"健康体检"技术——区域精准探伤与安全数字化评估 [M]. 北京：
      中国建筑工业出版社，2020.

[11] 李长青 . 测绘地理信息智能应用基础 [M]. 北京：测绘出版社，2023.

[12] 速云中 . 测绘地理信息智能应用实践 [M]. 北京：测绘出版社，2023.

[13] 陈翰新，向泽君 . 智能测绘技术 [M]. 北京：中国建筑工业出版社，2023.

[14] 岳建平，徐佳 . 现代监测技术与数据分析方法 [M]. 武汉：武汉大学出版社，2020.

[15] 陈凯，平扬，熊寻安，等 . 智慧水利应用实践（土石坝雷达遥感与北斗变形监测）[M]. 南京：江
      苏科学技术出版社，2021.